大学入試

坂田薫の

スタンダード

化学講師 坂田薫 [著]

化学

改訂
新版

理論化学 編

技術評論社

これから本書を読む前に
〜 理論化学の勉強法

みなさん、こんにちは。坂田薫です。

みなさんは理論化学に対してどんなイメージを持っていますか。

『暗記が多い』『計算が大変』といったネガティブなイメージはありませんか。

必要事項や解法をただ詰め込んでいくだけでは、楽しいと感じることはないでしょうし、一時的に点数が上昇しても、数ヶ月も経たないうちに忘れてしまいます。

その結果、『たくさん問題を解いたのに偏差値が上がらない』という状態に陥ってしまうのです。

理論化学を楽しみながら学習し、限られた時間で第一志望合格の実力をつけるためにはどうすればいいのか、最初に確認してから各単元に入っていきましょう。

①化学計算のきまりごとを受け入れて使えるようになる。

そうすることで、どんなに理論化学が苦手でも、書いてあることが理解でき始める。

小学生のとき、足し算や引き算のような、全ての根本になる計算方法を学び、計算ドリルを解いて身体に叩き込みましたね。

今、みなさんが分数の割り算を当たり前にできるのも、そのときの計算ドリルがあったからではないでしょうか。

化学では目に見えないミクロの世界を扱っていくため、化学特有の計算のきまりがあります。

そのきまりを受け入れて、その計算については、当たり前になるまで徹底して手を動かすことです。

それができれば、理論化学の問題の解説を読んで『何を言っているのか全くわからない』という状態からは抜け出せるはずです。

理論化学を克服するために、避けては通れない最初の山です。

苦手な方は、まず、ここからしっかり取り組みましょう。この本では第2章がそれに相当します。

②『根本を理解すること』に、とにかくこだわる。

そうすることで、結果的に暗記量と学習時間が少なくなる。

理論化学の学習で、一番こだわらなくてはならないのは『問題を解くこと』ではありません。

その単元の背景を知り、理解することです。

そこに、惜しみなく時間を使ってください。

それが結果的に暗記量を減らし、また、他の単元を学習するときに「実はつながっている」ことに気付き、スムーズに理解ができるのです。

例えば、理想気体では $PV=nRT$。浸透圧では $\pi V=nRT$。なぜ、理想気体と希薄溶液で同じ式が成立するのでしょう？

そもそも、なぜ理想気体では $PV=nRT$ が成立するのでしょう？

それを単純な暗記ではなく説明できるようになれば、希薄溶液を見て、同じだと気付けるのです。

そして、実在気体では $PV=nRT$ のどこが変化していくか、自分で考えることができるのです。

③「これ！」と決めた参考書を自分の目的に応じて使う。

そうすることで、限られた時間で効率よく得点につなげていくことができる。

参考書に限らず、授業を担当してくださる先生によっても、解法は様々です。

新しい参考書や先生に出会う度、解法を変えていると、定着しにくく、結果的に遠回りをしてしまいます。

解法が多少違っても、本質は同じです。

②で書いている通り、根本を理解していれば、一見異なる解法も、言っていることは同じだと気付くことができるでしょう。

ですから、「これ！」と決めた参考書や先生の解法を信じて徹底することです。

私は今まで、たくさんの受験生を担当させていただきました。その経験の中で「生徒がスムーズに理解してくれ、得点につながった」と思う一番の解法を、この本に載せています。

何かの縁で、手に取ってくださった方は、苦手な章だけでも読んでいただけたらと思います。

そして、この本を使ってくださる方それぞれに、目的があると思います。

理論化学の学習をスムーズに進めていただけるよう、目的別に使い方を書いておきます。ぜひ、参考にしてみてください。

● 『化学初心者で何も知らない。一から化学をマスターしたい』

　➡ 第1章から順にやりましょう。

● 『ある程度化学の基礎知識はあるが、計算が苦手。少し複雑なモル計算や濃度計算になると手が止まってしまう。計算部分をなんとかしたい』

　➡ 第2章から始めて、次は第4章。その後は第5章から順に進めていきましょう。

● 『基本的な知識はあり、モルや濃度の計算は多少複雑になってもできる。でも、点数は取れない。何から始めていいかわからない』

　➡ このような状況のとき、ある一つの単元をクリアしたことをきっかけ

に、理論化学を好きになる生徒をたくさん見てきました。

この本をパラパラめくって、なんとなく興味の湧いた単元をまずは読んでみてください。

どの単元から始めても「化学大好き」になってもらえるよう、すべての章に私の全てを込めて書きました。

ちなみに、今まで出会った生徒の中で、化学大好きのきっかけになった単元として、「熱化学」を挙げてくれる方が多かったです。この本では第8章になります。

● **『化学の知識はあり、計算もある程度はできる。ただ、苦手な単元があり、その部分をなんとかしたい』**

『なんとか正解できるが、時間がかかる。自分に合った他の解法があれば触れてみたい。』

➡ 問題を抱えている章のみ確認しましょう。そして、入試までに過去問等で困った点ができたら、その都度その単元を確認してみましょう。

今回、みなさんと私と共に一緒に化学を楽しんでいくのがチワワの「きよし」と「ゆうこ」です。「きよし」と「ゆうこ」のやりとりから見えてくるものがありますよ。どうぞ可愛いがってやってくださいね。

それでは、化学を大好きになっている自分、第一志望校に合格している自分をイメージしながら、みなさんの目的に合った使い方で、この本を活用してくださいね。

みなさんの中のポジティブなイメージは、必ず、実現します。そのお手伝いができたら、とても幸せに思います。

『坂田薫のスタンダード化学 −理論化学編』
目 次

第1章 物質の構成

今、みなさんの周りには、たくさんの物質がありますね。
目に見えているものだけではなく、空気のように見えないものもあります。これら物質が何からできていて、どのように分類していくのか。
この章では、物質と向き合ってみましょう。

第1章の目標

➡ 物質を分類できるようになろう。

➡ 原子、イオンについて理解しよう。

➡ 電子配置をスラスラ書けるようになろう。

➡ 元素の周期性を説明できるようになろう。

§1 物質の分類

物質は**純物質**と**混合物**に分類できます。

物質
- 純物質 — 一種類の物質からできているもの
  一定の融点・沸点、密度をもちます。

  例 水H_2O：沸点100℃、融点0℃、密度$1.0g/cm^3$
  エタノールC_2H_5OH：沸点78℃、融点-114℃、密度$0.79g/cm^3$

- 混合物 — 二種類以上の物質が混じっているもの
  沸点・融点、密度などは一定の値をもちません。

  例 C_2H_5OHとH_2Oの混合物：沸点78〜100℃
  沸点は2つの物質の混合割合で変化します。

C_2H_5OHの割合が大きいと沸点は78℃に近い値に、H_2Oの割合が大きいと沸点は100℃に近づくんだね。

また、純物質は**単体**と**化合物**に分類できます。

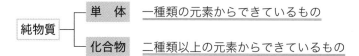

純物質 ┬ 単 体　一種類の元素からできているもの
　　　 └ 化合物　二種類以上の元素からできているもの

以上より、物質は単体、化合物、混合物のいずれかに分類できます。
簡単に分類する方法は**化学式で書いてみること**です。

一種類の元素で書くことができる ⇒ 単体

例 酸素 O_2　オゾン O_3　窒素 N_2　アルゴン Ar
　　└─────┘
　　同素体(⇒下記参照)

二種類以上の元素で書くことができる ⇒ 化合物

例 水 H_2O　二酸化炭素 CO_2　塩化アンモニウム NH_4Cl

一つの化学式で書くことができない ⇒ 混合物

例 空気　$N_2 + O_2 + Ar + CO_2 + \cdots$

塩酸は塩化水素 HCl と水 H_2O から
できているから混合物だね。

同素体 同じ元素からなる単体

硫黄 S・炭素 C・酸素 O・リン P には同素体が存在します。

S

斜方硫黄 S_8
単斜硫黄 S_8
ゴム状硫黄 S_x

C

ダイヤモンド C
黒鉛 C
フラーレン C_{60}、C_{70} など
カーボンナノチューブ C_x

O

酸素 O_2
オゾン O_3

P

黄リン P_4
赤リン P_x

「同素体SCOP（スコップ）」って覚えよう!!

同素体は同じ元素からできていますが、性質は全く違います。

例 ダイヤモンド ⇒ 無色透明。立体網目状構造で極めて硬い。

黒鉛 ⇒ やわらかい。層状構造をしており、薄くはがれやす
い。電気伝導性あり。

性質は全く違うわね。

ポイント

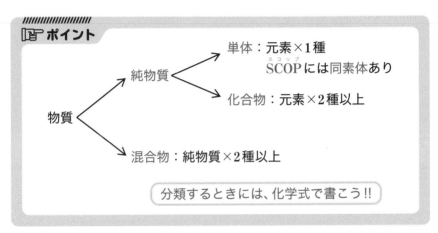

物質 ──┬── 純物質 ──┬── 単体：元素×1種
　　　　　　　　　　　　　　SCOP には同素体あり
　　　　　　　　　　└── 化合物：元素×2種以上
　　　└── 混合物：純物質×2種以上

分類するときには、化学式で書こう!!

§2 物質の構成粒子

1803年にイギリスのドルトンが

「すべての物質はそれ以上分割することができない最小の粒子（原子）からできており、それぞれ固有の質量と大きさをもつ」

と提唱しました（原子説）。

それから200年以上が過ぎた今、原子よりも小さい微粒子の存在など、たくさんのことがわかってきました。

① 原子の構造

原子は3つのパーツから構成されています。

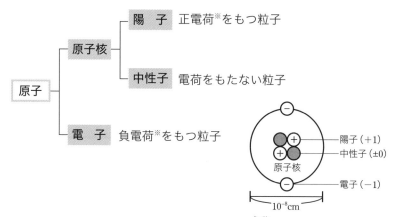

陽　子　正電荷※をもつ粒子

中性子　電荷をもたない粒子

電　子　負電荷※をもつ粒子

※陽子1個の電荷と電子1個の電荷の絶対値は 1.602×10^{-19}C で同じです。
　これを**電気素量**といいます。通常は陽子は $+1$、電子は -1 と扱っていきます。

化学的性質を決めるパーツ　⇒　陽子

陽子の数で電子の数も決まります。

電子の数が決まれば、電子配置も決まります。

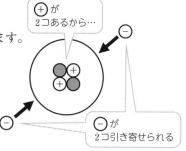

原子番号｜陽子数（電子数とも一致）

陽子の数はその原子の化学的性質を決める非常に大事な数値であるため、陽子数を原子番号として管理します。

原子番号って、とっても大事な数値なのね。
元素記号と原子番号はしっかり覚えるわ。

物理的性質を決めるパーツ ⇒ 陽子と中性子

三つのパーツの質量比は

陽子：中性子：電子 $=1:1:\dfrac{1}{1840}$

であり、

原子の質量 ≒ 陽子と中性子の合計質量

と考えることができます。

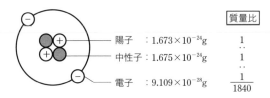

	質量比
陽子 ：1.673×10^{-24}g	1
中性子：1.675×10^{-24}g	1
電子 ：9.109×10^{-28}g	$\dfrac{1}{1840}$

> 陽子を1万円とすると、中性子も1万円。電子は約5円だよ。
> 財布に2万5円入っているとき、「今いくら持ってる?」って
> 聞かれたら、どう答える?

> 私なら「2万円」って答えるわね。
> 確かに、電子の質量は無視していいわね。

質量数 陽子と中性子の合計粒子数

　原子の重さは、質量では非常に扱いにくいため、陽子と中性子の合計粒子数
である質量数で表します。

> 上の図の原子、質量で表すと
> $1.675\times10^{-24}\times2+1.673\times10^{-24}\times2\,(\mathrm{g})$だよ。

> そんな計算、やってられないわね。
> 重さは4粒分。すなわち質量数4。
> これならできそう。

原子番号と質量数の表記

とても大事な数値なので、元素記号の横に表記します。

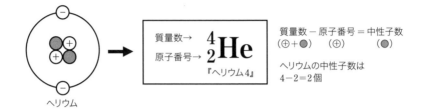

質量数 − 原子番号 ＝ 中性子数
（⊕＋●）　　（⊕）　　　（●）

ヘリウムの中性子数は
4−2＝2個

ただし、原子番号は省略されることが多いです。

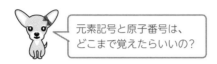

元素記号と原子番号は、
どこまで覚えたらいいの？

そうだね。第4周期までは即答できないとね…。
「元素記号を与えられたら原子番号が言える。
原子番号を与えられたら元素記号が言える」
状態になろうね。

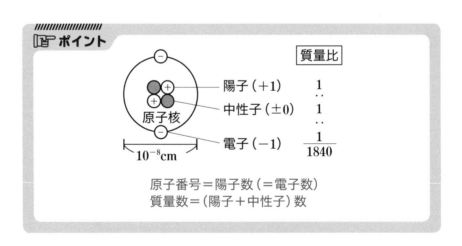

ポイント

陽子（＋1）　　　1
中性子（±0）　　1
　　　　　　　　‥
電子（−1）　　$\dfrac{1}{1840}$

質量比

原子核

10^{-8}cm

原子番号＝陽子数（＝電子数）
質量数＝（陽子＋中性子）数

② 同位体

同位体（アイソトープ） 原子番号が同じで質量数の異なる原子

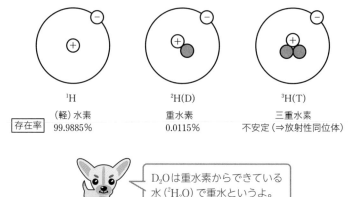

^1H	$^2H(D)$	$^3H(T)$
（軽）水素	重水素	三重水素
存在率 99.9885%	0.0115%	不安定（⇒放射性同位体）

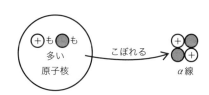

D₂Oは重水素からできている
水（^2H_2O）で重水というよ。

　これら同位体は、自然界でほぼ一定の割合で存在しています。

　また、フッ素F、ナトリウムNa、アルミニウムAlのように、自然界に同位体が存在しない元素もあります。

放射性同位体（ラジオアイソトープ） 放射線を出しながら壊れてしまう不安定な同位体

　水素Hだと、^3Hがこれに相当します。

　そして、放射線を放出する性質を**放射能**といいます。

α（アルファ）壊変

　原子核内の粒子数が多すぎると、陽子2つと中性子2つがセットになってこぼれます。これがα線であり、このような壊れ方をα壊変といいます。

β（ベータ）壊変

陽子に対して中性子が多すぎるとき、中性子が陽子と電子に変化し、電子がこぼれます。これがβ線であり、このような壊れ方をβ壊変といいます。

半減期 放射性同位体が壊れて半分の量になるまでに要する時間

これを利用したのが化石の年代測定です。

大気中には ^{14}C（放射性同位体）が一定割合で存在しており、生物体は生存中、外気とのやりとりにより、体内の ^{14}C が一定割合に保たれています。

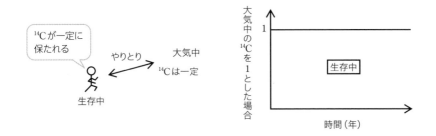

しかし、死んでしまうと外気とのやりとりがなくなりますから、^{14}C は壊れて減少していきます。

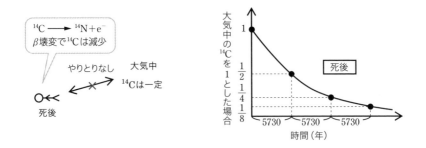

^{14}C の半減期は5730年です。

よって、残存している ^{14}C の量を調べると、死後何年かがわかるのです。

ある化石の^{14}Cが生存時の8分の1であるとき、死後何年経ってる??

8分の1ということは、半減期を3回経験してるわね。

$$\frac{1}{8} = \left(\frac{1}{2}\right)^3$$

だから、死後5730×3＝17190年が経ってるわ。

///////////////////////////
👉 ポイント

| 同位体 | 原子番号が同じで、質量数の異なるもの。

・化学的性質は同じ

・自然界では一定の存在比

| 放射性同位体 | 放射線を放出して壊れる同位体。

化石の年代測定を理解しておこう‼

③電子配置

| 電子殻 | 原子核の外にある電子が存在する場所

電子殻はいくつかの層に分かれていて、内側から順番にK殻、L殻、M殻、N殻…といいます。

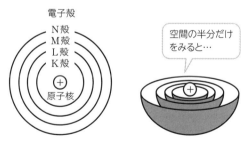

電子殻
N殻
M殻
L殻
K殻
(+)
原子核

空間の半分だけをみると…

電子殻の図は平面で表した模式図であり、本当は空間的に広がっています（右図）

10
11

電子の最大収容数

K殻から順番に$n=1$、2、3…と番号を付けたとき、n番目の殻の電子の最大収容数は$\underline{2n^2}$個です。

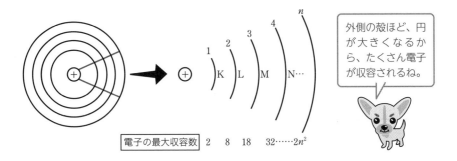

電子の最大収容数 $\quad$ 2 $\quad$ 8 $\quad$ 18 $\quad$ 32……$2n^2$

> 外側の殻ほど、円が大きくなるから、たくさん電子が収容されるね。

閉殻 電子殻が最大収容数の電子で満たされた状態

閉殻は非常に安定した状態です。

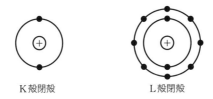

K殻閉殻 $\qquad\qquad$ L殻閉殻

電子配置 電子殻への電子の入り方

電子は内側のK殻から順に収容されていきます。

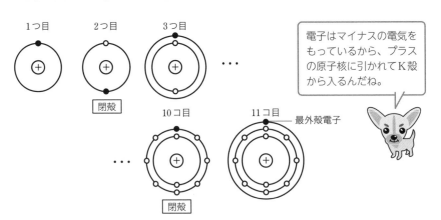

1つ目 $\quad\quad$ 2つ目 $\quad\quad$ 3つ目

閉殻

10コ目 $\qquad\qquad$ 11コ目 $\quad$ 最外殻電子

閉殻

> 電子はマイナスの電気をもっているから、プラスの原子核に引かれてK殻から入るんだね。

最外殻電子 一番外側の電子殻に収容されている電子

最外殻電子は結合に関与していく、非常に大切な電子です。

そこで、『結合に関与する電子』という意味で**価電子**ともいいます。

価電子数が同じ原子は、互いによく似た性質を持ちます。

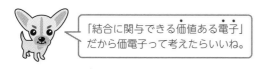

「結合に関与できる価値ある電子」
だから価電子って考えたらいいね。

典型元素の電子配置

K殻は2個、それ以外の殻は8個までしか入りません。

例えば、M殻の最大収容数は18ですが、8個入ったら次の電子はN殻へ入ります。

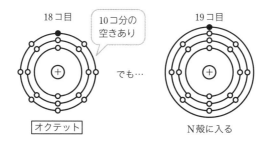

8個入ったとき（**オクテット**）、閉殻同様にとても安定な状態になっています。

オクテットは安定だから「安定し
た状態を残して、次の殻にいく」
…それが典型元素のきまりなのね。

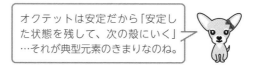

最外殻がオクテットになっている（ヘリウムHeのみ2）のが18族の**貴ガス（希ガス）**です。

貴ガスはとても安定しているため、他の原子と結合したり、反応したりしません。

そのため、**不活性ガス**といわれ、結合に関与する電子はないため、価電子数は0となります。

不活性ガスというのは、「反応性が低く元気のない気体」という意味だよ。

▼ 典型元素の電子配置の特徴

殻の数が周期、最外殻電子数が族の下1桁と一致します。

例 アルミニウム $_{13}$Al（電子配置　$K^2L^8M^3$）

電子殻が3つ⇒第3周期

最外殻電子3つ⇒13族

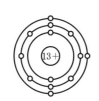

電子配置を見れば、族と周期がすぐにわかるわね。

● 原子番号1〜20番の元素の電子配置

周期	族	元素	電子配置	周期	族	元素	電子配置
1	1	$_1$H	K^1	3	1	$_{11}$Na	$K^2L^8M^1$
	2	$_2$He	K^2		2	$_{12}$Mg	$K^2L^8M^2$
2	1	$_3$Li	K^2L^1		13	$_{13}$Al	$K^2L^8M^3$
	2	$_4$Be	K^2L^2		14	$_{14}$Si	$K^2L^8M^4$
	13	$_5$B	K^2L^3		15	$_{15}$P	$K^2L^8M^5$
	14	$_6$C	K^2L^4		16	$_{16}$S	$K^2L^8M^6$
	15	$_7$N	K^2L^5		17	$_{17}$Cl	$K^2L^8M^7$
	16	$_8$O	K^2L^6		18	$_{18}$Ar	$K^2L^8M^8$
	17	$_9$F	K^2L^7	4	1	$_{19}$K	$K^2L^8M^8N^1$
	18	$_{10}$Ne	K^2L^8		2	$_{20}$Ca	$K^2L^8M^8N^2$

遷移元素の電子配置

3から12族の元素で、第4周期からあらわれます。

基本的に、内側の空いた席に電子が入ります。

原子番号21番のスカンジウムScで考えてみましょう。

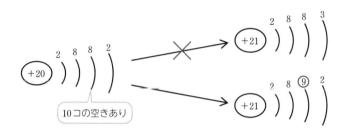

▼ 遷移元素の電子配置の特徴

内側の空いた席に電子が入るため、基本的に最外殻電子は、2個のまま変化しません。（ただし、クロムCrや銅Cuは最外殻電子が1になります。）

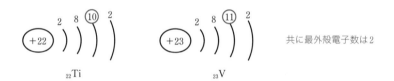

遷移元素の電子配置を書くときのポイントは、最外殻電子の2（Cr、Cuは1）を固定して、内側の殻の電子数を決めることです。

例 $_{28}$Ni

● 第4周期の元素の電子配置

	族	元素記号	電子配置
典型元素	1	$_{19}$K	$K^2L^8M^8N^1$
	2	$_{20}$Ca	$K^2L^8M^8N^2$
遷移元素	3	$_{21}$Sc	$K^2L^8M^9N^2$
	4	$_{22}$Ti	$K^2L^8M^{10}N^2$
	5	$_{23}$V	$K^2L^8M^{11}N^2$
	6	$_{24}$Cr	$K^2L^8M^{13}N^1$
	7	$_{25}$Mn	$K^2L^8M^{13}N^2$
	8	$_{26}$Fe	$K^2L^8M^{14}N^2$
	9	$_{27}$Co	$K^2L^8M^{15}N^2$
	10	$_{28}$Ni	$K^2L^8M^{16}N^2$
	11	$_{29}$Cu	$K^2L^8M^{18}N^1$
	12	$_{30}$Zn	$K^2L^8M^{18}N^2$
典型元素	13	$_{31}$Ga	$K^2L^8M^{18}N^3$
	14	$_{32}$Ge	$K^2L^8M^{18}N^4$
	15	$_{33}$As	$K^2L^8M^{18}N^5$
	16	$_{34}$Se	$K^2L^8M^{18}N^6$
	17	$_{35}$Br	$K^2L^8M^{18}N^7$

←ここからM殻の空きに電子が入るよ。

CrはN^{1}であることに注意してね。

CuもN^{1}であることに注意だよ。

Znは最外殻に電子が入るけど
遷移元素なんだね。
Ga以降は典型元素だから
最外殻電子数と族の下一桁が一致するけど、
M^{18}であることがポイントだね。

なんでCrとCuはN^{1}になるの?

Crは電子軌道っていうのを考えないといけないから、Cuで説明するよ。
他の遷移元素のようにN^{2}になるなら、Cuの電子配置はK^{2}L^{8}M^{17}N^{2}だね。
M殻はあと一つ電子があれば閉殻で極めて安定になれるね。だからはやく
M殻を安定させるために、N殻から一つ、電子が移動してくるんだよ。

📖 ポイント

電子配置はすらすら書けるようになろう。

	電子が入る殻	電子配置の特徴	例
典型元素	最外殻	電子殻数⇒周期 最外殻電子数⇒族の下一桁	$_{13}$Al（第3周期13族） $K^2L^8M^3$
遷移元素	内側の殻	最外殻電子数は2 （CrとCuは1）	$_{28}$Ni（第4周期10族） $K^2L^8M^{16}N^2$

④ イオン

陽イオン 原子が電子を放出して正に帯電した状態

陰イオン 原子が電子を受け取って負に帯電した状態

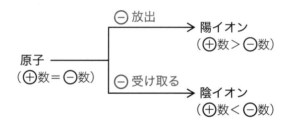

価数 放出したり受け取ったりした電子数

イオンを表す化学式※ 価数と正（＋）・負（－）を元素記号の右上に表す

※本書では以下イオン式と表す

$$Mg^{2+}$$

マグネシウムイオン
（2価の陽イオン）

$$Cl^-$$

塩化物イオン
（1価の陰イオン）

1価のとき、イオン式の＋1や－1の「1」は省略するよ。

陽性 原子が陽イオンになる性質

　一般的に、価電子の少ない（1〜3個）原子は価電子を放出して陽イオンになります。

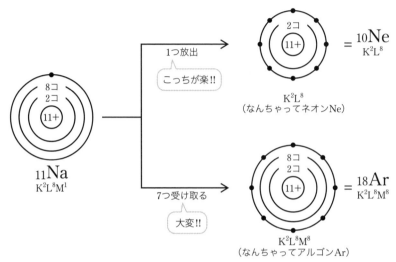

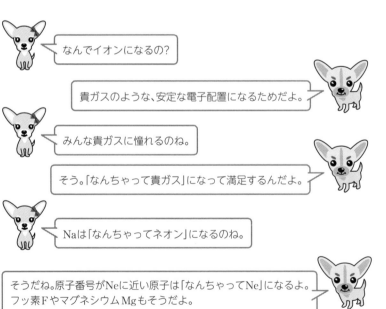

| 代表的な陽イオン | 名称「元素名 + イオン」 |

H^+	水素イオン	Mg^{2+}	マグネシウムイオン	Mn^{2+}	マンガンイオン
Li^+	リチウムイオン	Ca^{2+}	カルシウムイオン	Fe^{2+}	鉄(II)イオン
Na^+	ナトリウムイオン	Ba^{2+}	バリウムイオン	Cu^{2+}	銅(II)イオン
K^+	カリウムイオン	Zn^{2+}	亜鉛イオン	Al^{3+}	アルミニウムイオン
Cu^+	銅(I)イオン	Sn^{2+}	スズ(II)イオン	Cr^{3+}	クロム(III)イオン
Ag^+	銀イオン	Pb^{2+}	鉛(II)イオン	Fe^{3+}	鉄(III)イオン

※NH_4^+　アンモニウムイオン　※H_3O^+　オキソニウムイオン

※これらのように2つ以上の原子が結合した原子団でできるイオンを**多原子イオン**といいます。

| 陰性 | 原子が陰イオンになる性質 |

　一般的に、<u>価電子の多い（6～7個）原子</u>は、価電子を受け取って陰イオンになります。

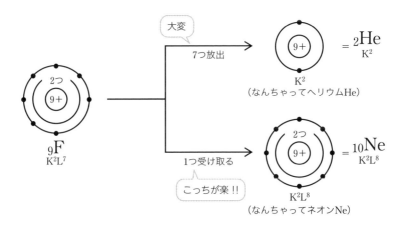

価電子の多い原子は、電子を放出するより、受け取る方が簡単に「なんちゃって貴ガス」になれるね。

そうね。フッ素Fは電子を7つ放出して「なんちゃってヘリウム」になるより、1つ受け取って「なんちゃってネオン」になるほうが簡単ね。

F^- フッ化物イオン OH^- 水酸化物イオン CO_3^{2-} 炭酸イオン

Cl^- 塩化物イオン NO_3^- 硝酸イオン SO_4^{2-} 硫酸イオン

Br^- 臭化物イオン CN^- シアン化物イオン SO_3^{2-} 亜硫酸イオン

I^- ヨウ化物イオン CH_3COO^- 酢酸イオン PO_4^{3-} リン酸イオン

O^{2-} 酸化物イオン HCO_3^- 炭酸水素イオン

S^{2-} 硫化物イオン

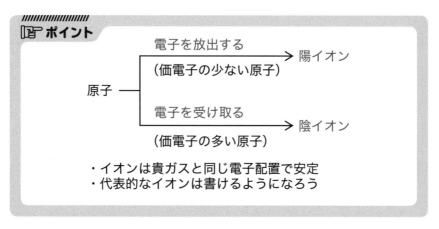

ポイント

原子 ──┬── 電子を放出する ──→ 陽イオン
　　　　　（価電子の少ない原子）
　　　　└── 電子を受け取る ──→ 陰イオン
　　　　　（価電子の多い原子）

・イオンは貴ガスと同じ電子配置で安定
・代表的なイオンは書けるようになろう

⑤ イオン化エネルギーと電子親和力

　原子がイオンになるとき、電子を放出したり受け取ったりするのと同時に、エネルギーが出入りしています。

イオン化エネルギー

原子から電子を1個取り去って1価の陽イオンにするときに必要な(吸収される)エネルギー

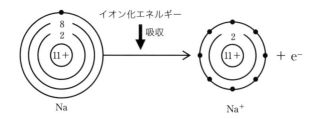

電子とエネルギーって商品とお金の関係と一緒ね。

そうだね。電子（商品）と引き換えに
エネルギー（お金）を受け取るイメージだね。

　電子を1個取り去るために必要なエネルギーを第一イオン化エネルギー、電子を2個取り去るために必要なエネルギーを第二イオン化エネルギーといいます。

　通常、イオン化エネルギーとは、第一イオン化エネルギーのことをさしています。

イオン化エネルギーと陽性の関係

イオン化エネルギーが小さい

　⇒小さいエネルギーで電子を取り去ることができる

　⇒陽イオンになりやすい（陽性が強い）

電子親和力

原子が最外電子殻に電子を1個受け取って、1価の陰イオンになるときに放出されるエネルギー

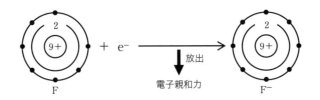

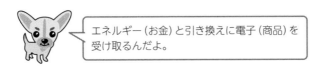

エネルギー（お金）と引き換えに電子（商品）を
受け取るんだよ。

電子親和力と陰性の関係

電子親和力が大きい

⇒電子を受け取ることによってエネルギーが低くなる（安定になる）

⇒陰イオンになりやすい（陰性が強い）

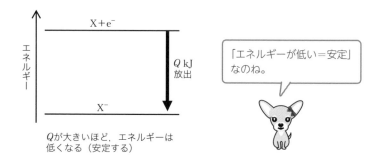

Qが大きいほど，エネルギーは
低くなる（安定する）

「エネルギーが低い＝安定」
なのね。

また、イオン化エネルギーと比較すると、電子親和力は小さいエネルギーです。

引力にまかせて電子を引きつけるのに比べて、
引力に逆らって電子を引き離すのは大変そうよね。
そう考えると、イオン化エネルギーは大きいはずだわ。

ポイント

イオン化エネルギー：原子が陽イオンになるときに吸収するエネルギー

小さいほど陽イオンになりやすい

電子親和力：原子が陰イオンになるときに放出するエネルギー

大きいほど陰イオンになりやすい

§3 周期表

　ロシアの**メンデレーエフ**は、元素を**原子量順**に並べると、性質のよく似た元素が一定の間隔で現れること（**周期律**）を発見しました。

　そして、性質のよく似た元素が同じ列になるように、元素を原子量の順に並べた表を1869年に発表しました。これが**周期表**です。

　その後、貴ガスの発見や元素を**原子番号順**に並べたことで、メンデレーエフの周期表にあったいくつかの矛盾も解消されました。これが、現在みなさんが見ている周期表です。

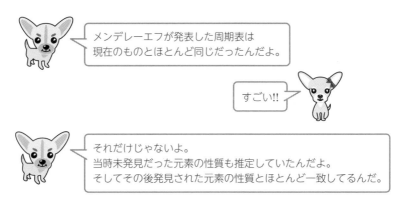

メンデレーエフが発表した周期表は
現在のものとほとんど同じだったんだよ。

すごい!!

それだけじゃないよ。
当時未発見だった元素の性質も推定していたんだよ。
そしてその後発見された元素の性質とほとんど一致してるんだ。

① 周期表

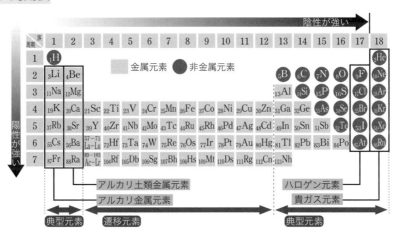

縦の列⇒**族**（1〜18族）、横の列⇒**周期**（1〜7周期）

代表的な同族元素　1族（Hを除く）⇒**アルカリ金属元素**

2族⇒**アルカリ土類金属元素**

17族⇒**ハロゲン元素**

18族⇒**貴ガス元素**

(1) 典型元素と遷移元素

典型元素　1、2族・13〜18族の元素

同族元素は最外殻電子数が同じ（⇒§2③）ため、性質が似ています。

遷移元素　3〜12族

最外殻電子数が2または1で同じ（⇒§2③）ため、横に並んだ元素同士の性質が似ています。

(2) 金属元素と非金属元素

金属元素

基本的に陽性を示し、それは周期表の左下の元素ほど強くなります。

約90種の元素が金属元素です。

非金属元素

基本的に陰性（18族貴ガスを除く）を示し、それは周期表の右上の元素ほど強くなります。

両性金属　Al・Zn・Sn・Pb

金属元素と非金属元素の境界線付近に位置する元素で、酸とも強塩基とも反応します。

ポイント

周期表：元素を原子番号順に並べたもの（メンデレーエフの周期
表は原子量順）

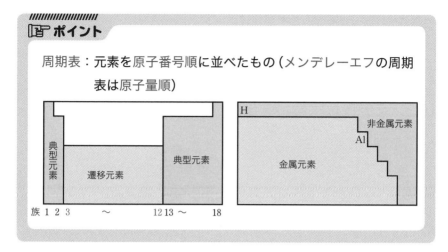

② 元素の周期的変化

(1) 価電子数 (⇒§2③)

価電子数は、貴ガスを除いて最外殻電子数と一致（注：貴ガスは0個）します。

典型元素 貴ガスを除き、族の下一桁と一致します。

遷移元素 基本的に2個（CrやCuは1個）です。

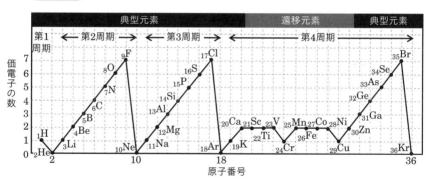

(2) イオン化エネルギー (⇒§2⑤)

原子核の正電荷が大きい

　　⇒最外殻電子は強く引きつけられる

　　⇒取り去るためのエネルギー（イオン化エネルギー）は大きい

といえます。

▼ 最外殻に届く正電荷の大きさ

例 ナトリウムNa

Naは原子番号11番なので、原子核の正電荷は +11 です。

しかし、+11のうち +10 は、K殻L殻の電子（計10個）の負電荷 − 10 と打ち消し合うため、残った +1 のみがM殻に届きます。

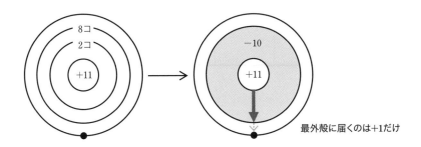

同一周期での変化

第2周期のリチウムLiとネオンNeで比べてみましょう。

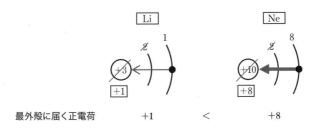

よって、同一周期では族が大きくなるほど、イオン化エネルギーは大きくなります。

同族での変化

リチウム Li とナトリウム Na で比べてみましょう。

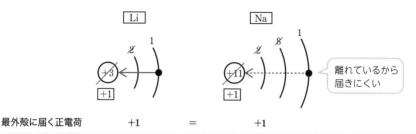

最外殻に届く正電荷　　　　+1　　　＝　　　+1

　最外殻に届く正電荷は同じですが、原子核と最外殻の距離は Li のほうが小さいため、最外殻電子を引きつける力は、Na に比べて大きくなります。

　以上より、周期が小さいほど、イオン化エネルギーは大きくなります。

遷移元素

スカンジウム Sc とニッケル Ni で比べてみましょう。

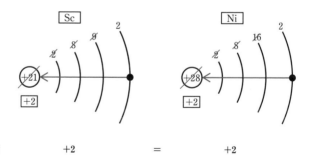

最外殻に届く正電荷　　　　+2　　　＝　　　+2

　最外殻に届く正電荷も、最外殻との距離も同じため、最外殻電子を引きつける力はほとんど同じになります。

　よって、遷移元素のイオン化エネルギーはほぼ同じです。

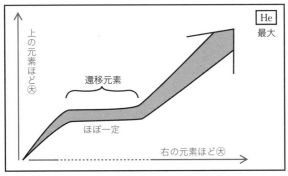

典型元素は右上にある元素ほど大きく，最大はヘリウムHeです。

以上より、イオン化エネルギーを原子番号順に並べると次のようなグラフになります。

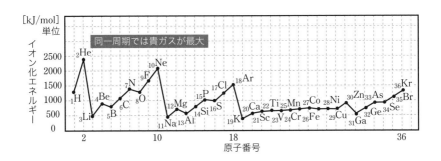

(3) 原子半径

同一周期での変化

第2周期のリチウムLiとフッ素Fで比べてみましょう。

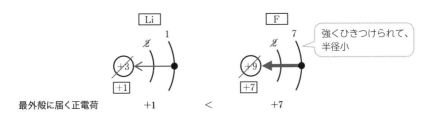

強くひきつけられて、半径小

よって、同一周期では族が大きくなるほど、原子半径は小さくなります。

同族での変化

リチウム Li とナトリウム Na で比べてみましょう。

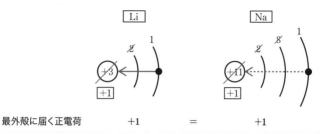

最外殻に届く正電荷　　　　+1　　　　=　　　　+1

　最外殻に届く正電荷は同じですが、原子核と最外殻の距離は Na のほうが大きいですね。

　よって、周期が大きいほど、半径も大きくなります。

　以上より、周期表の左下にある元素ほど原子半径は大きくなります。

単位：nm（10^{-10}m）

	1	2	〜	13	14	15	16	17	18
1	(H) 水素 0.30								(He) ヘリウム 1.40
2	(Li) リチウム 1.52	(Be) ベリリウム 1.11		(B) ホウ酸 0.81	(C) 炭素 0.77	(N) 窒素 0.74	(O) 酸素 0.74	(F) フッ素 0.72	(Ne) ネオン 1.54
3	(Na) ナトリウム 1.86	(Mg) マグネシウム 1.60		(Al) アルミニウム 1.43	(Si) ケイ素 1.17	(P) リン 1.10	(S) 硫黄 1.04	(Cl) 塩素 0.99	(Ar) アルゴン 1.86

小　　　　　　　　　　　　　　　　　　　　　　　　　　　　　　　　小

大　　　　　　　　　　　　　　　　　　　　　　　　　　　　　　　　大

▼貴ガスの半径が大きい理由

　貴ガス以外の原子は二原子が結合状態で半径を測定しますが、貴ガスは結合しないため、原子のまま半径を測定するので、大きい数値になっています。

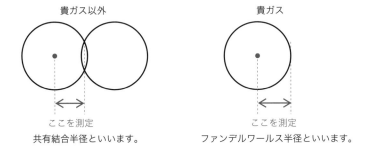

貴ガス以外
ここを測定
共有結合半径といいます。

貴ガス
ここを測定
ファンデルワールス半径といいます。

(4) イオン半径

陽イオン　原子半径＞陽イオン半径

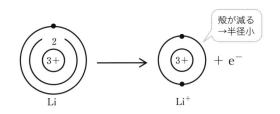

殻が減る
→半径小

Li　　　　　Li$^+$　＋ e$^-$

陰イオン　原子半径＜陰イオン半径

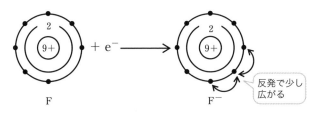

F　＋ e$^-$　　　　F$^-$

反発で少し広がる

電子配置が同じイオン

| フッ化物イオンF⁻ | ナトリウムイオンNa⁺ |

最外殻に届く正電荷　　　　+7　　　　　<　　　　　+9

よって、原子番号の大きいイオンほど半径は小さくなります。

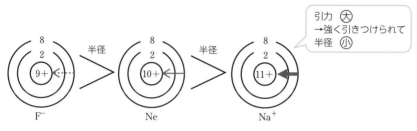

引力 ㋡
→強く引きつけられて
半径 ㋛

F⁻　　　　　　Ne　　　　　　Na⁺

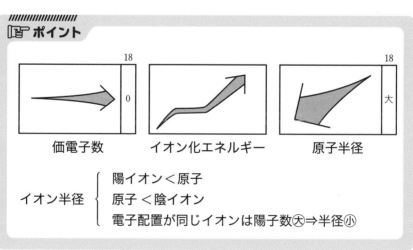

ポイント

価電子数　　　イオン化エネルギー　　　原子半径

イオン半径　　陽イオン<原子
　　　　　　　原子 <陰イオン
　　　　　　　電子配置が同じイオンは陽子数㋡⇒半径㋛

1 次の文章 (a) から (g) の中から、正しいものを全て選び、記号で答えよ。

(a) 原子の中心には、陽子を含む原子核があるので、原子は正に帯電している。

(b) 原子の大きさは、原子核の大きさにほぼ等しい。

(c) 原子の質量は、原子に含まれる陽子と電子の質量の和にほぼ等しい。

(d) ^{26}Mg 原子に含まれる中性子の数は、14である。

(e) 最も外側の電子殻がL殻である原子同士では、化学的性質が似ている。

(f) 原子番号が同じで、質量数が異なる原子同士を、互いに同位体と呼ぶ。

(g) 原子が電子を放出すると陽イオンになる。

(2015 芝浦工大 4 の (イ) の (1))

(解答は P.375)

第2章 物質量

化学変化はミクロの世界です。
『物質を構成している粒子1つの質量が小さすぎる』
『物質を構成する粒子数が多すぎる』
という点で、計算が複雑になります。
よって、化学計算はこの2つの数値を扱いやすい値に変えて
おこないます。この2つの数値のきまりを押さえましょう。

第2章の目標

- ➡ 相対質量を正しく理解しよう。
- ➡ モルの計算を克服しよう。
- ➡ 濃度計算を克服しよう。
- ➡ 化学変化と量的関係を理解しよう。

§1 原子量・分子量・式量

　まずは、『物質を構成している粒子1つの質量が小さすぎる』ことを解決しましょう。

ダイヤモンドは1個が1.9926×10^{-23}gの^{12}C原子からできてるよ。

1.9926×10^{-23}gかあ…。小さすぎて全く想像つかないし、計算大変そうね。

そうだね。でも、それを解決するのが相対質量という考え方だよ。

①原子の相対質量

^{12}C原子1個の質量（1.9926×10^{-23}g）を12とし、他の原子の質量を相対的に表したもの。

		質量	相対質量
基準	^{12}**C**	1.9926×10^{-23}g	12
	^{1}**H**	1.6735×10^{-24}g	x

1.9926×10^{-23}gを12とするなら、1.6735×10^{-24}gはいくら（x）になるのかを求めます。

$$(1.9926 \times 10^{-23}) : (1.6735 \times 10^{-24}) = 12 : x$$

$$x = 1.0078$$

これを^{1}Hの相対質量といいます。基本的に、質量数とほぼ同じです。

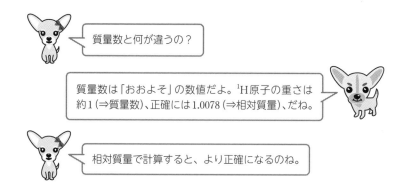

質量数と何が違うの？

質量数は「おおよそ」の数値だよ。^{1}H原子の重さは約1（⇒質量数）、正確には1.0078（⇒相対質量）、だね。

相対質量で計算すると、より正確になるのね。

②原子量

同位体の相対質量の平均値。

元素	同位体	相対質量	存在率
H	^{1}**H**	1.0078	99.9885%
	^{2}**H**	2.0141	0.0115%

水素

1H

1.008

Hydrogen

$$H（元素）の原子量 \quad 1.0078 \times \frac{99.9885}{100} + 2.0141 \times \frac{0.0115}{100} = \underline{1.008}$$

このようにして求められる<u>元素の原子量は、通常、周期表の元素記号の下に表記</u>します。

また、基本的に化学計算では原子量の概数値を使用します。

水素Hは1.008ではなく、**概数値1.0で扱う**ことがほとんどです。

模試や入試問題の最初に与えてくれるわね。

そうだね。基本的にはどの問題も同じ概数値だから、代表的なものは自然と覚えちゃうよ。

③分子量

<u>分子を構成している元素の原子量の総和。</u>

例 水H_2Oの分子量 （原子量 H：1、O：16）

$$\underset{\text{Hの原子量}}{\underline{1}} \quad \times \quad 2 \quad + \quad \underset{\text{Oの原子量}}{\underline{16}} \quad = \quad \underset{H_2Oの分子量}{\underline{18}}$$

④式量

<u>分子を作らない物質の繰り返し単位を構成している元素の原子量の総和</u>

例 塩化ナトリウム$NaCl$ （原子量 Na：23、Cl：35.5）

$$\underset{\text{Naの原子量}}{\underline{23}} \quad + \quad \underset{\text{Clの原子量}}{\underline{35.5}} \quad = \quad \underset{NaClの式量}{\underline{58.5}}$$

分子量と式量の違いが、いまいちわからないわ。

原子が結合して分子という小さいかたまりを作るもの⇒分子量。
原子がひたすら結合していき、分子という小さいかたまりを作らないもの⇒式量。
どんな物質が分子になるのかは、第3章でしっかり確認するよ。

§2 物質量

つぎは、『物質を構成している粒子数が多すぎる』ことを解決しましょう。

^{12}C原子が6.02×10^{23}個集まってできてるダイヤモンドがあるよ。

す、すごく多いわ！　これまた、計算大変そうね。

それを解決するのが物質量molという考え方だよ。

①アボガドロ数と物質量

化学の計算では、6.02×10^{23}個の集まりを1molとして扱います。

よって、molは個数を表す単位です。

このようにして表した物質の量を**物質量**といい、6.02×10^{23} 個を**アボガドロ数**といいます。

鉛筆は12本集まると1ダースっていうけど、化学計算では 6.02×10^{23} 個集まると1molっていうのね。

12本 $\qquad\qquad$ 6.02×10^{23} 個

……… ○○○○ ……… ○ 原子

1ダース $\qquad\qquad$ 1mol

そう考えると、難しくないね。特別なことではなく、個数を表す単位だということを徹底しようね。

よって、6.02×10^{23} 個は1molあたりの個数となり、$6.02 \times 10^{23}/\text{mol}$ と表すことができ、これを**アボガドロ定数 (N_A)** といいます。

6.02×10^{23} って、なんだか中途半端じゃない？ もっとキリのいい数値の方が覚えやすいし使いやすいそう。

そんなことないよ。6.02×10^{23} は便利な数値だよ。

$\qquad$ $1.9926 \times 10^{-23}\text{g}$ $\quad \times \quad$ 6.02×10^{23} 個 $\quad = \quad$ 11.99 $\quad \fallingdotseq \quad$ $\underline{12\text{g}}$

^{12}C（相対質量 $\underline{12}$）1個の質量 $\qquad$ 1molの個数

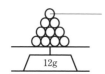

$^{12}C : 1.9926 \times 10^{-23}g$
(12)

1mol（6.02×10^{23}個）集めると、ほぼ12g

12g

^{12}C原子（$1.9926 \times 10^{-23}g$）を1mol（6.02×10^{23}個）集めると、ほぼ12gになるんだ。これって、^{12}C原子の相対質量と同じだよね。

たしかに！1mol集まったときの質量が相対質量と一致してる！

ということは、相対質量1（^{12}Cの$\frac{1}{12}$）の原子を同じ数集めたら、全体の質量は1g（^{12}Cの$\frac{1}{12}$）になるはずだよね。

どんな原子や分子でも、その原子量や分子量にgをつけると1molの質量になるのね。超便利!!

　原子量や分子量、式量にgを付けると1molの質量になり、**モル質量**（単位 g/mol）といいます。

例 水H_2O

　　分子量18、モル質量18g/mol

ポイント

アボガドロ定数（N_A）：1molあたりの個数⇒6.02×10^{23}/mol

モル質量：1molあたりの質量。原子量、分子量、式量にgをつけたもの

②物質量と気体の体積

（1）アボガドロの法則

1811年にイタリアのアボガドロが

『同温・同圧のもとで、同じ体積の気体には、気体の種類によらず、同じ数の分子が含まれている』と発表しました。これを**アボガドロの法則**といいます。

すなわち、どんな気体でも1mol（6.02×10^{23}個）集まると体積は同じ、ということになります。

0℃、1.013×10^5Pa（標準状態※）のもとで、気体1molの体積は22.4Lになります（※本書ではこの状態を「標準状態」と表す）。

気体限定であることに注意したいわね。

そうだね。
22.4Lは0℃、1.013×10^5Pa（標準状態）のときの体積であって、温度や圧力が変化すると変わることにも気をつけたいね。標準状態でないときについては、第9章で扱うよ。

(2) 気体の密度 d と分子量 M

気体の密度は通常、1L あたりの質量 g で表し、単位は g/L です。

0℃、1.013×10^5 Pa（標準状態）において、次のような式が成立します。

$$\underset{(\text{g/L})}{\text{気体の密度 } d} \times \underset{(\text{L/mol})}{22.4} = \underset{(\text{g/mol})}{\text{モル質量}} = \text{分子量 } M$$

標準状態における気体の密度を22.4倍すると、その気体の分子量を求めることができるのね。でも、なんでだろう。

標準状態で気体1molの体積は22.4Lだったね。よって、密度を22.4倍すると、気体1molあたりの質量を求めることができるんだよ。これがモル質量、すなわち分子量だね。単位を確認すると納得できるね。

(3) 混合気体の分子量

2種類以上の気体が混合しているとき、分子量は平均値で表し、**見かけの分子量（平均分子量）**といいます。

例 空気（窒素 N_2（分子量28）と酸素 O_2（分子量32）が4：1のモル比で混合しているとする）

分子量の平均値は

$$28 \times \frac{4}{4+1} + 32 \times \frac{1}{4+1} = 28.8$$

となります。

空気の分子量は28.8と考えることができるのね。

そうだね。二酸化炭素 CO_2（分子量44）のように、分子量が28.8より大きい気体は空気より重い気体だね。

☞ ポイント

アボガドロの法則：同温同圧において、同体積に含まれる気体
の分子数は気体の種類によらず一定

気体の密度と分子量：標準状態において、$d \times 22.4 = M$

混合気体の分子量：見かけの分子量（平均分子量）で表す

③モル計算のまとめ

$$1\text{mol} = \underline{N_A} \quad 個$$
$$= \underline{原子量・分子量・式量} \quad \text{g}$$
$$= \underline{22.4} \quad \text{L} \quad （標準状態の気体のみ）$$

molを右辺の単位に変えるとき　⇒　波線部の数値を掛ける

右辺の単位をmolに変えるとき　⇒　波線部の数値で割る

例 硝酸イオン NO_3^-（式量62）6.2gの物質量は何mol？

また、その中に含まれている酸素原子は何個？

$$1\text{mol} = 式量 \text{g}$$
$$: 式量$$

⇒質量を物質量に変えるためには、式量で割る。

$$\frac{6.2}{62} = \underline{0.10\text{mol}} \qquad \boxed{0.10\text{mol}}$$

$$1\text{mol} = N_A (6.02 \times 10^{23}) 個$$
$$\times N_A$$

⇒物質量を個数に変えるには、アボガドロ定数を掛ける。

$$0.10 \times 6.02 \times 10^{23} = \underline{6.02 \times 10^{22}個} \quad \text{🖐これは} NO_3^- \text{の個数！}$$

$NO_3{}^-$ 1個の中に O 原子は 3 個含まれているので、$NO_3{}^-$ の個数を 3 倍するとO原子の個数となる。

$$6.02 \times 10^{22} \times 3 = \underline{1.806 \times 10^{23}}\text{個} \qquad 1.8 \times 10^{23}\text{個}$$

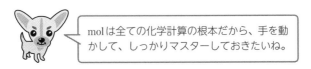

molは全ての化学計算の根本だから、手を動かして、しっかりマスターしておきたいね。

④アボガドロ定数測定法

アボガドロ定数を確認する方法の中で、入試でよく取り上げられるものを確認してみましょう。

ステアリン酸 $C_{17}H_{35}COOH$ は大きい分子で、親水性（水に溶ける性質）の部分と、疎水性（水に溶けない性質）の部分からなります。

$$\underline{CH_3CH_2CH_2CH_2CH_2CH_2CH_2CH_2CH_2CH_2CH_2CH_2CH_2CH_2CH_2CH_2}\underline{COOH}$$
　　　　　　　　　　　疎水性　　　　　　　　　　　　　　　　　親水性

この分子を次のように表します。

では実験を確認してみましょう。

(1) ステアリン酸を水に滴下
⇒親水性の部分を水中に、疎水性の部分を空気中に向けて並び、膜を作ります。
これを単分子膜といいます。

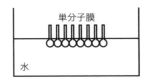

(2) 単分子膜の面積を測定

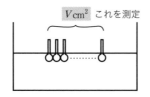

これをもとに、アボガドロ定数を確認することができます。

結果

『濃度 C mol/L ステアリン酸 $C_{17}H_{35}COOH$（分子量284、1分子の占有面積 p cm^2）を v mL滴下したとき、単分子膜が V cm^2 生成した。』

計算

滴下したステアリン酸の物質量 : $C \times \dfrac{v}{1000} = \dfrac{Cv}{1000}$ mol

単分子膜を形成したステアリン酸分子の数 : $\dfrac{V}{p}$ 個

物質量と個数の関係より

$$\dfrac{Cv}{1000}\,\mathrm{mol} : \dfrac{V}{p}\,\text{個} = 1\,\mathrm{mol} : N_\mathrm{A}\,\text{個}$$

が成立し、アボガドロ定数 N_A を求めます。

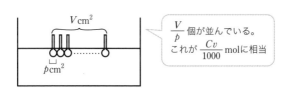

今扱った濃度の計算は次の§3で確認するわよ。

§3 溶液の濃度

物質の多くは固体で存在します。

固体は反応しにくいため、反応させるときには、基本的に何かに溶かして溶液にします。

よって、化学の計算には溶液がよく登場します。

溶液の計算はどのように考えていくのかを確認しましょう。

①溶解

水に塩化ナトリウム（NaCl）を入れると、NaClは溶け、塩化ナトリウム水溶液（NaClaq）ができます。

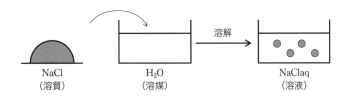

NaCl　　　　　H₂O　　　　　　NaClaq
（溶質）　　　（溶媒）　　　　（溶液）

物質が溶けて均一な液体になることを**溶解**といい、NaClのように溶けている物質を**溶質**、水のように物質を溶かす液体を**溶媒**、NaClaqのように溶質と溶媒からなる液体を**溶液**といいます。

> 溶媒が水のときは「水溶液 (aq)」、ベンゼンのときは「ベンゼン溶液」と表すよ。「aq」はaquaの略ね。

②溶液の濃度

化学変化が起こるとき、溶液全体が反応しているわけではありません。

反応するのは溶質です。よって、溶質がどのくらいの割合を占めているのかを考える必要があります。

それが、**溶液の濃度**です。

濃度は溶質の割合を表しているから、分数の分子に必ず溶質がくるよ。

(1) 質量パーセント濃度

$$質量パーセント濃度 (\%) = \frac{溶質(g)}{溶液(g)} \times 100$$

例 硝酸カリウム KNO₃ 25g を水 100g に溶かした水溶液の質量パーセント濃度は？

$$\frac{25}{25+100} \times 100 = 20 \qquad 20\%$$

実際に入試問題の中で質量パーセント濃度を扱うとき、<u>密度がセットで与えられることがほとんどです</u>。

$$溶液の密度 (g/cm^3) = \frac{溶液の質量 (g)}{溶液の体積 (cm^3)}$$

密度がでてきたら、

（ⅰ）密度を使って、与えられた体積のデータを質量に変えます。

$$溶液の体積 (cm^3) \times 溶液の密度 (g/cm^3) = 溶液の質量 (g)$$

（ⅱ）（ⅰ）で求めた溶液の質量に質量パーセント濃度を掛けます。

$$溶液 (g) \times \underset{『質量パーセント濃度』}{\frac{溶質 (g)}{溶液 (g)}} = 溶質 (g)$$

これにより、溶質の量を求めることができます。

例 98％の濃硫酸（密度 1.8g/cm³）250mL 中に含まれる硫酸は何 g ？

$$250 \times 1.8 = 450g$$

このうち、溶質である硫酸の占める割合が 98％であるため、

$$450 \times \frac{98}{100} = 441 \qquad 441g$$

cm³とmLは同じ体積だよ。どっちで与えられても対応できるようになろうね。

ところで、なんで質量パーセント濃度と密度はセットで出るの？

液体は通常、体積（LやmL）で測りとるものなんだ。だから、問題でも溶液のデータを体積で与えてくるんだよ。でも、質量パーセント濃度は質量で表す濃度だから、質量パーセント濃度で考える問題は、体積のデータを質量のデータに変える必要があるんだ。

そのために、密度が与えられるのね。

(2) モル濃度

$$\text{モル濃度 (mol/L)} = \frac{\text{溶質(mol)}}{\text{溶液(L)}}$$

例 塩化ナトリウム NaCl（式量58.5）5.85gを水に溶かし、200mLの塩化ナトリウム水溶液とした。この水溶液のモル濃度は何mol/L？

$$\frac{\frac{5.85}{58.5}\text{mol}}{\frac{200}{1000}\text{L}} = 0.50 \qquad \boxed{0.50\text{mol/L}}$$

質量パーセント濃度とは違い、モル濃度は溶液を体積で表しているため、与えられる体積のデータをそのまま使うことができます。

溶液の体積 (L) × モル濃度 (mol/L) = 溶質の物質量 (mol)

例 0.5mol/Lのグルコース水溶液20mL中に含まれるグルコースは何mol？

$$0.5 \times \frac{20}{1000} = 1.0 \times 10^{-2} \qquad \boxed{1.0 \times 10^{-2}\text{mol}}$$

(3) 質量モル濃度

$$\text{質量モル濃度 (mol/kg)} = \frac{\text{溶質(mol)}}{\text{溶媒(kg)}}$$

例 塩化ナトリウム NaCl（式量58.5）5.85gを水200gに溶かし、塩化ナトリウム水溶液とした。この水溶液の質量モル濃度は何mol/kg？

$$\frac{\dfrac{5.85}{58.5}\,\text{mol}}{\dfrac{200}{1000}\,\text{kg}} = 0.50 \qquad \boxed{0.50\text{mol/kg}}$$

なんで質量モル濃度は溶媒に対する溶質の割合で表すの？

第11章であつかう「希薄溶液の性質」では、溶液の温度を変化させて実験するんだ。
温度が変わると、溶液の体積も変わってしまうけど、質量は変化しないからね。質量モル濃度のほうが扱いやすいんだよ。

特定の単元のみで使う濃度なのね。

///////////////////////
📖 ポイント

$$\text{質量パーセント濃度 (\%)} = \frac{\text{溶質(g)}}{\text{溶液(g)}} \times 100$$

（密度とセットで扱うことが多い）

$$\text{モル濃度 (mol/L)} = \frac{\text{溶質(mol)}}{\text{溶液(L)}}$$

$$\text{質量モル濃度 (mol/kg)} = \frac{\text{溶質(mol)}}{\text{溶媒(kg)}} \qquad \text{（「希薄溶液の性質」で使用）}$$

③濃度計算

入試でよく出題される濃度計算を確認してみましょう。

(1) 溶液の希釈

溶液に溶媒を加えて濃度を小さくする操作を希釈といいます。

▼ 希釈の計算のポイント

i　希釈前後で濃度の単位が同じとき

　　⇒溶液の体積がx倍になると、濃度は$\dfrac{1}{x}$倍に変化

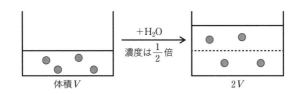

例　18mol/Lの硫酸（H_2SO_4aq）10mLに水を加えて100mLにすると濃度は
何mol/L？

10mLから100mLになったため、体積が10倍に変化　⇒　濃度は$\dfrac{1}{10}$倍

$$18 \times \frac{1}{10} = 1.8 \qquad \boxed{1.8\text{mol/L}}$$

ii　希釈前後で濃度の単位が異なるとき
　　⇒希釈前後で溶液に含まれる溶質の量は不変

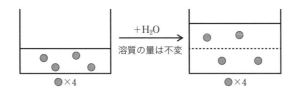

例 36%、1.2g/cm³の塩酸HClaqを希釈して0.5mol/Lの塩酸250mLを作りたい。

36%の塩酸は何mL必要？　（塩化水素HClの分子量36.5）

36%の塩酸の体積をv mLとすると、

「希釈前の塩酸に含まれる塩化水素の物質量
　　　　　＝希釈後の塩酸に含まれる塩化水素の物質量」

が成立するため、

$$\underset{\substack{\text{(mL)} \\ \text{溶液(mL)}}}{v} \times \underset{\substack{\text{(g/mL)} \\ \text{溶液(g)}}}{1.2} \times \underset{\substack{\text{(g/g)} \\ \text{溶質(g)}}}{\frac{36}{100}} \times \underset{\substack{\text{(1/(g/mol))} \\ \text{溶質(mol)}}}{\frac{1}{36.5}} = \underset{\substack{\text{(mol/L)} \\ \text{溶液(mol/L)}}}{0.5} \times \underset{\substack{\text{(L)} \\ \text{溶質(mol)}}}{\frac{250}{1000}}$$

$$v = 10.5 \qquad \boxed{11\text{mL}}$$

(2) 濃度の単位変換

▼ 濃度の単位変換のポイント

ⅰ　モル濃度　⇔　質量パーセント濃度

⇒どちらの濃度も『溶液に対する溶質の割合』なので、分母と分子の単位をそれぞれ変えると考える

例 18mol/L硫酸（1.8g/cm³）の質量パーセント濃度は何％？
（H_2SO_4の分子量98）

$$\underset{(1000\text{mL})}{\frac{\text{溶質18mol}}{\text{溶液1L}}} \Rightarrow \frac{\text{溶質}(18\times98)\text{g}}{\text{溶液}(1000\times1.8)\text{g}} \times 100 = 98 \qquad \boxed{98\%}$$

ii　モル濃度、質量パーセント濃度　⇔　質量モル濃度

　　⇒モル濃度や質量パーセント濃度から、溶媒のデータを導く

例　36％の塩酸HClaqの質量モル濃度は何mol/kg？

　　（塩化水素HClの分子量36.5）

　　36％の塩酸100gで考えると、溶質（HCl）は36g、溶媒（H$_2$O）は64gな

　　ので、

$$\frac{溶質（HCl）36g}{溶媒（H_2O）64g} \Rightarrow \frac{溶質 \dfrac{36}{36.5}\,mol}{溶媒 \dfrac{64}{1000}\,kg} = \underline{15.4} \qquad \boxed{15mol/kg}$$

> 質量モル濃度が溶媒に対する溶質の割合だから、質量パー
> セント濃度のデータから、溶媒のデータを導くんだね。

ポイント

頻出の濃度計算のポイント

　溶液の希釈：

　　希釈前後で濃度の単位が同じ⇒濃度は体積の逆数倍

　　希釈前後で濃度の単位が異なる⇒溶質の量は不変

　濃度の単位変換：

　　モル濃度⇔質量パーセント濃度

　　　　⇒分母分子の単位をそれぞれ変えるだけ

　　質量パーセント濃度、モル濃度⇔質量モル濃度

　　　　⇒溶液のデータから溶媒のデータを導く

§4 化学反応式と量的関係

物質量と濃度の計算を克服できたら、いよいよ、本格的に化学計算の世界に入りましょう。

物質が違う物質に変化することを**化学変化**といい、そのときに変化する量を扱うのが、化学計算です。

これから章が進むにつれ、様々な公式等を確認していきますが、すべてはここで扱う考え方から生まれてくるものです。

しっかり向き合いましょうね。

①化学反応式

化学変化が起きたときに、必ず変わるもの。それは「物質」と「粒子数」です。

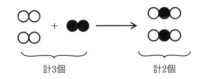

計3個   計2個

この2つの変化を扱いやすくするために、化学式を用いて表したのが化学反応式です。

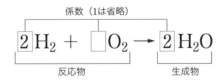

係数（1は省略）

$2H_2 + \square O_2 \longrightarrow 2H_2O$

反応物   生成物

▼ 化学反応式の作り方

(1) 反応物を左辺、生成物を右辺に書き、 ⟶ で結ぶ

$$C_2H_6 + O_2 \longrightarrow H_2O + CO_2$$

反応物と生成物は暗記するの？

暗記する必要はないよ。無機化学を中心に、様々な反応を学んでいくからね。反応物を与えられると生成物を答えられるようになるよ。

暗記しなくていいのね。これから反応についてしっかり勉強するわ。

そうだね。ただ、「燃焼」だけはここで書けるようになろう。炭素Cと水素Hからなる物質が燃えると、二酸化炭素CO_2と水H_2Oになるよ。

(2) 両辺で元素の原子数が等しくなるように係数を入れる。
（通常、係数1は省略）

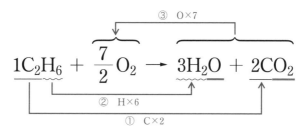

$$1C_2H_6 + \frac{7}{2}O_2 \longrightarrow 3H_2O + 2CO_2$$

③ $O \times 7$

② $H \times 6$

① $C \times 2$

反応物のどれかの係数を1と置いて他を決めていくといいよ。そのとき、原子の種類と数が多い物質の係数を1と置くとうまくいきやすいよ。

だから今回は酸素O_2ではなくエタンC_2H_6の係数を1としたのね。

そうだね。今回のように、係数はいったん分数になってもいいんだよ。あとから整数にすればいいからね。

(3) 係数を整数にする

(2) で作った式の係数を全て2倍します

$$2C_2H_6 + 7O_2 \longrightarrow 6H_2O + 4CO_2$$

▼ 未定係数法

係数が複雑になる場合、係数を文字でおき、各元素について方程式をたて、係数を決定します。

これが未定係数法です。

$$a\,C_2H_6 + b\,O_2 \longrightarrow c\,H_2O + d\,CO_2$$

炭素C：$2a=d$ ………… ①

水素H：$6a=2c$………… ②

酸素O：$2b=c+2d$ …… ③

①②③式より、$b=\dfrac{7}{2}a$, $c=3a$, $d=2a$

よって$a:b:c:d=2:7:6:4$

しかし、この方法は時間がかかるので、通常は使用しません。

> 係数が複雑になりやすいものに、酸化還元反応式があるけど、酸化還元反応式は別の方法で作るんだ。第6章で扱うよ。

② イオン反応式

反応に関与するイオンを化学式で表したものを**イオン反応式**といいます。

両辺で、元素の原子数だけでなく、電荷も等しくすることに注意が必要です。

例 塩化ナトリウム $NaCl$ 水溶液 ＋ 硝酸銀 $AgNO_3$ 水溶液

化学反応式では、

$$NaCl + AgNO_3 \longrightarrow AgCl + NaNO_3$$

となります（沈殿生成反応）。

では、この反応を図で確認してみましょう。

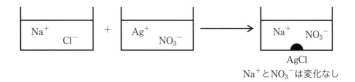

Na^+とNO_3^-は変化なし

イオンを用いた化学式で書くと

$$\text{Na}^+ + \text{Cl}^- + \text{Ag}^+ + \text{NO}_3^- \longrightarrow \text{AgCl} + \text{Na}^+ + \text{NO}_3^-$$

となります。ここから、両辺で変化していないものを消すと

$$\text{Cl}^- + \text{Ag}^+ \longrightarrow \text{AgCl}$$

となり、両辺の電荷はともに±0で一致しています。

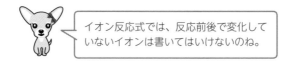

イオン反応式では、反応前後で変化していないイオンは書いてはいけないのね。

//////////////////////////
☞ ポイント

化学反応式：物質の変化と粒子数の変化を化学式と係数で表したもの

イオン反応式：反応に関与するイオンを化学式で表したもの

③化学反応式と量的関係

化学変化が起こったときの、粒子数の変化を扱うのが化学計算の全てです。

粒子数の変化を表しているのが化学反応式の係数なので、化学反応式を書いて、係数に注目して計算式を立てることになります。

(1) 係数比＝mol比

個数を表す数値が物質量です。

よって、化学反応式の係数は、物質量の変化を表していると考えることができます。

例 メタン CH_4（分子量16）3.2gと十分な量の酸素 O_2 を混合し、メタンを完全燃焼させたとき、生成する水 H_2O（分子量18）の質量は何g？

化学反応式は

$$CH_4 + 2O_2 \longrightarrow CO_2 + 2H_2O$$

となり、CH_4 と H_2O のmol比は $1:2$ であることがわかる。

生成した H_2O の質量を x g とすると、

$$\frac{3.2}{16} : \frac{x}{18} = 1 : 2 \quad \left(\frac{3.2}{16} \times 2 = \frac{x}{18} \right)$$

$$x = 7.2 \qquad \boxed{7.2g}$$

(2) 係数比＝体積比（気体のみ）

0℃、$1.013 \times 10^5 Pa$（標準状態）の気体には $1mol = 22.4L$ という関係が成立しているように、気体は物質量と体積が比例関係にあります。

よって、気体限定で化学反応式の係数は、体積の変化と捉えることができます。

標準状態以外の気体は第9章で扱うよ。
ちなみに、1808年にフランスのゲーリュサックは「気体同士の反応において、それらの気体の体積の間には簡単な整数比が成立する」と発表したんだ。これを気体反応の法則というよ。

例 0℃、$1.013 \times 10^5 Pa$（標準状態）で4.48Lのメタン CH_4 を完全燃焼させるのに必要な酸素 O_2 の体積は何L？

化学反応式は

$$CH_4 + 2O_2 \longrightarrow CO_2 + 2H_2O$$

となり、CH_4 と O_2 の体積比は $1:2$ であることがわかる。

よってO_2の体積はCH_4の体積の2倍であり、

$4.48 \times 2 = \underline{8.96}$ 　 8.96L

(3) 質量は反応前後で変化しない

化学反応式を作るときに、両辺で元素の原子数をそろえるように係数を決めましたね。

反応前後で元素の原子数は変化しないのです。

よって、反応前後で質量の総和は変化しません。

 化学変化とは、「原子の組合せが変化すること」と考えることができるね。

組合せが変わるだけで、原子が増えたり減ったりするわけじゃないのね。だから、質量が保存されるんだね。

 その通り。これを質量保存の法則というよ。1774年フランスのラボアジエが発表したんだ。

以上のことを使って、化学の計算は進めていきます。

///////////////////////

▣ ポイント

化学反応式と量的関係
　　係数比 ＝ mol 比
　　　　　＝ 体積比（気体限定）
質量は反応前後で変化しない（質量保存の法則）

演習

入試問題に挑戦！

1 カリウムの原子量は39.10である。カリウムには質量数39（相対質量38.96）の同位体のほかに、質量数41（相対質量40.96）の同位体が天然に存在する。質量数39の同位体の存在比は何%か。有効数字3桁で記せ。

(2013 名大 2の設問(1))

2 エタン10.0gを、40.0gの酸素とともに、密閉した容器で完全燃焼させた。反応が完全に終了した時の説明で、正しい記述を選びなさい。

(a) 酸素はすべて消費された。　　　(b) エタンが2.67g残っていた。

(c) 二酸化炭素が14.7g生成した。　　(d) 一酸化炭素が14.7g生成した。

(e) 容器内のすべての物質の重量を合計すると、50.0gであった。

(2015 鹿児島大 1の問8)

(解答は P.375)

結合と結晶

入試では、物質同士を比較して沸点の高低を考えさせたり、その理由を論述させるなど、物質の性質に関する問題がよく出題されます。しかし、全ての性質を暗記するのは、困難ですよね。そこで役立つのが結合と結晶の知識です。物質を構成している粒子が、どんな理由でどんな結合を形成するのかを、しっかり確認しましょう。

第3章の **目標**

- ⇒ 電気陰性度をしっかり理解しよう。
- ⇒ 化学式から結合名が答えられるようになろう。
- ⇒ 結晶の性質を頭に入れよう。
- ⇒ 分子の電子式が書けるようになろう。

§1 結合

①電子式

結合に関与していくのは、基本的に最外殻電子 (➡第1章 §2③) です。

よって、結合を考えるときは、最外殻電子を「・」で表し、元素記号の周りに表記します。

これを電子式といいます。

最外殻電子って、とっても大事な電子なのね。
たしか、典型元素は最外殻電子数が族の下一桁と一致するんだったわね。

そうだね。遷移元素の最外殻電子は基本2、CuやCrは1だったよ。でも遷移元素は、最外殻電子だけじゃなくて、M殻の電子も結合に関与するんだよ。

書き方

　最外殻電子を上下左右に分割表記します。

　上下左右それぞれに2つずつ、計8個の最外殻電子です。

(1) 最外殻電子の最初の4つは、元素記号の上下左右にバラバラに書きます。

　　表記する順番は問いません。

最初の4つは
バラバラに

例 炭素C（14族）　⇒　最外殻電子4つ

(2) 5つ目以降の最外殻電子を、(1)に続き上下左右に表記し、対にしていきます。

　　表記する順番は問いません。

上下左右の
順番は
問いません

例 酸素O（16族）　⇒　最外殻電子6つ

　電子式で、対になっていない電子を**不対電子**といいます。この不対電子を対にするために原子が結びつくことが、全ての結合の始まりです。

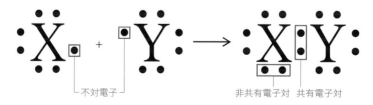

不対電子　　　　　　　　　　　　　　　非共有電子対　共有電子対

このように結合し、それにより生じる電子対を**共有電子対**、結合とは関係の
ない電子対を**非共有電子対**といいます。

　基本的に、不対電子が結合に関与することから、不対電子の数だけ結合の手
を持つことになります。この数を**原子価**といいます。

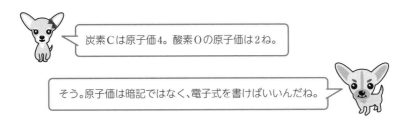

炭素Cは原子価4。酸素Oの原子価は2ね。

そう。原子価は暗記ではなく、電子式を書けばいいんだね。

///////////////////////////

🔖 ポイント

電子式：最外殻電子を元素記号の周りに
　　　　表記したもの

不対電子：対になっていない電子。
　　　　　これが結合に関わる

共有電子対：結合に関与している電子対

非共有電子対：結合に関与していない電
　　　　　　　子対

原子価：結合の手の数。
　　　　基本的に不対電子の数と一致

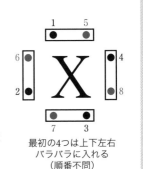

最初の4つは上下左右
バラバラに入れる
（順番不問）

②電気陰性度 (χ)

　結合により生じる電子対、すなわち共有電子対を引きつける力を**電気陰性度**
(χ) といいます。

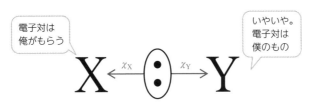

電子対は
俺がもらう

いやいや。
電子対は
僕のもの

電子を強く愛する原子ほど、共有電子対を強く引きつけるため、電気陰性度 (x) は大きくなります。

電子を強く愛する原子って、どんな原子？

電子を強く愛する原子は、「自分が持っている電子を放さない」そして「人の電子はすぐもらう」原子だね。

自分が持っている電子を放さない…これを表しているのがイオン化エネルギーで、人の電子をすぐもらう…これを表しているのが電子親和力じゃない??

そう。第1章でやったね。実は電気陰性度を評価する一つの方法がイオン化エネルギーと電子親和力の和なんだよ。

電気陰性度 (x) は次のように考えることができます。

電気陰性度 (x) = イオン化エネルギー (I_A) + 電子親和力 (E_A)

☺ = e⁻ を強く愛する　　☺ = e⁻ を捨てにくい　　☺ = e⁻ をもらいやすい

≒ イオン化エネルギー (I_A)

なんで $I_A + E_A ≒ I_A$ になるの？

$I_A ≫ E_A$（→第1章§2⑤）だったね。だから $I_A + E_A ≒ I_A$ になるんだよ。I_A が1万円で E_A が1円なら、合計10001円で、10000円と近似してもいいよね。

よって、電気陰性度 (x) の周期性は、イオン化エネルギー (I_A) の周期性 (→第1章§3②(2)) とほぼ一致します。

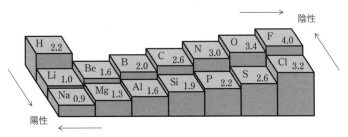

陰性

| H | 2.2 | | | | | | | F | 4.0 |

電気陰性度（ポーリングの値）

陽性

フッ素F、酸素O、窒素Nは電気陰性度が大きい代表的な元素として意識しておきましょう。

実際、アメリカのマリケンは電気陰性度xをイオン化エネルギーI_Aと電子親和力E_Aの平均値と考えたのよね。

そうだね。
それに対して、アメリカのポーリングは原子間の結合エネルギーの大きさから電気陰性度を相対的に求める方法を提案したんだ。
入試問題でよく見る電気陰性度の数値はポーリングのものだね。

///////////////
▶ ポイント

電気陰性度（x）：共有電子対を引きつける力
（$x = I_A + E_A \fallingdotseq I_A$）
非金属元素は大きく、金属元素は小さい。
（F、O、Nは電気陰性度が大きい代表的な元素）

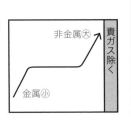

③化学結合

原子間の結合を**化学結合**といいます。

なぜ、分子間の結合は化学結合に入らないの？

原子間の結合が切れると、その物質の化学的な性質が変わっちゃうね。
というか、もう、別物だね。

$$H : \overset{\displaystyle \cdot\cdot}{\underset{\displaystyle \cdot\cdot}{O}} : H \xrightarrow[\text{切れると}]{\text{結合が}} H \cdot + \cdot \overset{\displaystyle \cdot\cdot}{\underset{\displaystyle \cdot\cdot}{O}} \cdot + \cdot H$$

　　　水　　　　　　　　　　　　　　　水でなくなる

でも、分子間の結合が切れても、性質は変化しないんだ。

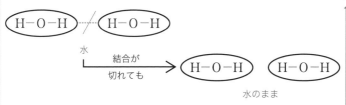

　　　水　　結合が
　　　　└─→ 切れても

水のまま

液体が気体になったり、状態が変化するだけだね。

全ての結合の始まりは、共有電子対を作ることです。

そして、その共有電子対をどちらの原子が引っ張るかで、結合の種類がわかれます。

すなわち、結合している原子の電気陰性度 (x) の差で、結合の種類が決まるのです。

X	:	Y		
金　属 (x小)		非金属 (x大)	xの差大 ⟶	イオン結合（⇒§2）
金　属 (x小)		金　属 (x小)	x小ペア ⟶	金属結合　（⇒§3）
非金属 (x大)		非金属 (x大)	x大ペア ⟶	共有結合　（⇒§4）

化学結合：原子間の結合

　(1) 金属元素 ＋ 非金属元素　⇒　イオン結合

　(2) 金属元素 ＋ 金属元素　　⇒　金属結合

　(3) 非金属元素 ＋ 非金属元素　⇒　共有結合

§2 イオン結合とイオン結晶

①イオン結合

　原子間の<u>電気陰性度 (x) の差が大きい組合せ</u>、すなわち、金属原子 (x小) と非金属原子 (x大) の間にできる結合を考えてみましょう。

　共有電子対は電気陰性度 (x) の大きい非金属原子の方へ強く引きつけられ、金属原子は陽イオン、非金属原子は陰イオンとなり、**静電気力（クーロン力）**で結びつきます。

　これが、**イオン結合**です。

金属原子と非金属原子の組合せでも、電気陰性度の差が小さい場合もあるんじゃないの？

そうそう。でも、イオン結合というくくりで扱うよ。「イオン結合だけど共有結合性が強い」って言ったりするんだ。

なら、金属と非金属の組合せなら、イオン結合だと答えていいのね。

うん。ただ、一つだけ、気をつけてくれる？ アンモニウム塩、例えば塩化アンモニウム NH_4Cl。
これ、構成元素は全て非金属なんだけど、アンモニウムイオン NH_4^+ と塩化物イオン Cl^- からなるイオン結合なんだ。

NH_4^+ をもつ物質は、例外的にイオン結合と考えるのね。

　クーロン力は陽イオンと陰イオンの価数に比例し、イオン間距離に反比例します。

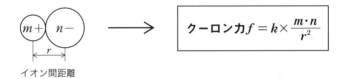

クーロン力 $f = k \times \dfrac{m \cdot n}{r^2}$

イオン間距離

このクーロン力の式はどういう意味なの？

考えてみようね。 $+1$ と -1 で引き合うのと、$+2$ と -2 で引き合うのはどっちが引力強い？

それは ＋2 と −2 で引き合うほうよ。

そうだね。よって引力はイオンの価数に比例して大きくなるね。じゃあ、価数が同じとき、イオン間距離が短いのと長いのはどっちが引力強い？

陽イオンと陰イオンが近いほうが引力強いわね。

そうだよね。だからイオン間距離に反比例するんだ。陽イオンから見て陰イオンは距離 r、陰イオンから見て陽イオンは距離 r。r の2乗に反比例するんだね。

この公式、覚えてなくてもいけるわね。

そうなんだ。クーロン力が強いほど、融点が高くなるからね。イオン結晶の融点を考えるときなんかに使っていくよ。

例 塩化ナトリウム NaCl と酸化カルシウム CaO はどちらが融点高い？

⇒NaCl は1価（Na^+）と1価（Cl^-）、CaO は2価（Ca^{2+}）と2価（O^{2-}）。よって、CaO のほうが融点が高い。

②イオン結晶

　イオン結合の陽イオンの周りには陰イオンが、陰イオンの周りには陽イオンが集まり、**結晶**（粒子が規則正しく並んだ固体）になります。

　これが**イオン結晶**です。イオン結晶は次のような性質をもちます。

(1) 固体は電気を通さないが、液体 (水溶液・融解液) は電気を通す

　電気を通すためには、イオンが自由に動けなくてはなりません。

　固体は両イオンがイオン結合で結びついているため、自由に動くことができません。

　しかし、水溶液や融解液にすると、イオンが自由に動き回るため、電気を通します。

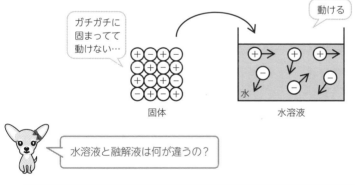

水溶液と融解液は何が違うの？

塩化ナトリウム水溶液は、塩化ナトリウムを水に溶かしたものだね。
それに対して、塩化ナトリウム融解液は塩化ナトリウムを融点まで
加熱して溶かしたものなんだ。

なら、水がいないのね。

その通り。「電気分解（➡第7章§3）」では、水溶液と融解液の違いが大事になるから、覚えておいてね。

(2) 融点が高い

陽イオン（＋）と陰イオン（−）は強く引き合うため、<u>イオン結合は強い結合</u>です。

よって、イオン結晶は一般的に融点が高くなります。

(3) 硬いがもろい

イオン結合が強いため、硬い結晶です。

しかし、外部から力が加わり、陽イオンと陰イオンの配列がずれると、同符号のイオンが接近し、反発によって簡単に割れます。配列がずれないときは割れません。

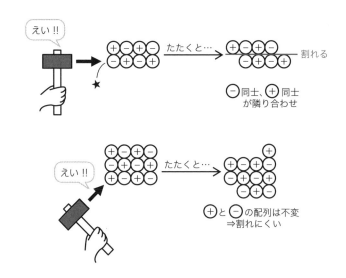

ポイント

イオン結合（金属＋非金属）：静電気力（クーロン力）による結合
　　　　　　　　　注：アンモニウム塩（非金属のみ）はイオン結合
イオン結晶：固体は電気を通さないが液体（水溶液・融解液）は
　　　　　　　電気を通す
　　　　一般的に融点が高い。硬いがもろい。

§3 金属結合と金属結晶

①金属結合

金属の単体、すなわち、金属原子 $(x$小$)$ 間の結合を考えてみましょう。

金属原子間にできる電子対は誰のものになるのでしょうか。

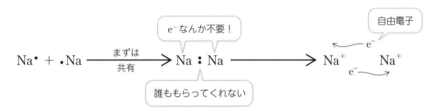

金属原子は電気陰性度 (x) が小さく、電子対を引きつけないため、電子はどの原子のものにもならず、自由に動き回って全ての原子で共有されることになります。

これを**自由電子**といい、金属の陽イオンと自由電子による結合を**金属結合**といいます。

②金属結晶

金属結合によって多数の金属原子が結合してできる結晶が**金属結晶**です。

金属結合は強いものから弱いものまで幅広く、硬いものから軟らかいもの、融点の高いものから低いものまで存在します。

1原子あたりの自由電子の数が多いほど、金属結合は強くなります。

どのくらい幅広いの？

タングステン $_{74}$W は融点が3410℃で共有結合結晶と争うくらい高いよ。それに対して水銀 $_{80}$Hg は常温で液体なんだ。

同じ金属結晶でも全く違うのね。

アルカリ金属は自由電子が少ないから、軟らかく融点も低いよ。それに対して遷移元素はM殻の電子も自由電子になるから、自由電子が多く、硬く融点が高いものが多いんだよ。

金属結晶は<u>自由電子の存在が原因</u>で、以下のような性質をもちます。

(1) 電気を通す（電気伝導性）

電子が自由に移動できるため、電気を通します。そして、温度が高いほど電気を通しにくくなります。

どうして温度が高いと電気を通しにくくなるの？

温度が高いと、金属原子の熱運動が激しくなって、自由電子が移動しにくくなるからだよ。

激しく動く

e^-

通りにくい

(2) 熱を通す（熱伝導性）

電子が自由に移動できるため、電気と同様に、熱も伝えます。

電子が熱を運ぶの？

「動く」ときたら、熱運動エネルギーだよ。
金属板の片隅をバーナーで炙ると、そこにいる自由電子は熱運動エネルギーが大きくなって激しく動くね。
激しく動いて、他の電子に衝突する。衝突されて電子が熱運動エネルギーを受け取って激しく動く…これを繰り返して、熱が伝わるんだよ。

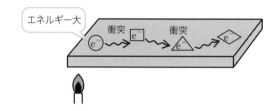

電気伝導性、熱伝導性は自由電子の動きやすさで決まるため、相関関係があります。

第1位は銀、第2位は銅、第3位は金、第4位はアルミニウムです。

第1位は当然知っておくべきだし、第2位は家電製品のコード、第3位は携帯電話やパソコンの基板、第4位は工業用コイルなどに利用されているんだよ。

(3) 延性・展性

電子が自由に移動できるため、イオン結晶とは違い、外部から力を加えても割れません。

形が変わるだけです。

針金のように、引っ張ると延びることを**延性**、アルミ箔のように平べったくなることを**展性**といいます。

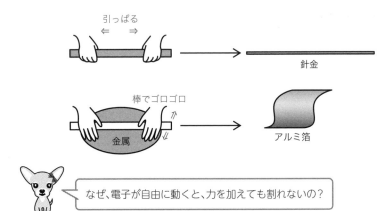

イオン結晶は、陽イオンと陰イオンの配列が崩れて、同符号のイオンが接触するから割れるんだったね。金属結晶は陽イオンと自由電子の配列が崩れることがないから、割れないんだよ。

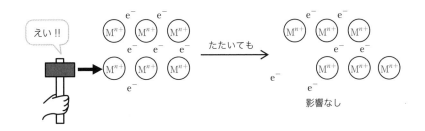

(4) 金属光沢

電子が自由に動くことで、金属は光を反射し、特有の光沢をもちます。

なぜ、電子が自由に動くと、光沢がうまれるの？

自由電子が、可視光のほとんどを反射するからなんだ。反射する可視光の波長は金属によってそれぞれで、波長によって色が変わるんだよ。銀は銀白色だし、金は金色だし、銅は赤褐色だね。

☞ ポイント

金属結合（金属 ＋ 金属・金属の単体）：

　金属の陽イオンと自由電子による結合

　結合力は幅広い

金属結晶：電気伝導性・熱伝導性・延性と展性・金属光沢

▶ §4 共有結合と共有結合結晶

①共有結合

非金属原子（x大）間の結合を考えてみましょう。

非金属原子間にできる電子対は誰のものになるのでしょうか。

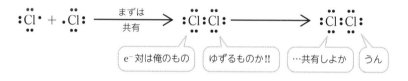

非金属原子は電気陰性度（x）が大きく、お互いに電子を強く引きつけ、譲りません。

よって電子対を共有することになります。

このように、非金属原子間で電子対を共有する結合を**共有結合**と言います。

どちらの原子も電子を譲りませんから、共有結合は非常に強い結合です。

次のように、電子対を共有する過程は2種類あります。

両原子が不対電子を出し合って共有する　⇒　共有結合

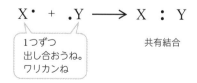

一方の原子が非共有電子対を提供し、共有する ⇒ 配位結合

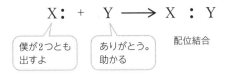

X: + Y ⟶ X : Y

配位結合

僕が2つとも
出すよ

ありがとう。
助かる

共有結合は「ワリカン」で配位結合は「おごり」の状態ね。

そうだね。こうやって、電子対を共有する過程は2種類あるけど、いったん共有してしまうと、共有なのか配位なのか区別できないんだよ。

例 アンモニウムイオン

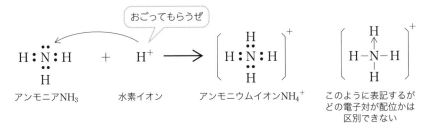

おごってもらうぜ

$$H \overset{\cdot\cdot}{:} N \overset{\cdot\cdot}{:} H \quad + \quad H^+ \quad \longrightarrow \quad \left[H \overset{\cdot\cdot}{:} N \overset{\cdot\cdot}{:} H \right]^+ \quad \left[\begin{array}{c} H \\ H-N-H \\ H \end{array} \right]^+$$

アンモニアNH₃ 　　　水素イオン　　　アンモニウムイオンNH₄⁺

このように表記するが
どの電子対が配位かは
区別できない

区別できないけど、形式的に矢印（→）などを使って表してるのね。

②共有結合結晶

　共有結合のみで多数の非金属原子が結合してできる結晶が**共有結合結晶**です。

　共有結合を繰り返して結晶になるのは、<u>不対電子を多く持つ14族の元素の単体、化合物</u>になります。

不対電子
残ってる

$\cdot \overset{\cdot}{\underset{\cdot}{C}} \cdot + \cdot \overset{\cdot}{\underset{\cdot}{C}} \cdot \xrightarrow[\text{共有}]{\text{まずは}} \cdot \overset{\cdot}{C} : \overset{\cdot}{C} \cdot \xrightarrow[\text{繰り返し}]{\text{結合を}}$

オクテット
でない

ダイヤモンド C・ケイ素 Si・二酸化ケイ素 SiO_2・炭化ケイ素 SiC・黒鉛 C の 5つを頭に入れておきましょう。

非常に強い共有結合のみでできているため、共有結合結晶は次のような性質をもちます。

(1) 非常に硬い

(2) 融点が非常に高い

ダイヤモンドはダイヤモンドじゃないと削れないって聞いたことがあるわ。

ダイヤモンドは一番硬いからね。ダイヤモンドの粉末を使って研磨したり、レーザーで加工したりするんだ。

黒鉛だけは、特別な性質を持ちます。

黒鉛以外の共有結合結晶

4つの価電子全てを共有結合に使用し、立体網目状構造を形成しています。

ダイヤモンド

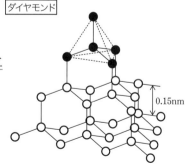

0.15nm

黒鉛

　4つの価電子のうち3つを共有結合に使用し、平面層状構造を形成しています。

　残り1つは自由電子として平面構造の中を自由に動いています。

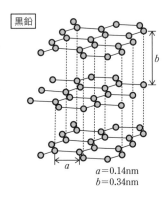

黒鉛

$a=0.14$nm
$b=0.34$nm

　以上より、黒鉛は次のような性質を持ちます。

(1) はがれやすい

　層と層の間は分子間力（➡ §5）という弱い結合であるため、はがれやすくなっています。

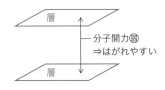

層

層

—分子間力㉟
⇒はがれやすい

(2) 電気を通す

　自由電子が存在するため、電気を通します。

自由だ

価電子4つ中
$\begin{cases} 3つ⇒共有結合 \\ 1つ⇒自由電子 \end{cases}$
（平面上を動く）

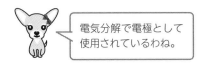

電気分解で電極として
使用されているわね。

/////////////

🔖 ポイント

　共有結合（非金属 ＋ 非金属）：

　　電子対の共有による結合。非常に強い。

　　　$X{\cdot} + {\cdot}Y \longrightarrow X{:}Y$　　共有

　　　$X{:} + \ Y \longrightarrow X{:}Y$　　配位

　共有結合結晶：非常に硬い・融点が非常に高い

　　　　　（黒鉛：はがれやすい・電気を通す）

N/A

N/A

§5 分子と分子結晶

①分子

　非金属元素同士が結合してできる、小さいかたまりが分子です。

　非金属元素だけからできていて、§4で取り上げた共有結合結晶の5つ（ダイヤモンドC・ケイ素Si・二酸化ケイ素SiO_2・炭化ケイ素SiC・黒鉛C）以外は、分子を作ります。

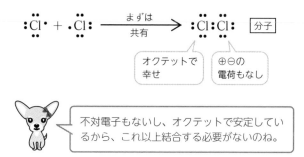

不対電子もないし、オクテットで安定しているから、これ以上結合する必要がないのね。

②構造式

　共有電子対1対を線（－）を用いて表した式を**構造式**といいます。

例 **水 H_2O**

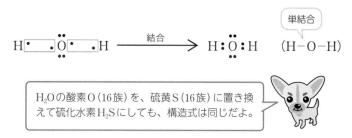

H_2Oの酸素O（16族）を、硫黄S（16族）に置き換えて硫化水素H_2Sにしても、構造式は同じだよ。

二酸化炭素 CO_2

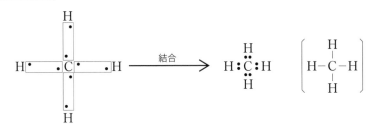

シアン化水素HCN

三重結合

$H \cdot \fbox{$\cdot C \cdot \quad \cdot N$} :$ ──結合→ $H : C \vdots\vdots N :$ $(H-C\equiv N)$

メタンCH_4

$$H : \overset{\displaystyle H}{\underset{\displaystyle H}{\overset{\cdots}{C}}} : H \qquad \left[\begin{array}{c} H \\ | \\ H-C-H \\ | \\ H \end{array} \right]$$

CH_4の水素H(不対電子1つ)を、17族の塩素Cl(不対電子1つ)に置き換えて、四塩化炭素CCl_4にしても、構造式は同じね。

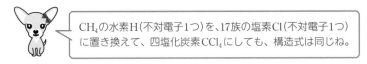

アンモニアNH_3

$$H : \overset{\cdots}{\underset{\displaystyle H}{N}} : H \qquad \left[\begin{array}{c} H-N-H \\ | \\ H \end{array} \right]$$

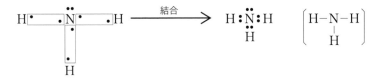

アセチレンC_2H_2

$H \cdot \fbox{$\cdot C \cdot \quad \cdot C \cdot$} \cdot H$ ──結合→ $H : C \vdots\vdots C : H$ $(H-C\equiv C-H)$

③形

分子の形は、中心にある原子の周りにある電子対の数から予想することができます。

電子対は負の電荷をもっているため、互いに反発し、できるだけ離れようとします。

(1) 電子対が4対 ⇒ 正四面体

一つの原子を中心に、4対の電子対ができるだけ離れるのは、正四面体の頂点方向 (109.5°) です。

メタン CH_4

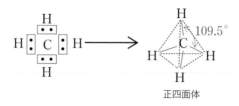

正四面体

アンモニア NH_3

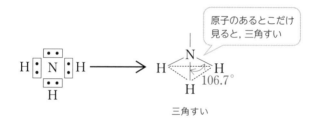

原子のあるとこだけ見ると, 三角すい

三角すい

なんで、NH_3 は正四面体なのに、CH_4 より結合角度が小さいの？

NH_3 には非共有電子対があるね。非共有電子対は N だけのもので、誰とも共有してないから、ちょっと自由に動けるんだ。だから他の共有電子対が、より反発を受けて非共有電子対から離れてしまうんだよ。

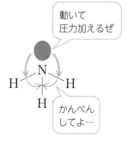

動いて圧力加えるぜ

かんべんしてよ…

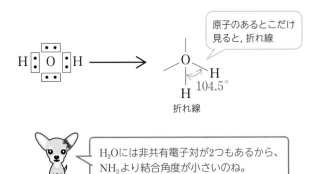

H_2Oには非共有電子対が2つもあるから、NH_3より結合角度が小さいのね。

(2) 電子対が3対　⇒　正三角形

一つの原子を中心に、3対の電子対ができるだけ離れるのは、正三角形の頂点方向（120°）です。

三フッ化ホウ素 BF_3

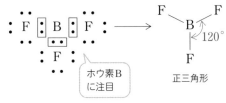

BF_3のホウ素Bはオクテットじゃないの？

そうなんだよ。このときのホウ素Bはオクテットになれないんだ。でもね、例えばNH_3を近づけるとNH_3の非共有電子対を引きつけてオクテットになるんだよ。

ホウ素Bにも幸せになる道が残されているのね。なんか、安心したわ。

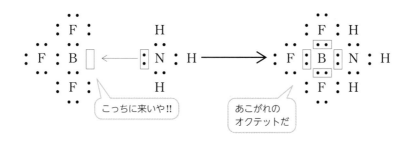

二酸化硫黄 SO_2

二重結合は、「二重結合が一対」と考えます。

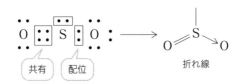

折れ線

SO_2の電子式って、よくわからないわ。

硫黄Sは一方の酸素Oとは二重結合、もう一方の酸素Oとは配位結合をしてるんだよ。ちゃんと、みんなオクテットで幸せになってるよね。

(3) 電子対が2対 ⇒ 直線

一つの原子を中心に、2対の電子対ができるだけ離れるのは、直線の頂点方向 (180°) です。

二酸化炭素 CO_2

$$:O::C::O: \longrightarrow O=C=O$$

炭素Cに注目

直線

アセチレンC_2H_2

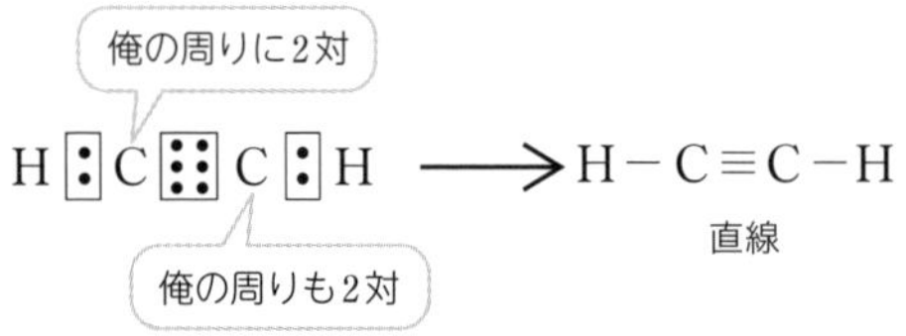
俺の周りに2対
H C C H
H−C≡C−H
直線
俺の周りも2対

ポイント

分子の形：中心の原子の周りの電子対数で予想

4対 ⇒ 正四面体

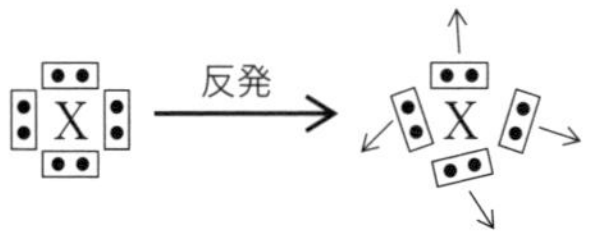
反発

3対 ⇒ 正三角形

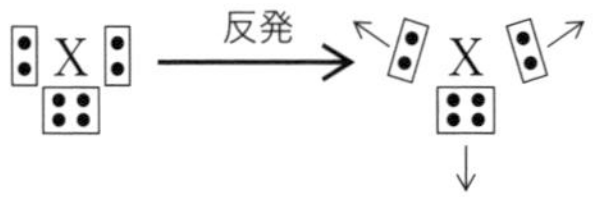
反発

2対 ⇒ 直線

反発

④極性

塩化水素HClのように、異なる原子同士が結合すると、共有電子対は電気陰性度χの大きい原子の方へ引きつけられ、電荷の偏りを生じます。

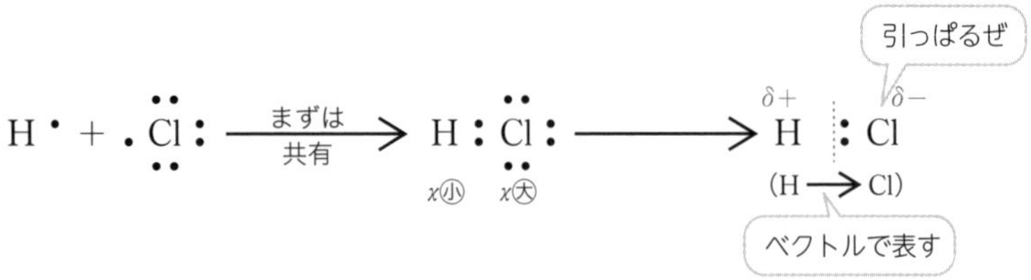
引っぱるぜ
まずは
共有
χ小
χ大
δ+
δ−
(H → Cl)
ベクトルで表す

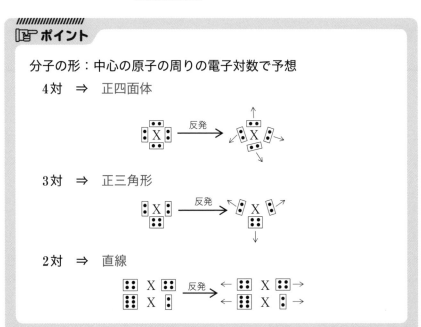

これを**極性**といい、極性をもつ分子を**極性分子**といいます。

δ(デルタ)ってなに?

「ちょっと」っていう意味なんだ。ちょっとプラス、ちょっとマイナスに帯電してるってこと。イオン結合ほどの帯電じゃないんだね。

これに対して、水素分子H_2のように、同じ原子同士が結合すると、電気陰性度χが等しいため、共有電子対はちょうど真ん中に位置し、電荷の偏りは生じません。

$$H\cdot\ +\ \cdot H \xrightarrow[\text{共有}]{\text{まずは}} H\!:\!H \longrightarrow H\vdots H$$

χが同じ

このように、極性を持たない分子を**無極性分子**といいます。

同じ原子同士が結合してたら無極性分子で、異なる原子同士が結合してたら極性分子になるの?

そうとは限らないんだ。極性分子か無極性分子かは、分子の形が大きく関わるんだよ。

分子の形と極性

分子の形と極性には大きな関わりがあります。

原子間に極性があっても、分子全体で極性を打ち消す場合があるからです。

共有電子対を引きつける力をベクトルで表して確認してみましょう。

(1) ベクトルの和＝0　⇒　無極性分子

　ベクトルの和が0になる分子は、分子全体で極性を打ち消し、無極性分子となります。

例　二酸化炭素 CO_2

$$\overset{\delta-}{O}=\overset{\delta+}{C}=\overset{\delta-}{O} \quad \Rightarrow \quad \overset{\delta-}{O}\leftarrow\overset{\delta+}{C}\rightarrow\overset{\delta-}{O}$$

$\chi_O > \chi_C$ ベクトルの和＝0

炭素C原子と酸素O原子の間には極性が生じているけど、分子全体では打ち消し合って無極性になるのね。

そうだね。四塩化炭素 CCl_4 も同じだよ。炭素C原子と塩素Cl原子の間には極性が生じているけど、分子全体では無極性だ。

(2) ベクトルの和 ≠0　⇒　極性分子

　ベクトルの和が0にならない分子は、分子全体で極性を打ち消すことがなく、極性分子となります。

例　水 H_2O

$$\overset{\delta-}{O}$$

$\overset{\delta+}{H}\qquad\overset{\delta+}{H}$ $\quad \Rightarrow \quad$

$\chi_O > \chi_H$ ベクトルの和 ≠0

水素原子Hと酸素原子Oの間の極性を、分子全体では打ち消さないから、極性分子になるのね。

そうだね。アンモニア NH_3 も同じだよ。

> **ポイント**
>
> 分子の極性：電気陰性度 x と分子の形で決まる
>
>   ベクトルの和＝0 ⇒ 無極性分子
>
>   ベクトルの和≠0 ⇒ 極性分子

⑤分子間力

分子間に働く引力をまとめて**分子間力**といいます。

(1) ファンデルワールス力

どんな分子の間にでもはたらく弱い引力を**ファンデルワールス力**といいます。

ファンデルワールス力

(H－H) ⟶ ← (H－H)

無極性分子　　　　　　　　　　無極性分子

水素分子は無極性なのに、なんで引き合うの？

それはね、電子が原子核を中心に運動しているからなんだよ。電子の運動で、瞬間的にごくわずかな極性を生じるんだ。

極性なし　　　　　　　　　　e^-運動で…　　　　　わずかな極性を生じる

そのわずかな極性で、近くにいる分子も分極して、引力が発生するんだよ。

ファンデルワールス力は、<u>分子量が大きいほど、強くなります</u>。
よって分子量の大きい分子ほど、融点や沸点が高くなります。

どうして分子量が大きくなるとファンデルワールス力が強くなるの？

分子量が大きいっていうことは、電子が多いということだね。
電子が多いと「瞬間的な極性」も大きくなると考えるといいよ。

<u>分子量が同じときは、分子の形が球状に近いほどファンデルワールス力が弱くなります</u>。

（表面積）

どうして分子の形が球状に近いほど
ファンデルワールス力が弱くなるの？

球は表面積が小さいね。引力が働く面積が小さいから、弱くなるんだね。

（引き合う面積）

(2) 極性引力

　極性分子の間には、極性に基づく静電気力が働いています。これを極性引力といいます。

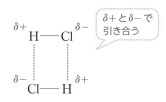

　ファンデルワールス力に加えて、極性引力が働くため、分子量が同程度の無極性分子より、融点や沸点が高くなります。

(3) 水素結合

　フッ素F原子、酸素O原子、窒素N原子（以下、まとめてX原子）は原子半径が小さく、電気陰性度χが大きい原子です。

　それに対して、水素H原子は非金属の中では電気陰性度χの小さい原子です。

　よって、X原子とH原子が結合すると、大きな極性を生じます。

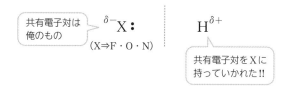

　このとき、H原子はX原子に共有電子対を持っていかれた状態になり、ほとんど、電子が0個（陽子だけ）の状態となっています。

　よって、他のX原子の非共有電子対を強く引きつけます。

　このように、X原子間にH原子をはさんでできる結合を**水素結合**といいます。

水素結合ってどのくらい強いの?

共有結合などに比べるととっても弱いんだけど、
ファンデルワールス力の約10倍程度強いんだよ。

じゃあ、水素結合を形成する分子は、融点や沸点が高いのね。

水素化合物の沸点

14族

　無極性分子なので、沸点が低い。

　分子量が大きいほど、ファンデルワールス
力が強くなり、沸点が高くなる。

15・16・17族

　極性分子なので、14族より沸点が高い。

　フッ化水素 HF、水 H_2O、アンモニア NH_3
は水素結合を形成するため、沸点が高い。

　その他の水素化合物は、14族と同じで、分
子量が大きいほど沸点は高くなる。

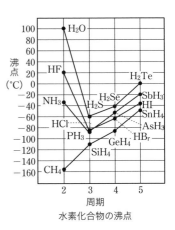

水素化合物の沸点

H－F結合はH－O結合より極性が大きいのに、
なんでHFより H_2O のほうが沸点高いの?

$$H - F \qquad > \qquad H - O$$
$$\chi \ 2.2 \quad 4.0 \qquad (極性) \qquad \chi \ 2.2 \quad 3.4$$
$$差 1.8 \qquad\qquad\qquad 差 1.2$$

水素結合の数が違うんだよ。HFより H_2O の方が1分子あたりの
水素結合の数が多いんだ。だから沸点が高くなるんだよ。

ポイント

分子間力：分子間に働く引力の総称

ファンデルワールス力：すべての分子間に働く極めて弱い引力

極性引力：極性分子の間に働く引力。ファンデルワールス力に加えて働く。

水素結合：F・O・N原子間にH原子をはさんでできる結合

ファンデルワールス力に比べて強いため、水素結合をもつと融点・沸点が高くなる。

⑥分子結晶

分子間力により、多数の分子が集まってできる結晶を**分子結晶**といいます。分子間力は引力が弱いため、次のような性質をもちます。

(1) やわらかい

(2) 融点が低い

(3) 昇華性をもつものが多い

ヨウ素I_2・二酸化炭素CO_2・ナフタレン$C_{10}H_8$などの無極性分子からなる分子結晶は分子間力が弱く、固体から直接気体になります。

分子結晶の例

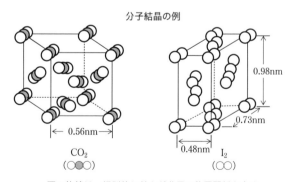

CO_2
（○●○）

I_2
（○○）

0.56nm

0.98nm

0.73nm

0.48nm

図の枠線は、規則的に並んだ分子の位置関係を表す

なんで結合力が弱いと固体から直接気体になるの？

例えば、固体が3本の結合を持っているとして、通常はそのうちの一本が切れて液体、残り二本が切れて気体になるんだ。でも、結合力の弱い分子結晶の一部は、一気に全ての結合が切れてしまうから、固体から直接気体になるんだよ。

氷H_2Oの結晶

　一般的な物質は、固体に比べて液体の方が体積は大きく、密度は小さくなります。

　粒子の運動空間がひろがるためです。

　しかし、氷H_2Oは分子間の水素結合により、正四面体のすき間の多い構造をとるため、液体より固体の方が、体積が大きく、密度が小さくなります。

たしかに、水を凍らせると、体積が大きくなってるわね。

あと、水に氷を入れると、氷は浮くよね。水より密度が小さいからだよ。

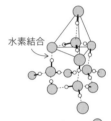

水素結合

◯酸素原子 ○水素原子 水分子

///////////////////

ポイント

　分子結晶の性質

　　・やわらかい

　　・融点が低い

　　・昇華性をもつものが多い

　　　（ヨウ素I_2・ドライアイスCO_2・ナフタレン$C_{10}H_8$など）

　氷H_2O結晶：液体の水より、体積が大きく密度が小さい

1 次の文章および表の空欄 □1□ 〜 □22□ にあてはまる最も適切なものを、それぞれの解答群から選び、記せ。ただし同じものを何度選んでもよい。

水素分子や塩素分子のような □1□ 二原子分子では共有電子対は原子間に同等に共有される。しかし、□2□ 二原子分子である塩化水素分子では共有電子対は □3□ のほうに強く引きつけられる。このような共有電子対のかたよりは原子核の □4□ や電子配置の違いから、それぞれの原子が結合に使われる電子を引きつける強さが異なるために起こる。この強さを相対的に示す尺度を電気陰性度という。カリウム、フッ素、リンを電気陰性度の大きい順に並べると、□5□ になる。

異なる原子からなる共有結合では、電気陰性度の □6□ が大きいほど電荷のかたよりが大きくなる。このように、結合に電荷のかたよりがあることを結合に極性があるという。$HgCl_2$ では $Hg-Cl$ 間の結合に極性がある。しかし $HgCl_2$ には2つの共有電子対があり、これらが互いに直線上にのびているため、分子全体としては極性がない。このような分子を無極性分子という。分子全体の極性の有無と分子の形をまとめると下の表のようになる。

分子	共有電子対の数	非共有電子対の数	分子全体としての極性の有無	分子の形
BCl_3	3	9	無	三角形
CCl_4	7	11	15	19
H_2S	8	12	16	20
CO_2	9	13	17	21
NH_3	10	14	18	22

□1□ 〜 □4□ 、 □6□ に対する解答群
① 異種 ② 同種 ③ イオン ④ 塩化原子 ⑤ 塩素分子 ⑥ 水素原子
⑦ 水素分子 ⑧ 正電荷 ⑨ 負電荷 ⓪ 差 ⓐ 積 ⓑ 和

□5□ に対する解答群
① カリウム＞フッ素＞リン ② カリウム＞リン＞フッ素
③ フッ素＞カリウム＞リン ④ フッ素＞リン＞カリウム
⑤ リン＞カリウム＞フッ素 ⑥ リン＞フッ素＞カリウム

7 ～ 14 に対する解答群

① 1　② 2　③ 3　④ 4　⑤ 5　⑥ 6　⑦ 7　⑧ 8　⑨ 9　⓪ 10　ⓐ 11
ⓑ 12　ⓒ 13　ⓓ 14　ⓔ 15　ⓕ 16　ⓖ 17　ⓗ 18　ⓘ 19　ⓙ 0

15 ～ 18 に対する解答群

① 有　② 無

19 ～ 22 に対する解答群

① 折れ線形　② 三角形　③ 三角錐形　④ 正四面体形　⑤ 直線形

(2015 近畿大 4)

（解答は P.376）

結晶格子

みなさんが化学の計算で扱う固体は、全て結晶です。
結晶構造は対称性が高く、非常に美しく、それぞれがその構
造をとるのには、きちんとした理由があります。
「なぜ金属結晶の配位数は大きいのか」「なぜイオン結晶は
12配位になることができないのか」それらの理由を考え、
結晶をマスターしましょう。

第4章の目標

➡ 結晶とは何かを説明できるようになろう。

➡ 単位格子と配位数を理解しよう。

➡ それぞれの結晶構造を書いて考えよう。

➡ 単位格子の計算をマスターしよう。

§1 結晶

①単位格子

結晶とは、粒子が規則正しく配列した固体です。

よって、結晶構造を考えるときは、繰り返しの
最小単位だけを取り出して見ていきます。

これが**単位格子**です。

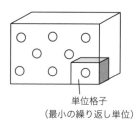

単位格子
（最小の繰り返し単位）

濃度同じ

> 粒子が規則正しく配列しているから、
> どんな大きさでも、濃度は同じだよ。
> だから、計算問題では固体の濃度は
> 一定と考えるんだ(例➡第11章§3)。

最小の繰り返し単位、すなわち単位格子は結果
的に次の条件を満たします。

・六面体である

・全ての頂点に同じ粒子が配列している

たとえば金属結晶の六方最密構造(➡§2②(2))。
これは八面体だから単位格子とはいえないね。
どこが単位格子だと思う？

六面体で全ての頂点に同じ粒子が配列している最小
単位…。わかったわ。六角柱の3分の1の四角柱だわ。

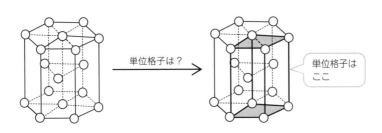

単位格子は？

単位格子は
ここ

そうだね。じゃあ、イオン結晶のNaCl型(➡§3③)は？

図の結晶の8分の1の立方体じゃない？

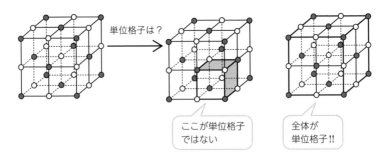

単位格子は？

ここが単位格子
ではない

全体が
単位格子!!

それだと、六面体だけど、全ての頂点に同じ粒子が配列してないよ。頂点に○と●が並んでいたらダメだよ。全て○もしくはすべて●じゃないとね。

そっか…。じゃあ、図全体が単位格子?

正解!

②配位数

　結晶構造を考えるとき、最初に注目したいのが『1個の粒子に、何個の粒子が接触しているか』です。これを**配位数**（もしくは**最近接粒子数**）といいます。

1個の粒子に、最大何個の粒子が接触できると思う?

うーん…。6個かな。

もっと多いよ。周りに6個。上下に3個ずつ。計12個だよ。

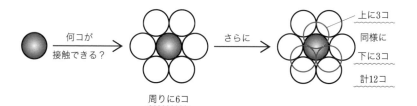

何コが接触できる？　→　周りに6コ　→　さらに　→　上に3コ　同様に下に3コ　計12コ

<u>配位数は全部で7通りあり、最大の12を最大配位数といいます。</u>

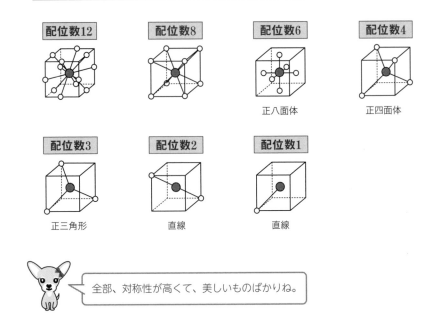

| 配位数12 | 配位数8 | 配位数6 | 配位数4 |
| | | 正八面体 | 正四面体 |

| 配位数3 | 配位数2 | 配位数1 |
| 正三角形 | 直線 | 直線 |

全部、対称性が高くて、美しいものばかりね。

そうなんだよ。感動するよね。どんな配位数をとるかは、結合の種類で決まるんだよ。

③粒子数の数え方

結晶格子中の粒子数は次のように数えます。

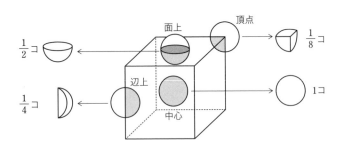

///////////////////////////
ポイント

結晶：粒子が規則正しく配列したもの。

配位数：1個の粒子に接触している粒子数

12（最大配位数）、8、6、4、3、2、1　の7種

粒子数：格子内 ⇒ 1、頂点 ⇒ $\frac{1}{8}$、辺上 ⇒ $\frac{1}{4}$、面上 ⇒ $\frac{1}{2}$

§2 金属結晶

①金属結晶の配位数

金属結合は、金属の陽イオンと自由電子による結合ですね（➡第3章§3）。

金属の陽イオンが近くに集まっている方が、自由電子が陽イオンをつなぎ止めやすくなります。

よって、金属結晶は陽イオンがぎゅっと集まった構造、すなわち配位数が大きい構造になります。

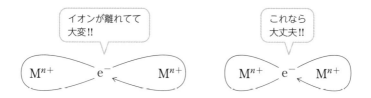

基本的に最大配位数12の最密構造（➡§2②）、そうでないものは配位数8（➡§2③）の体心立方格子になります。

基本的に最大配位数12なのね。じゃあ、どんな金属が配位数8になるの？

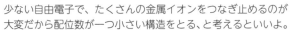
代表的なものはアルカリ金属だよ。アルカリ金属は価電子が1個だから、自由電子が少ないね。
少ない自由電子で、たくさんの金属イオンをつなぎ止めるのが大変だから配位数が一つ小さい構造をとる、と考えるといいよ。

ポイント

金属結晶　⇒　金属の陽イオンが密　⇒　配位数⑤

　配位数12：最密構造

　配位数8：体心立方格子

②最密構造（最大配位数12）

最密構造は、最密の面が何層にも重なってできている構造です。

今、最密の面Aがあるとしましょう。

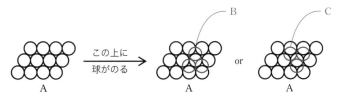

この上に重なる最密の面は、面Bと面Cがあります。よって、面A・B・Cによって作り出される結晶が最密構造となります。

では、最密構造は、理論上何種類が存在するのでしょうか。

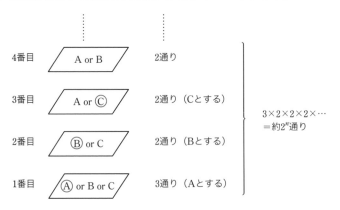

$3 \times 2 \times 2 \times 2 \times 2 \times \cdots$で約$2^n$通りの結晶が考えられますね。

しかし、自然界に存在するのは、対称性が高く、美しい構造の2通りだけです。

一つ目は面A、B、C、A、B、C…と繰り返す構造で、**面心立方格子**($\Rightarrow$(1))といいます。

二つ目は面A、B、A、B、A、B…と繰り返す構造で、**六方最密構造**($\Rightarrow$(2))といいます。

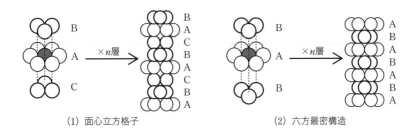

(1) 面心立方格子　　　　　　　　　　(2) 六方最密構造

面A、C、A、C、A、C…の繰り返しはないの？

面Bと面Cは共存してないと区別できないね。
面A、C、A、C、A、C…はひっくり返すと
面A、B、A、B、A、B…と同じだよ。

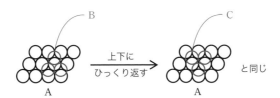

(1) 面心立方格子 (配位数12)

例 Ag・Cu・Al など

最密の面A、B、C、A、B、C…の繰り返しになっているのが、**面心立方格子**です。

立方体の面の中心（面心）と頂点に原子が配列しています。

斜めの方向から見ると、面A、B、C、A、B、C…の繰り返しになっているのが確認できますね。

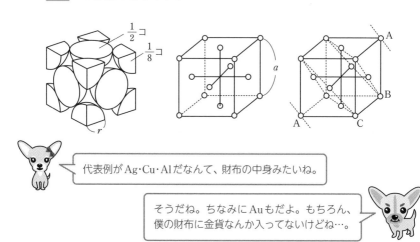

代表例がAg・Cu・Alだなんて、財布の中身みたいね。

そうだね。ちなみにAuもだよ。もちろん、僕の財布に金貨なんか入ってないけどね…。

粒子数 $\dfrac{1}{8} \times 8 + \dfrac{1}{2} \times 6 = 4$

原子半径 原子半径rを立方体の一辺の長さaを用いて表す

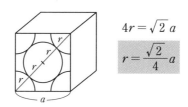

$$4r = \sqrt{2}\,a$$

$$r = \dfrac{\sqrt{2}}{4}a$$

充塡率 単位格子内で原子の占めている割合

$$\dfrac{\text{原子cm}^3}{\text{格子cm}^3} = \dfrac{\dfrac{4}{3}\pi r^3 \times 4}{a^3} = \dfrac{\dfrac{4}{3}\pi\left(\dfrac{\sqrt{2}}{4}a\right)^3 \times 4}{a^3} = \dfrac{\sqrt{2}}{6}\pi = 0.740 \ \Rightarrow \ 74\%$$

原子（球）の体積　粒子数　$r = \dfrac{\sqrt{2}}{4}a$ を代入

立方体の体積

74%は最密構造の充填率だから最大値だよ。もう一つの六方最密構造も同じ値になるんだ。

26%はすき間なのね。最密といっても、意外にすき間が多いのね。

そうなんだよ。すき間は大きく分けて2種類あるんだ。

面心立方格子のすき間には、次の2種類があります。

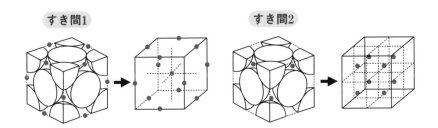

すき間1　　　　　　　　すき間2

イオン結晶のNaCl型（➡ §3③）は陰イオンでできた面心立方格子のすき間1に陽イオンが配列したものなんだよ。あと、共有結合結晶のダイヤモンド型（➡ §4①）は面心立方格子とすき間2の半分に炭素原子が配列したものなんだ。

そうなのね。金属結晶格子をきちんと理解しておけば、他の結晶格子は楽にクリアできそう。

密度 原子量M、アボガドロ定数N_A（/mol）

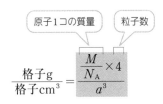

原子1コの質量　　　粒子数

$$\frac{\text{格子g}}{\text{格子cm}^3} = \frac{\dfrac{M}{N_A} \times 4}{a^3}$$

面心立方格子は、最密構造だから配位数12なのよね？ 数え方がよくわからないわ。

面心立方格子の配位数は少しわかりにくいんだよ。
単位格子が繰り返されたものが結晶だから、単位格子2個分を書き出すと数えやすいよ。
わからないときは、とにかく、書くんだ！

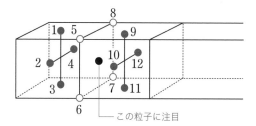

この粒子に注目

(2) 六方最密構造（配位数12）

例 **Mg・Zn** など

最密の面A、B、A、B、A、B…の繰り返しになっているのが、**六方最密構造**です。

面心立方格子とは違い、そのまま眺めても面A、B、A、B、A、B…の繰り返しになっているのがわかりますね。

単位格子は六角柱の3分の1に相当する四角柱であることに注意しましょう（➡ §1①）。

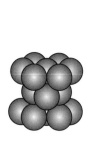

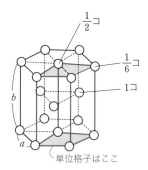

$\frac{1}{2}$ コ

$\frac{1}{6}$ コ

1 コ

単位格子はここ

粒子数 $\dfrac{1}{6}\times12+\dfrac{1}{2}\times2+1\times3=6$

単位格子内だと、$6\times\dfrac{1}{3}=2$

原子半径 原子半径rを六角柱の一辺の長さaまたはbを用いて表す

rとaの関係

$a=2r$

rとbの関係 （参考）

右図より正四面体
の高さについて

$$\dfrac{b}{2}=\dfrac{\sqrt{6}}{3}a$$

$$b=\dfrac{2\sqrt{6}}{3}a$$

となる。

$a=2r$より

$$b=\dfrac{2\sqrt{6}}{3}\times2r$$

$$b=\dfrac{4\sqrt{6}}{3}r$$

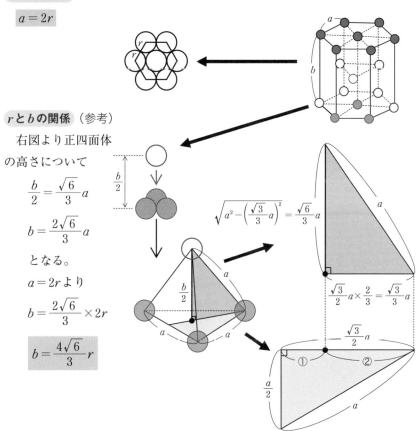

$$\sqrt{a^2-\left(\dfrac{\sqrt{3}}{3}a\right)^2}=\dfrac{\sqrt{6}}{3}a$$

$$\dfrac{\sqrt{3}}{2}a\times\dfrac{2}{3}=\dfrac{\sqrt{3}}{3}a$$

充填率 単位格子内で原子の占めている割合

最密構造なので、面心立方格子と同じ74%

ポイント

最密構造（配位数12）充填率　⇒　74%

・面心立方格子　**Ag・Cu・Al**など

　粒子数　⇒　4、原子半径　⇒　$r = \dfrac{\sqrt{2}}{4}a$

・六方最密構造　**Mg・Zn**など

　粒子数　⇒　構造内6、単位格子内2、

　原子半径　⇒　$a = 2r$ $\left(b = \dfrac{4\sqrt{6}}{3}r\right)$

③体心立方格子（配位数8）

例 アルカリ金属

　立方体の中心（体心）と頂点に原子が配列しているのが**体心立方格子**です。

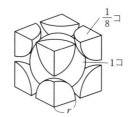
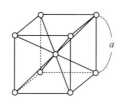

体心立方格子の配位数8はわかりやすいね。体心の1個が頂点の8個と接しているのが、すぐわかるわ。

粒子数 $\dfrac{1}{8} \times 8 + 1 = \boxed{2}$

原子半径 原子半径rを立方体の一辺の長さaを用いて表す

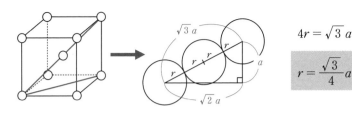

$$4r = \sqrt{3}\,a$$

$$r = \frac{\sqrt{3}}{4}a$$

充填率 単位格子内で原子の占めている割合

原子(球)の体積 　粒子数 　　　　$r = \dfrac{\sqrt{3}}{4}a$ を代入

$$\frac{原子\,cm^3}{格子\,cm^3} = \frac{\dfrac{4}{3}\pi r^3 \times 2}{a^3} = \frac{\dfrac{4}{3}\pi\left(\dfrac{\sqrt{3}}{4}a\right)^3 \times 2}{a^3} = \frac{\sqrt{3}}{8}\pi = 0.680 \quad \Rightarrow \quad \boxed{68\%}$$

立方体の体積

密度 原子量 M、アボガドロ定数 N_A $(/mol)$

原子1コの質量 　　粒子数

$$\frac{格子\,g}{格子\,cm^3} = \frac{\dfrac{M}{N_A} \times 2}{a^3}$$

ポイント

体心立方格子(配位数8):アルカリ金属など

粒子数 ⇒ 2、原子半径 ⇒ $r = \dfrac{\sqrt{3}}{4}a$、充填率 ⇒ 68%

§3 イオン結晶

①イオン結晶の配位数

　イオン結合は、陽イオンと陰イオンの間のクーロン力(静電気力)による結合ですね(➡第3章§2)。

プラス（＋）とマイナス（－）は愛し合っていますから、陽イオンはたくさんの陰イオンに囲まれて幸せを感じます。

これよりは… こっちの方が幸せ

　よって配位数は大きくなります。しかし最大配位数12をとることはできません。

 陽イオンはたくさんの陰イオンに囲まれて幸せなのよね？　なぜ、最大配位数12にならないのかしら。

最大配位数12をとるための条件を考えてごらん？

 条件？…なにかしら。球のくぼみに球が入っていくから…あっ！　わかったわ。すべて同じ大きさの球でないと無理ね。

正解!!　陽イオンと陰イオンは大きさが違うから、最大配位数12の最密構造にはなれないんだ。

　入試で出題されやすい代表的なイオン結晶は、配位数8の塩化セシウムCsCl型（➡②）、配位数6の塩化ナトリウムNaCl型（➡③）、配位数4の硫化亜鉛ZnS型（➡④）となります。

📖 ポイント

　イオン結晶　⇒　イオンの周りに異符号のイオンができるだけ
　　　　　　　　　多く集まる
　　　　　　⇒　配位数㋐（しかし最大配位数12にはなれない）
　配位数8：CsCl型
　配位数6：NaCl型
　配位数4：ZnS型

②塩化セシウム CsCl型（配位数 8）

イオン結晶の中では最大となる、配位数8をとるのがCsCl型です。

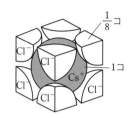
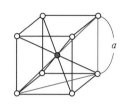

金属結晶の体心立方格子（⇒§2③）に見えるわね。配位数も同じだし。

そうだね。金属結晶格子ときちんと向き合っていれば簡単だよ。

粒子数

$$\left.\begin{array}{l} Cs^+ (\bullet) : 1 \\ Cl^- (\bigcirc) : \dfrac{1}{8} \times 8 = 1 \end{array}\right\} \quad CsCl \quad \boxed{1コ}$$

イオン半径 イオン半径$r_+ \cdot r_-$を立方体の一辺の長さaを用いて表す

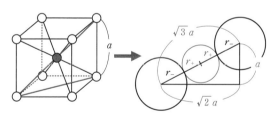

$$2(r_+ + r_-) = \sqrt{3}\,a$$

///////////////////

☞ ポイント

CsCl型（配位数8）

粒子数 ⇒ $Cs^+ : 1$、$Cl^- : 1$より $CsCl : 1$

イオン半径 ⇒ $2(r_+ + r_-) = \sqrt{3}\,a$

③塩化ナトリウム NaCl 型 (配位数6)

金属結晶の面心立方格子に Cl$^-$ (◯) が、すき間1 ($\Rightarrow$ §2② (1)) に Na$^+$ (●) が配列した構造です。

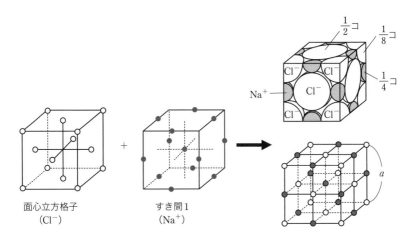

面心立方格子
(Cl$^-$)

+

すき間1
(Na$^+$)

$\frac{1}{2}$ コ $\frac{1}{8}$ コ $\frac{1}{4}$ コ

Na$^+$ Cl$^-$

a

Cl$^-$ (◯) は面心立方格子に見えるわね。Na$^+$ (●) は…初めて見るわ。

そんなことない。見たことあるよ！ 単位格子は最小の繰り返し単位で、それがたくさん並んでいるのが結晶だよ。わからないときは、手を動かして、構造を書いてみるんだ!!

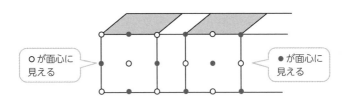

◯が面心に見える

●が面心に見える

見えたわ。Na^+（●）も面心ね。取り出すところによって、Cl^-（○）も面心になるし、Na^+（●）も面心になるのね。構造を考えるとき「書いてみる」って、とても大事なのね。

配位数は6になるのも書くと当たり前だね。立方体の中心の●は面心の○6個と接しているよ。

粒子数

Na^+（●）：面心立方格子 ⇒ 4

Cl^-（○）：面心立方格子 ⇒ 4

} NaCl **4個**

イオン半径 イオン半経$r_+ \cdot r_-$を立方体の一辺の長さaを用いて表す

$$2(r_+ + r_-) = a$$

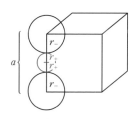

//////////////////////

👉 ポイント

NaCl型（配位数6）

粒子数 ⇒ **Na^+：4、**

Cl^-：4（共に面心立方格子）より NaCl：4

イオン半径 ⇒ $2(r_+ + r_-) = a$

④硫化亜鉛ZnS型（配位数4）

Zn^{2+}（●）を中心として、正四面体の頂点にS^{2-}（○）が配列しています。

しかし、この正四面体は単位格子ではありません。

単位格子は、この正四面体を4つ分含んでいる立方体となります。

金属結晶の面心立方格子の部分にS²⁻（○）、すき間2（➡ §2②（1））の半分にZn²⁺（●）が配列した構造です。

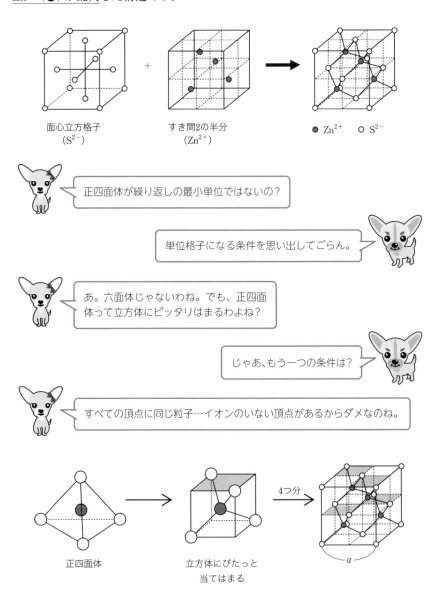

面心立方格子
（S²⁻）

すき間2の半分
（Zn²⁺）

● Zn²⁺　○ S²⁻

正四面体が繰り返しの最小単位ではないの？

単位格子になる条件を思い出してごらん。

あ。六面体じゃないわね。でも、正四面体って立方体にピッタリはまるわよね？

じゃあ、もう一つの条件は？

すべての頂点に同じ粒子…イオンのいない頂点があるからダメなのね。

正四面体

立方体にぴたっと
当てはまる

4つ分

粒子数

Zn^{2+}（●）：4

S^{2-}（○）：面心立方格子 ⇒ 4 $\Bigg\}$ ZnS 4個

イオン半径 イオン半径$r_+ \cdot r_-$を立方体の一辺の長さaを用いて表す

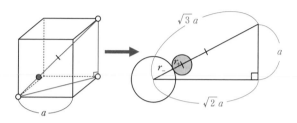

$$r_+ + r_- = \frac{\sqrt{3}}{4}a$$

///////////////////////

ポイント

ZnS型（配位数4）

　粒子数 ⇒ Zn^{2+}：4、

　　　　　　 S^{2-}：4（面心立方格子）より ZnS：4

　イオン半径 ⇒ $r_+ + r_- = \dfrac{\sqrt{3}}{4}a$

イオン結晶って、イオンの周りに、異符号の
イオンができるだけ多くあるといいのよね？

そうそう。だから、基本的に配位数は大きくなるんだったね。

じゃあ、なんですべてのイオン結晶が配位数8のCsCl型にならないの？

それは、イオンたちにも事情があるからなんだ。次の「限
界半径比（➡⑤）」で、彼らの事情を確認してみようね。

⑤限界半径比 $\left(\dfrac{r_+}{r_-}\right)$

　すべてのイオン結晶が、配位数8の塩化セシウムCsCl型（➡②）になれるわけではありません。

　その原因が**限界半径比**です。

　配位数8になるためには、<u>半径比（陰イオンの半径r_-に対する陽イオンの半径r_+の割合）が、配位数8の限界半径比を越えてなくてはならない</u>のです。

ぜんぜんわからないわ!!

たとえば、ある陽イオンが陰イオン4つに囲まれて、とても幸せだとするよ。
でもね。すべての陽イオンが同じ陰イオン4つに囲まれて幸せになれるわけじゃないんだ。
半径の小さい陽イオンの場合、同じ陰イオン4つに囲まれると、陰イオン同士が接してしまうんだ。

それは不安定で、幸せとはいえないわね…。

そう。そんなときは泣く泣く陰イオン1つに去ってもらって、陰イオン3つに囲まれて幸せになるんだ。

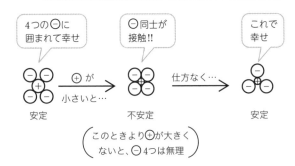

ちょうど陰イオン同士が接するときの「r_- に対する r_+ の割合 $\left(\dfrac{r_+}{r_-}\right)$」を限界半径比というんだよ。

これより r_+ が大きければ、すなわち半径比 $\left(\dfrac{r_+}{r_-}\right)$ が大きければ、陰イオン同士が接することはないんだ。だから、その配位数の結晶になることができるんだ。

（1）8配位の限界半径比

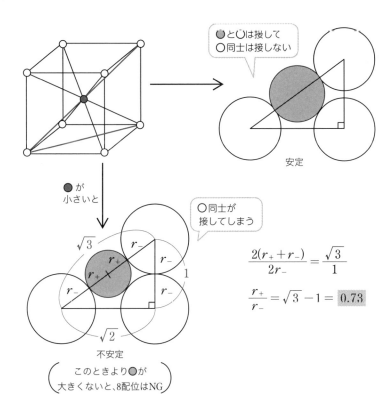

●と◯は接して
◯同士は接しない

安定

●が
小さいと

◯同士が
接してしまう

$$\frac{2(r_+ + r_-)}{2r_-} = \frac{\sqrt{3}}{1}$$

$$\frac{r_+}{r_-} = \sqrt{3} - 1 = \boxed{0.73}$$

不安定

（このときより●が
大きくないと、8配位はNG）

塩化ナトリウム$NaCl$が8配位になれるか、検討してみようね。$r_{Na^+} = 0.116nm$、$r_{Cl^-} = 0.167nm$だから、半径比は

$$\left(\frac{r_+}{r_-}\right) = \frac{0.116}{0.167} = 0.695 \quad < \quad 0.73 \,(8配位の限界半径比)$$

になるね。8配位の限界半径比を越えていないから、残念だけど、$NaCl$に8配位は無理だね。

なるほど。これがイオンたちの事情なのね。

(2) 6配位の限界半径比

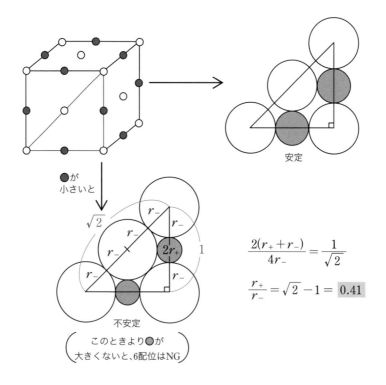

●が
小さいと

安定

$$\frac{2(r_+ + r_-)}{4r_-} = \frac{1}{\sqrt{2}}$$

$$\frac{r_+}{r_-} = \sqrt{2} - 1 = \boxed{0.41}$$

不安定

$$\begin{pmatrix} このときより●が \\ 大きくないと、6配位はNG \end{pmatrix}$$

塩化ナトリウム NaCl が6配位になれるか、検討してみようね。
$r_{Na+}=0.116$nm、$r_{Cl-}=0.167$nm だから、半径比は

$$\left(\frac{r_+}{r_-}\right) = \frac{0.116}{0.167} = 0.695 \quad > \quad 0.41 \,(6配位の限界半径比)$$

になるね。6配位の限界半径比を越えてるから、NaClは6配位になれるよ。

すごい。こうやって、イオン結晶の配位数が決まっていくのね。

そうだね。半径比が0.41を越えていないものは、4配位になると考えられるね。

ポイント

イオン結晶の限界半径比

　　8配位 ⇒ 0.73、6配位 ⇒ 0.41

『半径比＞限界半径比』になっていれば、その配位の構造になることができる

▶§4　共有結合結晶

①共有結合結晶の配位数

　共有結合は、最外殻の電子対を共有してできるため、配位数は最大で4になります。

　配位数4がダイヤモンド（➡②）、配位数3が黒鉛（➡③）です。

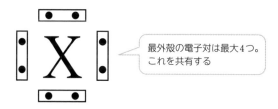

最外殻の電子対は最大4つ。これを共有する

共有結合結晶　⇒　最外殻の電子対を共有　⇒　最大で配位数4

配位数4：ダイヤモンド

配位数3：黒鉛

②ダイヤモンド（配位数4）

　イオン結晶の硫化亜鉛ZnS型（➡§3④）の Zn^{2+}（●）と S^{2-}（○）がすべて炭素C原子に置き換わった立体網目状構造です。

　すなわち、金属結晶の面心立方格子とすき間2（➡§2②(1)）の半分に炭素C原子が配列しています。

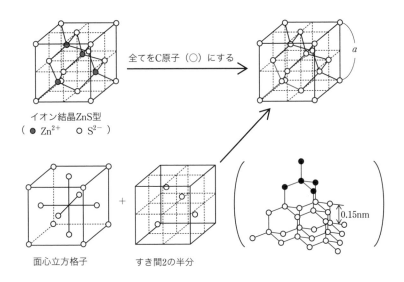

イオン結晶ZnS型
（ ● Zn^{2+}　○ S^{2-} ）

全てをC原子（○）にする

面心立方格子　＋　すき間2の半分

0.15nm

粒子数 $\dfrac{1}{8} \times 8 + \underbrace{\dfrac{1}{2} \times 6}_{\text{面心}} + 1 \times 4 = 8$

原子半径 原子半経rを立方体の一辺の長さaを用いて表す

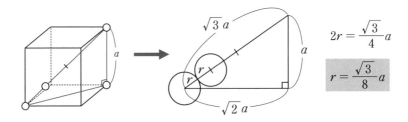

$$2r = \frac{\sqrt{3}}{4}a$$

$$r = \frac{\sqrt{3}}{8}a$$

充填率 単位格子内で原子の占めている割合

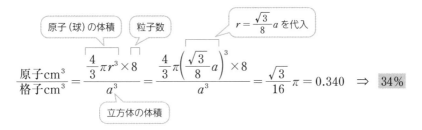

原子(球)の体積　粒子数　$r = \frac{\sqrt{3}}{8}a$ を代入

$$\frac{原子 \mathrm{cm}^3}{格子 \mathrm{cm}^3} = \frac{\frac{4}{3}\pi r^3 \times 8}{a^3} = \frac{\frac{4}{3}\pi \left(\frac{\sqrt{3}}{8}a\right)^3 \times 8}{a^3} = \frac{\sqrt{3}}{16}\pi = 0.340 \Rightarrow \boxed{34\%}$$

立方体の体積

炭素C原子が、ケイ素Si原子で置き換わったらSiの結晶だよ。そして、Siの結晶のSi原子間に酸素O原子が入ったら二酸化ケイ素SiO_2の結晶なんだ。

ダイヤモンドの構造をしっかりやっておけば対応できるわね。

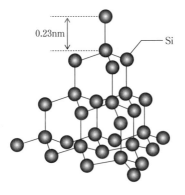

0.23nm　Si

ケイ素Si

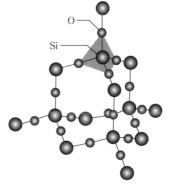

O　Si

二酸化ケイ素SiO_2

③黒鉛（配位数3）

黒鉛は次のような<u>平面層状構造</u>（➡第3章§4②）です。

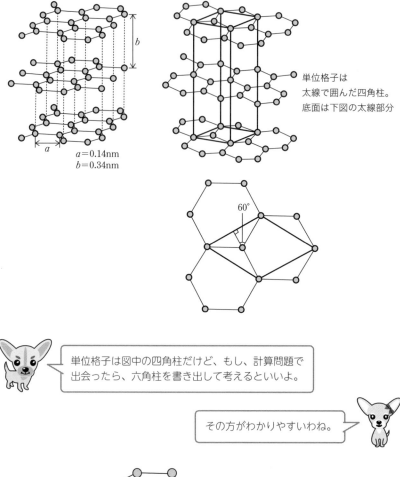

a＝0.14nm
b＝0.34nm

単位格子は
太線で囲んだ四角柱。
底面は下図の太線部分

60°

単位格子は図中の四角柱だけど、もし、計算問題で
出会ったら、六角柱を書き出して考えるといいよ。

その方がわかりやすいわね。

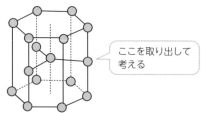

ここを取り出して
考える

///////////////////////

🔖 ポイント

共有結合結晶

ダイヤモンドの結晶（ケイ素Siなども同様）

イオン結晶のZnS型のイオンが全て炭素C原子に置き換わっ
た立体網目状構造

粒子数：8　　原子半径：$\dfrac{\sqrt{3}}{8}a$　　充填率：34%

黒鉛の結晶

平面層状構造

単位格子で考えるより、六角柱に注目して考える方がわか
りやすい

---

§5 分子結晶

分子結晶は、分子が分子間力で集まってできている結晶ですね。

例えば、二酸化炭素CO_2は分子が金属の面心立方格子の位置に配列した結晶
です（➡第3章§5⑥）。

このように、ここまでで扱った結晶をきちんと理解しておけば、何の問題も
なく対応できます。

例 二酸化炭素CO_2

分子数 $\dfrac{1}{8}\times 8 + \dfrac{1}{2}\times 6 = 4$

分子間距離 分子の中心から中心までの距離を単位格子の一辺の長さaを用
いて表す

$$4r = \sqrt{2}\,a \quad \text{より} \quad 分子間距離\,2r = \dfrac{\sqrt{2}}{2}a$$

入試問題に挑戦!

1 鉄は温度によって結晶構造が変化する。911℃より低い温度で存在する鉄をα鉄、911℃から1392℃の温度で存在する鉄をγ鉄と呼ぶ。これらの結晶の単位格子は、α鉄が体心立方格子、γ鉄が面心立方格子である。いずれの場合も、鉄原子の半径は0.126nmである。次の設問 (1) から (4) に答えよ。ただし必要に応じて以下の値を用いよ。$\sqrt{2} = 1.41$、$\sqrt{3} = 1.73$。

(1) α鉄およびγ鉄中の鉄原子はそれぞれ何個の鉄原子と隣接しているか答えよ。

(2) α鉄およびγ鉄の単位格子中に含まれる鉄原子の数を答えよ。

(3) γ鉄の単位格子の長さはα鉄の単位格子の長さの何倍か、有効数字3桁で答えよ。

(4) γ鉄の密度はα鉄の密度の何倍か、有効数字3桁で答えよ。

(2015 芝浦工大 4 (ニ))

2 次の文章を読み、(i) ～ (iv) の問いに答えよ。

塩化ルビジウム (RbCl) および塩化セシウム (CsCl) は、室温でそれぞれ図に示した模型で表されるイオン結晶の構造をとる。これらの結晶では陽イオンと陰イオンが規則正しく配列しており、この最小単位を単位格子とよぶ。塩化ル

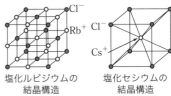

塩化ルビジウムの結晶構造　　塩化セシウムの結晶構造

図

ビジウムの単位格子には塩化物イオンとルビジウムイオンがともに ア 個、塩化セシウムの単位格子には塩化物イオンとセシウムイオンがともに イ 個含まれている。

塩化ルビジウムの単位格子の1辺の長さとルビジウムイオンの半径は、それぞれ0.66nm、0.15nmであり、塩化セシウムの単位格子の1辺の長さは0.41nmである。したがって、塩化物イオンの半径は A nmとなる。また、セシウムのイオン半径は B nmとなり、塩化セシウムの結晶の密度は C g/cm³となる。この塩化セシウム1.0cm³の結晶を水に溶解させて全量を100mLとすると、塩化セシウム水溶液の濃度は D mol/Lとなる。

C g/cm³の塩化セシウムの結晶中に含まれるセシウム原子はすべ

て質量数133の安定同位体であったが、これとは別に、放射線源として使用されている塩化セシウムの結晶の密度を計測すると、 $\boxed{\text{C}}$ g/cm^3 より0.10g/cm^{3}大きい値であった。このセシウム原子が1種類の放射性同位体のセシウム原子のみで構成されていたとすると、そのセシウム原子の質量数は $\boxed{\text{ウ}}$ と推定される。

(ⅰ) 文章中の $\boxed{\text{ア}}$ および $\boxed{\text{イ}}$ にあてはまる数値を記せ。

(ⅱ) 文章中の $\boxed{\text{A}}$ および $\boxed{\text{B}}$ にあてはまる数値を、有効数字2桁で記せ。ただし、塩化ルビジウムと塩化セシウムの両結晶で塩化物イオンの半径は等しいと仮定する。

(ⅲ) 文章中の $\boxed{\text{C}}$ および $\boxed{\text{D}}$ にあてはまる数値を、有効数字2桁で記せ。ただし、$0.41^3 = 0.070$として計算せよ。

(ⅳ) 文章中の $\boxed{\text{ウ}}$ にあてはまる最も適切な数値を下の選択肢から選べ。ただし、結晶中の塩素原子はすべて質量数35の同位体であり、塩素とセシウムの相対質量はいずれも各々の質量数に等しいものとする。

① 125　② 127　③ 129　④ 131　⑤ 135　⑥ 137　⑦ 139　⑧ 141

(2013 立命館大 1の〔2〕)

3 ケイ素はダイヤモンドと同じ結晶構造をもつ。図はケイ素の結晶の単位格子を示したものである。(ⅰ)〜(ⅲ)の問いに答えよ。ケイ素の単位格子は立方体で、一辺の長さは0.543nmである。ただし、必要に応じて、以下の値を用いよ。

原子量：Si＝28.0　アボガドロ定数：6.0×10^{23}/mol　$\sqrt{2}=1.4$, $\sqrt{3}=1.7$, 1nm＝1×10^{-9}m

(ⅰ) ケイ素原子間の結合の長さ(nm)を計算し、有効数字2桁で記せ。

(ⅱ) 単位格子中に存在するケイ素原子の数を記せ。

(ⅲ) ケイ素の密度(g/cm^3)を計算し、有効数字2桁で記せ。ただし、ケイ素の単位格子の体積は0.160nm^{3}である。

図　ケイ素の単位格子

(2014 立命館大 2の〔1〕(ⅰ)〜(ⅲ))

(解答は P.376)

第5章 酸と塩基

化学では、たくさんの水溶液を扱いますが、それら水溶液には1つのきまりが存在します。
それは『水溶液中に存在できる水素イオンH^+と水酸化物イオンOH^-の全量に限界がある』ということです。
そのきまりを理解して、酸・塩基と向き合っていきましょう。

第5章の目標

➡ 水中でH^+を出す物質（酸）とOH^-を出す物質（塩基）が判断できるようになろう。

➡ H^+（もしくはOH^-）の濃度計算ができるようになろう。

➡ 中和反応の計算ができるようになろう。

▶ §1 酸と塩基

①定義

アレーニウスの定義

酸 ：水中で水素イオンH^+を生じる物質

塩基：水中で水酸化物イオンOH^-を生じる物質

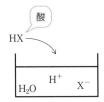

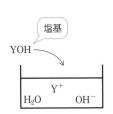

この定義は中学校で習った「酸とアルカリ」の定義だよ。「アルカリ」って何か説明できるかな。

わかるわ。アルカリとは、水に溶ける塩基のことね。中学校では水溶液しか扱わなかったもの。

その通り。アレーニウスの定義は水中限定の定義なんだ。

これからは水中以外のことも扱うの？

そうなんだ。ただ、高校の化学でも、多くは水溶液だからアレーニウスの定義で考えることが多いよ。

水中では、水素イオンH^+はオキソニウムイオンH_3O^+として存在しています。

$$H^+ + H_2O \longrightarrow H_3O^+$$

例えば、塩化水素HClの電離は

$$HCl \longrightarrow H^+ + Cl^-$$

と表していますね。しかし、これは水H_2Oを省略しています。本当は、

$$HCl + H_2O \longrightarrow H_3O^+ + Cl^-$$

であることを意識しておきましょう。

なんでH^+のまま存在しないの？

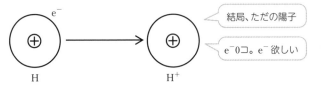

H$^+$って、電子0個、陽子1個だね。結局、H$^+$はただの陽子で、とっても
エネルギーが高くて不安定なんだよ。

結局、ただの陽子

e$^-$ 0コ。e$^-$ 欲しい

だから、H$_2$Oに乗っかって安定するんだ。

$$H:\overset{\cdot\cdot}{\underset{\cdot\cdot}{O}}:H \xrightarrow{H^+} \left[H:\overset{H}{\underset{\cdot\cdot}{O}}:H \right]^+$$

オキソニウムイオン

HのK殻に
e$^-$2コ入ってて
落ち着くね

ブレンステッド・ローリーの定義

酸　：水素イオンH$^+$を<u>与える</u>物質

塩基：水素イオンH$^+$を<u>受け取る</u>物質

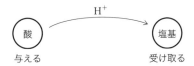

H$^+$

酸 → 塩基
与える　　受け取る

これで、気体の反応も酸と塩基として扱うことできるよ。例
えば、気体の塩化水素HClと気体のアンモニアNH$_3$の反応。

$$HCl + NH_3 \longrightarrow NH_4^+ + Cl^-$$

H$^+$

HClはH$^+$を与えているから酸、NH$_3$はH$^+$を受け取っているから塩基ね。

ポイント

アレーニウスの定義 (水中限定)

　H^+を生じる　⇒　酸、OH^-を生じる　⇒　塩基

ブレンステッド・ローリーの定義

　H^+を与える　⇒　酸、H^+を受け取る　⇒　塩基

※水中でH^+はH_3O^+として存在

②酸の強弱

(1) 電離度 α

溶解している酸・塩基に対する、電離している酸・塩基の割合を**電離度 α** といいます。

$$\alpha = \frac{\text{電離している酸・塩基}}{\text{溶解している酸・塩基}}$$

溶解した酸・塩基のほとんどが電離、すなわち $\alpha=1$ になるものを強酸 (strong acid 略して SA)・強塩基 (strong base 略して SB) といいます。

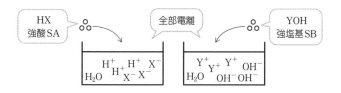

完全に電離することから、強酸 SA・強塩基 SB の電離を反応式で表すときには『 ⟶ 』を使用します。

$$HCl \longrightarrow H^+ + Cl$$

全部電離して，完全に H^+ と Cl^- に変わるよ

代表的な強酸 (SA)・強塩基 (SB)

| SA | H_2SO_4・HNO_3・HCl・HBr・HI・$HClO_4$ |

| SB | KOH・$NaOH$・$Ba(OH)_2$・$Ca(OH)_2$ |

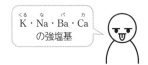

K・Na・Ba・Ca
の強塩基

下線が付いたものは、「酸・塩基、中和」で頻出のSA・SBだから今すぐ暗記しよう。下線が付いてないものは無機化学で必要になるよ。

最終的には全部暗記するのね。なら今、まとめて全部暗記するわ。

　また、溶解した酸・塩基のうち、少ししか電離しない、すなわちαが1より極めて小さい酸・塩基を弱酸（weak acid略してWA）・弱塩基（weak base略してWB）といいます。

　先述した強酸SA・強塩基SB以外は、弱酸WA・弱塩基WBと判断していきます。

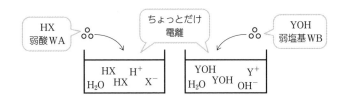

　弱酸WA・弱塩基WBの水溶液中には、イオンとともに、電離していない酸・塩基がたくさん共存しています。

　共存しているということは、平衡状態（➡第10章§2）になっているということです。

　よって弱酸WA・弱塩基WBの電離を表すときには『 $\rightleftharpoons$ 』を使用します。

$$CH_3COOH \rightleftharpoons CH_3COO^- + H^+$$

電離しにくいから、くっつく反応も起こるよ

WA・WBのαはどのくらいなの？

SA・SBは基本的にいつでもα＝1だけど、WA・WBのαは、濃度や温度によって変わるんだ。
濃度が小さいほど、また、温度が高いほどαは大きくなるよ。
第10章の§3でWA・WBの平衡を考えていくんだけど、
そこで$\alpha = \sqrt{\dfrac{K_a}{C}}$っていう公式を扱うから、そこでしっかり確認していこうね。

(2) 電離定数 K_a (K_b) （➡第10章§3）

強酸SA・強塩基SBの電離度αは1ですが、すべての強酸SA・強塩基SBが同じ強さではなく、その中にも強弱があります。

同じ強酸SAでも、水中で水素イオンH^+を多く生じるものほど強い酸になります。

それを考えているのが、電離定数K_a (K_b) です。

例えば酸だと、次のようになります。

$[H^+]$ $[A^-]$ $[HA]$はそれぞれモル濃度を示すよ。

$$HA \rightleftharpoons H^+ + A^- \qquad K_a = \frac{[H^+][A^-]}{[HA]}$$

K_aが大きいほど、より強い酸ということになります。塩基も同様です。

なんでK_aが大きいほど強い酸なの？

たくさん電離しているほど、[HA]は小さく、$[H^+]$や$[A^-]$は大きくなるね。だからK_aが大きくなるんだ。

$$K_a = \frac{[H^+][A^-]}{[HA]} \quad \boxed{大}$$

大　小

K_a大　⇒　分母小、分子大

第10章の§3でしっかり確認しよう。

第10章の§3でしっかり確認しよう。

///////////////

ポイント

酸・塩基の強弱

- 電離度　$\alpha = \dfrac{電離している酸・塩基}{溶解している酸・塩基}$

　SA：H_2SO_4・HNO_3・HCl・HBr・HI・$HClO_4$

　SB：KOH・$NaOH$・$Ba(OH)_2$・$Ca(OH)_2$

　これら以外は**WA**・**WB**（$\alpha \ll 1$：αは温度と濃度で変化）。

- 電離定数　$K_a = \dfrac{[H^+][A^-]}{[HA]}$　　（➡第10章§3）

　K_aが大きいほど強い酸（塩基も同様）

---

③**価数**

酸がもっているH^+の数、塩基がもっているOH^-の数を価数といいます。
基本的に、化学式を見ればすぐにわかります。

硫酸は$\underline{H_2}SO_4$だから、H^+を2個出せるね。だから2価の酸だよ。

なら、酢酸はCH_3COOHだから4価の酸ね。

違うよ!!　CH_3COOHは水中でCH_3COO^-とH^+に電離するから、1価の酸だよ。

二酸化炭素CO_2（2価の酸）とアンモニアNH_3（1価の塩基）は化学式から判断できないので、頭に入れておきましょう。

CO₂は水中で炭酸H_2CO_3になるから2価の酸。
NH₃は水中でOH^-を1つ出すから1価の塩基だよ。

$$CO_2 + H_2O \rightleftharpoons \underline{H_2CO_3} \qquad NH_3 + H_2O \rightleftharpoons NH_4^+ + \underline{OH^-}$$

☞ ポイント

酸・塩基の価数

もっているH^+、OH^-の数。**基本的に化学式から判断。**

注：CO_2は2価の酸、NH_3は1価の塩基

§2 水のイオン積K_wとpH

①水のイオン積K_w

水はほんの少しだけ、電離しています。

$$H_2O \rightleftharpoons H^+ + OH^-$$

「ほんの少し」って、どのくらい？

電離度 αが1.8×10^{-9}くらいだよ。

すっごく小さい!! 水ってほとんど電離していないのね。

反応式の係数から、水素イオンH^+と水酸化物イオンOH^-は等量ずつ存在し、25℃の純水で、それらのモル濃度は、ともに$1.0×10^{-7}$mol/Lです。

　　$[H^+]=[OH^-]=1.0×10^{-7}$mol/L　（25℃のとき）

$[H^+]$の[　]って何だったっけ？

モル濃度(mol/L)だよ。これからどんどん使っていくから覚えておいてね。

　以上より、25℃において$[H^+]$と$[OH^-]$の積（**水のイオン積K_w**）は、

　　$K_w=[H^+][OH^-]=1.0×10^{-14}$mol^2/L^2

となります。

　これは、純水だけでなく、どんな水溶液でも成立しています。

「25℃において」ってことは、温度が変わったらK_wも変わるの？

そうなんだ。例えば、20℃では$0.68×10^{-14}$mol^2/L^2、30℃では$1.47×10^{-14}$mol^2/L^{2}になるんだよ。
でも、入試で出る計算問題は25℃ばかりだよ。

　では、水の電離を平衡（➡第10章§2）という視点から捉えてみましょう。

　　$H_2O \longrightarrow H^+ + OH^-$

　水の電離平衡の平衡定数Kは

　　$K = \dfrac{[H^+][OH^-]}{[H_2O]}$

となります。

水はほとんど電離しておらず、電離前後でモル濃度$[H_2O]$は不変、すなわち一定値と考えることができるため、平衡定数Kと合わせて一つの定数K_wとして扱います。これが、水のイオン積です。

$$K[H_2O] = K_w = [H^+][OH^-]$$

K_wには平衡定数Kが含まれているから、温度が変わったらK_wも変わるのね。

よく気付いたね。そうなんだ。平衡定数Kは温度で決まる定数(➡第10章§2)だからね。

また、水の電離は吸熱反応です。

$$H_2O \xrightarrow{\text{吸熱}} H^+ + OH^-$$

よって、ルシャトリエの原理(➡第10章§2)より、

温度を上げる ⇒ **吸熱方向(右)へ平衡が移動(電離が進む)**
　　　　　　　　⇒ **$[H^+]$と$[OH^-]$が増加**
　　　　　　　　⇒ **K_wが大きくなる**

となります。

//////////////////////

🖙 ポイント

水のイオン積　$K_w = [H^+][OH^-]$
　　　　　　　　　$= 1.0 \times 10^{-14} \, \text{mol}^2/\text{L}^2$　**(25℃のとき)**
注：温度が上がるとK_wは大きくなる

②水溶液の液性とpH

(1)水素イオンのモル濃度$[H^+]$と水溶液の液性

水溶液の液性は、水溶液中の水素イオンのモル濃度$[H^+]$で決まります。

25℃において、

純水中の[H⁺]と同じ ： $[H^+]=1.0×10^{-7}$mol/L ⇒ **中性**

純水中より[H⁺]が大きい： $[H^+]>1.0×10^{-7}$mol/L ⇒ **酸性**

純水中より[H⁺]が小さい： $[H^+]<1.0×10^{-7}$mol/L ⇒ **塩基性**

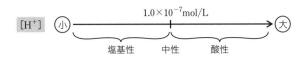

$[H^+]$ 小 ──────────┼──────────→ 大
　　　　　　　　　塩基性　中性　酸性

$1.0×10^{-14}$mol²/L²のうち、[H⁺]の占めている割合で液性が決まるのね。

そうだね。ちょうど半分（[OH⁻]と同じ）なら中性。半分より（[OH⁻]より）多ければ酸性。半分より（[OH⁻]より）少なければ塩基性だね。

(2) pH

水素イオンのモル濃度[H⁺]は、桁が小さいうえに変化量が大きく、非常に扱いにくいため、通常、対数をとって（桁で）表します。

それがpHです。

[H⁺]って、液性を決める大切な数値なのに、扱いにくいのね。

そうなんだよ。例えば
「[H⁺]=$1.0×10^{-2}$mol/Lの塩酸に水酸化ナトリウム水溶液を加えていくと、[H⁺]=$1.0×10^{-12}$mol/Lに変化したよ」って言われて、どう思う？

… $[H^+]$ が 10^{-10} 倍に変化したのね…正直、全くイメージできないわ。

 じゃあ、
「pH＝2の塩酸に水酸化ナトリウム水溶液を加えていくと、pH＝12に変化したよ」
これならどう？

 pHが10変化したのね。それなら受け入れられるわ。pHって便利ね。

$$pH = -\log[H^+]$$
$$pOH = -\log[OH^-]$$
$$pH + pOH = 14 \quad (25℃ のとき)$$

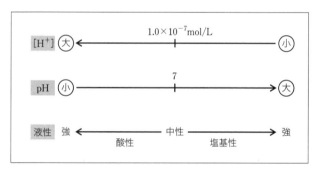

 化学では何も表記がないときは、対数の底は10だよ。
$pH = -\log_{10}[H^+]$、$pOH = -\log_{10}[OH^-]$ と考えてね。

※ $[H^+] = 1.0 \times 10^{-n}$mol/L のとき、
$$
\begin{aligned}
pH &= -\log_{10}(1.0 \times 10^{-n}) \\
&= -\log_{10}1.0 - \log_{10}10^{-n} \\
&= 0 + n \\
&= n
\end{aligned}
$$

※ $[H^+] = A \times 10^{-n}$mol/L のとき、
$$
\begin{aligned}
pH &= -\log_{10}(A \times 10^{-n}) \\
&= -\log_{10}A - \log_{10}10^{-n} \\
&= n - \log_{10}A
\end{aligned}
$$

[H⁺] の求め方

pHを求めるために必要な $[H^+]$ は、次のようにして計算します。

・酸の水溶液の $[H^+]$

$[H^+]$＝[酸]× 価数 ×α

例えば、0.050mol/Lの酢酸 CH_3COOH 水溶液（$\alpha=0.020$）だと、CH_3COOH は1価の酸だから、CH_3COOH がもっている H^+ は

$$0.050\times1 \quad mol/L 分$$

だね。そのうち、電離して出てくるものの割合が0.020だから、

$$[H^+]=0.050\times1\times0.020=1.0\times10^{-3}mol/L$$

になるよ。これが、$[H^+]$＝[酸]× 価数 ×α の式だね。
pHは $-\log(1.0\times10^{-3})=3$ だよ。

・塩基の水溶液の $[OH^-]$

$[OH^-]$＝[塩基]× 価数 ×α

25℃において、$[H^+][OH^-]=1.0\times10^{-14}mol^2/L^2$ ですから、

$$[H^+]=\frac{1.0\times10^{-14}}{[OH^-]}$$

となり、これに $[OH^-]$ を代入して、塩基の水溶液の $[H^+]$ を求めることができます。

水溶液の希釈と pH

pHは $[H^+]$ の桁を表すものなので、酸性の水溶液を10倍に希釈すると、pHは1大きくなります。

10倍に希釈

$$[H^+]=1.0\times10^{-2}mol/L \quad \Rightarrow \quad [H^+]=1.0\times10^{-3}mol/L$$
$$pH=2 \qquad \Rightarrow \qquad pH=3$$

しかし、希釈しても、酸性の水溶液が塩基性に変化することはありません。

希釈していくと、最終的には、限りなく水に近づきます。つまり中性、pH＝7に近づくのです。希釈により、pHが7を超えて変化していくことはありません。

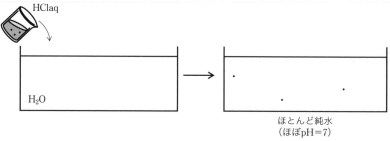

10^6 倍に希釈

$[\mathrm{H^+}] = 1.0 \times 10^{-2} \mathrm{mol/L} \quad \Rightarrow \quad [\mathrm{H^+}] = \cancel{1.0 \times 10^{-8} \mathrm{mol/L}}$

$\mathrm{pH} = 2 \qquad\qquad \Rightarrow \qquad\qquad \cancel{\mathrm{pH} = 8}$

10^6 倍に希釈

$[\mathrm{H^+}] = 1.0 \times 10^{-2} \mathrm{mol/L} \quad \Rightarrow \quad [\mathrm{H^+}] = 1.0 \times 10^{-7} \mathrm{mol/L}$ に近づく

$\mathrm{pH} = 2 \qquad\qquad \Rightarrow \qquad\qquad \mathrm{pH} = 7$ に近づく

HClaq

H₂O

ほとんど純水
（ほぼpH＝7）

希薄な強酸SAのpH （参考）

通常、強酸SAや強塩基SBのpHを考えるとき、水$\mathrm{H_2O}$から生じる$\mathrm{H^+}$は考慮していません。

それは、強酸SAから生じている$\mathrm{H^+}$の方が充分に多く、$\mathrm{H_2O}$からの$\mathrm{H^+}$は無視できるからです。

通常のSA $\mathrm{HA} \longrightarrow \mathrm{H^+} + \mathrm{A^-}$
$x\ \mathrm{mol/L}$

H₂O $\mathrm{H_2O} \rightleftharpoons \mathrm{H^+} + \mathrm{OH^-}$
$y\ \mathrm{mol/L}$

$x \gg y$ より、
$[\mathrm{H^+}] = (x + y)\ \mathrm{mol/L}$
$\fallingdotseq x\ \mathrm{mol/L}$

ただでさえ、$\mathrm{H_2O}$のαは1.8×10^{-9}でとても小さいのに、SAが共存していると、水溶液中の$\mathrm{H^+}$が多いから、$\mathrm{H^+}$を減らす方向に平衡が移動（➡第10章§2）して、$\mathrm{H_2O}$はもっと電離しにくくなってるんだよ。

$$H_2O \rightleftharpoons H^+ + OH^-$$

ルシャトリエの原理より
H^+が多いと、平衡は左へ

だから無視できるのね。

しかし、強酸SAの濃度が極めて小さい（1.0×10^{-6}mol/Lより小さい）とき、H_2Oから生じるH^+を無視することができなくなります。

希薄なSA $\quad HA \longrightarrow H^+ + A^-$
$\qquad\qquad\qquad\qquad\qquad x$ mol/L

$H_2O \qquad\quad H_2O \rightleftharpoons H^+ + OH^-$
$\qquad\qquad\qquad\qquad\qquad\qquad\quad y$ mol/L

$x \fallingdotseq y$ より、
$[H^+] = (x+y)$ mol/L
$\qquad\quad \ne x$ mol/L

例 25℃において、1.0×10^{-7}mol/Lの塩酸の水素イオンのモル濃度はいくらか。

解：濃度が1.0×10^{-6}mol/Lより小さいため、H_2Oから生じるH^+（x mol/Lとする）を無視できない。

HCl $\quad HCl \longrightarrow H^+ \ + \ Cl^-$
$\qquad\qquad\qquad\qquad 1.0 \times 10^{-7} \quad 1.0 \times 10^{-7}$
$\qquad\qquad\qquad\qquad\ \text{mol/L} \qquad\quad \text{mol/L}$

$H_2O \quad H_2O \rightleftharpoons H^+ \ + \ OH^-$
$\qquad\qquad\qquad\qquad x$ mol/L $\quad x$mol/L

$\qquad K_w = [H^+][OH^-]$
$\qquad\qquad = (1.0 \times 10^{-7} + x) \cdot x = 1.0 \times 10^{-14}\text{mol}^2/\text{L}^2$
$\qquad x^2 + 1.0 \times 10^{-7}x - 1.0 \times 10^{-14} = 0$

解の公式を利用してxの二次方程式を解くと、$x = 0.62 \times 10^{-7}$mol/Lとなるため、

$\qquad [H^+] = (\underset{\text{HClから}}{\underline{1.0}} \ + \ \underset{\text{H}_2\text{Oから}}{\underline{0.62}}) \times 10^{-7}$

$\qquad\qquad = 1.62 \times 10^{-7}\text{mol/L} \quad \Rightarrow \quad 1.6 \times 10^{-7}\text{mol/L}$

さすがに、1.0＋0.62を1.0とは近似できないわね。
たしかに、H_2Oから生じるH^+を無視できないわ。

📖 ポイント

酸性　：$[H^+] > 1.0 \times 10^{-7}$mol/L　⇒　pH$<$7

中性　：$[H^+] = 1.0 \times 10^{-7}$mol/L　⇒　pH$=$7

塩基性：$[H^+] < 1.0 \times 10^{-7}$mol/L　⇒　pH$>$7

酸の水溶液　　$[H^+] = [$酸$] \times$ 価数 $\times \alpha$

塩基の水溶液　$[OH^-] = [$塩基$] \times$ 価数 $\times \alpha$

酸や塩基の水溶液を希釈すると、pH$=$7に近づく（**7を超えての変化は起こらない**）

▶§3　中和反応

①中和反応

酸と塩基が反応すると、酸のH^+と塩基のOH^-が反応して水になります。

$$H^+ + OH^- \longrightarrow H_2O$$

これにより酸の性質も塩基の性質も打ち消されます。これが**中和反応（中和）**です。

例えば、塩酸HClと水酸化ナトリウムNaOH水溶液の反応だと、化学反応式は

$$HCl + NaOH \longrightarrow NaCl + H_2O$$

と書けるね。ここから、反応前後で変化していないイオンを省略すると、

$$H^+ + OH^- \longrightarrow H_2O$$

になるね。これを**イオン反応式**というよ。

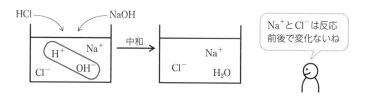

中和反応が起こっても Na^+ と Cl^- はくっつくわけじゃないのね。

そうなんだ。基本的にイオン結晶は水に溶けて電離するからね。沈殿するものは無機化学で暗記することになるよ。

②中和点における量的関係

酸と塩基が過不足なく反応する点を**中和点(終点)**といいます。

$$(1)\ H^+ + (1)\ OH^- \longrightarrow H_2O$$

イオン反応式の係数から、中和点における酸と塩基の量的関係は、

H^+ の物質量 mol＝OH^- の物質量 mol

となります。

H^+ と OH^- の mol をイコールで結ぶだけなら簡単ね。

そうだね。ただ、入試では、H^+ の mol や OH^- の mol をダイレクトに与えてくれないんだ…。

H^+ の物質量 mol や OH^- の物質量 mol は次のように表すことができます。

酸の物質量 mol× 価数 ＝ 塩基の物質量 mol× 価数

私、
　酸のモル濃度 mol/L× 体積 L× 価数
　　＝塩基のモル濃度 mol/L× 体積 L× 価数
で覚えているわ。これでもいいの?

「mol/L×L」の部分が「mol」になるから、結局、同じだよ。
入試では「mol/LとL」で与えてくることが多いね。ただ、
絶対に「mol/LとL」で与えてくるとは限らないよ。
「質量パーセント濃度%と密度 g/mL」や、気体の場合に
は「標準状態の体積 L」だったりするからね。

そっか。「与えられたデータは mol に変えて、価数を掛
ける!!」と思っておけば、どんな形で出題されても安心ね。

中和反応と電離度 α の関係

　酢酸 $CH_3COOH\,(\alpha=0.01)$ を 1mol 含む水溶液を水酸化ナトリウム NaOH 水
溶液 $(\alpha=1)$ で中和するときを考えてみましょう。

　このとき、NaOH は何 mol 必要でしょうか。

簡単!!　0.01mol 必要だわ。

僕は 1mol 必要だと思うな…。

　$CH_3COOHaq$ 中の H^+ は 0.01mol しか存在していませんから、$\alpha=1$ の NaOH
は 0.01mol でいいと思いませんか。

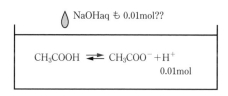

　しかし、実際は NaOH も 1mol 必要です。

たしかに、$CH_3COOHaq$ 中に存在する H^+ は 0.01mol ですが、中和反応により H^+ が減少すると、そのぶん CH_3COOH の電離が起こるのです。

平衡で考えると、H^+ が減少すると、H^+ 生成方向すなわち電離が進む方向に平衡が移動する（➡ 第 10 章 § 2）のです。

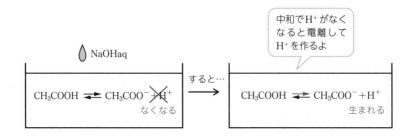

中和と同時に CH_3COOH の電離が進行し、最終的に 1mol 全ての CH_3COOH が反応するため、NaOH は 1mol 必要です。

よって、**中和反応では、酸や塩基の電離度 α は考える必要がありません。**

以上より、中和反応において次のことがいえます。

　　強酸 SA・強塩基 SB　⇒　中和のみが起こる

　　　　　　　　　　　　　（中和反応前に全てが電離している）。

　　弱酸 WA・弱塩基 WB　⇒　中和と電離が同時進行で起こる。

📖 ポイント

中和反応における量的関係

　　$H^+ + OH^- \longrightarrow H_2O$

中和点では

　　H^+ の物質量 mol ＝ OH^- の物質量 mol

すなわち

　　酸の物質量 mol × 価数 ＝ 塩基の物質量 mol × 価数

　注：中和反応のときには電離度 α は考えない

---

§4 塩

「酸から生じる陰イオン」と「塩基から生じる陽イオン」からなるイオン結合の物質が**塩**です。

$$H^+X^- + Y^+OH^- \longrightarrow H_2O + Y^+X^-$$

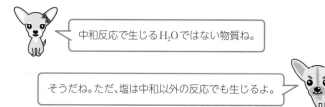

中和反応で生じるH_2Oではない物質ね。

そうだね。ただ、塩は中和以外の反応でも生じるよ。

①分類

塩は次の三つに分類します。

例

酸性塩	酸のHが残っている塩	$NaHCO_3$
塩基性塩	塩基のOHが残っている塩	$CuCl(OH)$
正塩	HもOHも残っていない塩	NH_4Cl

例えば、酸性塩の$NaHCO_3$は水に溶けて塩基性（➡②）を示します。

このように、**分類と液性とは一切関係ない**ことに注意しましょう。

NH_4ClはHがあるから、酸性塩じゃないの？

イオンにわけると、NH_4^+とCl^-だね。H^+があるわけではないんだ。だから酸のHが残っているとはいえないね。

なるほど。H^+になり得るHをもつのが酸性塩なのね。

②液性

「水に溶けて何性を示すか」が液性です。

塩の液性は「どんな酸とどんな塩基から生じた塩か」で判断します。

$$H^+X^- + Y^+OH^- \longrightarrow H_2O + Y^+X^-$$

の反応で生じる塩YXについて確認しましょう。

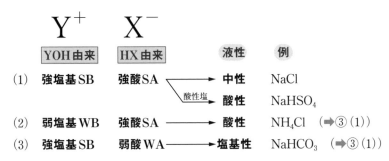

	Y$^+$ YOH 由来	X$^-$ HX 由来	液性	例
(1)	強塩基 SB	強酸 SA	中性	NaCl
		(酸性塩)	酸性	NaHSO$_4$
(2)	弱塩基 WB	強酸 SA	酸性	NH$_4$Cl （➡③(1)）
(3)	強塩基 SB	弱酸 WA	塩基性	NaHCO$_3$ （➡③(1)）

例外 NaHSO$_3$・NaH$_2$PO$_4$ ⇒ **酸性**

強塩基SBと弱酸WAからなる塩ですが、塩基性にはなりません。（➡
③(1)の参考）

SAとSBからなる塩の液性はとても納得できるわ。
NaClはH$^+$もOH$^-$も出せないから中性、NaHSO$_4$は
H$^+$を出せるから酸性よね。
なのに、NaHCO$_3$はH$^+$が出せるのに塩基性？　NH$_4$Cl
はH$^+$もOH$^-$も出せないのに酸性？　納得できないわ。

そうだね。見た目と液性が全く違うね。
それは、「加水分解」という反応が起こるからなんだ。
入試でもよく出るからこの後確認していこう。

🖙 ポイント

塩の液性

強塩基SBと強酸SAから生じる正塩　　⇒　中性

強塩基SBと強酸SAから生じる酸性塩　⇒　酸性

弱塩基WBと強酸SAから生じる塩　　　⇒　酸性

強塩基SBと弱酸WAから生じる塩　　　⇒　塩基性

③塩の反応

　塩が起こす反応はいくつかありますが、ここで確認する2つの反応の原動力は同じです。

　そして、これらの反応を起こす塩（YXとします）は、**弱酸WA由来もしくは弱塩基WB由来の塩**です。

> 塩は基本的に、水中で電離しているから、WA由来もしく
> はWB由来のイオンが起こす反応と考えることができるよ。

　弱酸WA・弱塩基WBは電離度αが1に比べて非常に小さく、電離しにくい物質です。

　電離しにくい組合せが出会うとくっつきます。

　すなわち、電離の逆反応が進行するのです。

|弱酸WA由来| 弱酸WA由来のイオンX⁻はH⁺と出会うとくっつきます。

$$X^- + H^+ \longrightarrow HX$$

> 電離の逆

H^+ の提供者が水 (H_2O) ⇒	(1) 加水分解反応
H^+ の提供者が強酸SA ⇒	(2) 弱酸遊離反応

WB由来のイオンY^+はOH^-と出会うとくっつきます。

$$Y^+ + OH^- \longrightarrow YOH$$

電離の逆

OH^- の提供者が水 (H_2O) $\Rightarrow$	(1) 加水分解反応
OH^- の提供者が強塩基SB $\Rightarrow$	(2) 弱塩基遊離反応

(1) 加水分解反応

塩 (YX) は、基本的に水中で電離しています。

$$YX \longrightarrow Y^+ + X^-$$

$$\underline{X^-} + H_2O \rightleftarrows \underline{HX} + \underline{OH^-}$$
$$(H^+ OH^-)$$

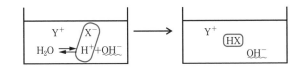

これにより、**水酸化物イオンOH^-を生じるため、弱酸WA由来の塩は水に溶けて塩基性**を示します。

例 酢酸ナトリウムCH_3COONa水溶液 $\Rightarrow$ **塩基性**

CH_3COONaは水中で次のように電離しています。

$$CH_3COONa \longrightarrow CH_3COO^- + Na^+$$

酢酸イオンCH_3COO^-は弱酸WA由来のイオンであり、加水分解反応を起こします。

$$CH_3COO^- + H_2O \rightleftarrows CH_3COOH + OH^-$$

これにより水酸化物イオンOH^-を生じるため、塩基性を示します。

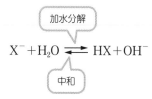

加水分解反応は可逆反応なの？

そうなんだよ。H_2Oはほとんど電離していないから、H^+が少ないよね。
だから加水分解反応は少ししか進まないんだ。加水分解の逆反応は中和だから、逆反応の方が起こりやすいんだよ。

加水分解

$$X^- + H_2O \rightleftarrows HX + OH^-$$

中和

Y^+ が弱塩基 WB 由来のとき

$$Y^+ + H_2O \rightleftarrows YOH + H^+$$
$$(\underset{H^+OH^-}{})$$

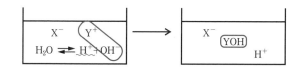

これにより、**水素イオンH^+を生じるため、弱塩基WB由来の塩は水に溶けて酸性**を示します。

例 塩化アンモニウム NH_4Cl 水溶液 ⇒ **酸性**

NH_4Cl は水中で次のように電離しています。

$$NH_4Cl \longrightarrow NH_4^+ + Cl^-$$

アンモニウムイオンNH_4^+は弱塩基WB由来のイオンであり、加水分解反応を起こします。

$$NH_4^+ + H_2O \rightleftarrows NH_3 + \underline{H_3O^+} \ \ まとめる$$
$$(NH_4^+ + H_2O \rightleftarrows NH_3 + \underline{H_2O + H^+})$$

これによりオキソニウムイオン H_3O^+ を生じるため、酸性を示します。

なるほど。これで、塩の液性に納得できたわ。
ただ、液性の判断には $NaHSO_3$・NaH_2PO_4 が酸性になる例外があったわね。

そうだったね。その理由をみてみよう。

参考

亜硫酸水素ナトリウム $NaHSO_3$・リン酸二水素ナトリウム NaH_2PO_4 の液性

$NaHSO_3$・NaH_2PO_4 は共に、弱酸WAと強塩基SBからなる塩なので、判断法に基づくと、塩基性になります。

しかし、実際は酸性を示します。

例 $NaHSO_3$

$NaHSO_3$ は次のように電離します。

$$NaHSO_3 \longrightarrow Na^+ + HSO_3^-$$

そして、亜硫酸水素イオン HSO_3^- には次のような反応が起こると考えられます。

加水分解反応

$$HSO_3^- + H_2O \rightleftharpoons \underset{(H_2SO_3)}{H_2O + SO_2} + OH^-$$

HSO_3^- は弱酸WA由来のイオンであるため、加水分解反応が進行します。

加水分解反応の平衡定数を加水分解定数 K_h といい（➡第10章§3）、K_h が大きいほど、加水分解反応が進行しやすいという意味になります。

酸の電離

$$HSO_3^- \rightleftharpoons H^+ + SO_3^{2-}$$

電離の平衡定数を電離定数 K_a といいます（➡第10章§3）。

K_a が大きいほど、電離が進行しやすいという意味になります。

以上2つの反応が考えられます。

それぞれの反応の平衡定数（K_h・K_a）を比較すると、

$$K_a > K_h$$

であるため、加水分解反応より電離が進行しやすく、酸性を示すのです。

亜硫酸水素カリウム $KHSO_3$・リン酸二水素カリウム KH_2PO_4 の液性でも同じです。

....

(2) 弱酸WA遊離反応・弱塩基WB遊離反応

弱酸WA由来の塩

$$\underline{Y^+X^-} + \underline{H^+A^-} \longrightarrow \underline{HX} + \underline{Y^+A^-}$$
$$\text{強酸SA} \qquad \text{弱酸WA}$$

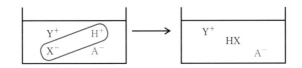

反応前後で変化していないイオンを省略して、イオン反応式にしてみると、

$$\underline{X^- + H^+} \longrightarrow \underline{HX}$$

となり、弱酸WAの電離の逆反応が進行しているとわかります。

例 酢酸ナトリウム CH_3COONa 水溶液 ＋ 塩酸 HCl

$$\underline{CH_3COONa} + \underline{HCl} \longrightarrow \underline{CH_3COOH} + NaCl$$

そうなんだよ。反応は相手がSAだからね。H$^+$がたくさんあるから、不可逆で進んでいくよ。

弱塩基WB由来の塩

$$\underset{}{Y^+X^-} + \underset{\text{強塩基SB}}{B^+OH^-} \longrightarrow \underset{\text{弱塩基WB}}{YOH} + B^+X^-$$

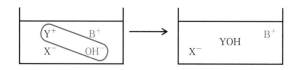

反応前後で変化していないイオンを省略して、イオン反応式にしてみると、

$$Y^+ + OH^- \longrightarrow YOH$$

となり、弱塩基WBの電離の逆反応が進行しているとわかります。

例 塩化アンモニウム NH_4Cl 水溶液 ＋ 水酸化ナトリウム $NaOH$ 水溶液

$$NH_4Cl + NaOH \longrightarrow NH_3 + H_2O + NaCl$$

これはアンモニアの電離 $NH_3 + H_2O \longrightarrow NH_4{}^+ + OH^-$ の逆反応だね。

ポイント

弱酸 WA 由来の塩 YX が起こす反応

$$X^- + H^+ \longrightarrow HX$$

H^+ を水 H_2O が提供 $\Rightarrow$ 加水分解反応

$$X^- + H_2O \rightleftarrows HX + OH^-$$

H^+ を強酸 SA が提供 $\Rightarrow$ 弱酸遊離反応

$$Y^+X^- + H^+A^- \longrightarrow HX + Y^+A^-$$

§5 中和滴定

　濃度が正確に分かっている水溶液(**標準液**)で、濃度未知の酸や塩基の水溶液を中和し、中和点での量的関係を利用して未知の濃度を決定する操作を**中和滴定**といいます。

①実験器具

メスフラスコ	ホールピペット	ビュレット	コニカルビーカー
溶液を調整	正確な体積をはかりとる	溶液を滴下する	酸と塩基を反応させる

　いずれも、使用する前に純水で洗います。

　その後、

　　純水で濡れたまま使用 ⇒ メスフラスコ・コニカルビーカー

　　共洗いして使用 ⇒ ホールピペット・ビュレット

となります。

共洗いって何？

使用する水溶液ですすいでから使用する操作だよ。
例えば、ビュレットにNaOHaqを入れる場合、
NaOHaqで一旦すすいだ後、NaOHaqを入れるんだ。

何のために必要なの？

その器具に水滴がついていたらダメな場合に必要な操
作だよ。今から入れる溶液で水滴を洗い流してるんだ。

実験器具を「純水で濡れたまま使用」あるいは「共洗い」する理由

メスフラスコ

　最終的に純水を加えるため、最初から純水で濡れていても問題ありません。

コニカルビーカー

　純水で濡れていても、はかり取った溶質の物質量は不変です。

ホールピペット

　純水で濡れていたら、入れる溶液が希釈され、濃度がわからなくなります。
それにより、体積が正確がわかっても、物質量を計算することができません。

ビュレット

　純水で濡れていたら、入れる溶液が希釈され、濃度がわからなくなります。
よって滴下した体積を読み取っても、滴下した物質量を計算することができ
ません。

コニカルビーカーって純水で濡れていてもいいの？
溶液の濃度がわからなくなるわよね？

たしかに、濃度はわからなくなるよ。でも、物質量がわかっているから問題ないよ。
コニカルビーカーに入れる前に、ホールピペットで正確な体積（物質量）をはかりとっているんだよ。
だからコニカルビーカーに水滴があっても溶質の物質量は変化しないよ。

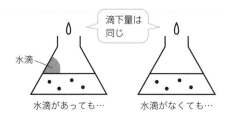

滴下量は同じ

水滴

水滴があっても…　　水滴がなくても…

溶質のmolは不変

➡ 滴下する相手のmolも不変

ポイント

中和滴定に使用する器具
　　純水で濡れたまま使用　⇒　メスフラスコ・コニカルビーカー
　　共洗いして使用　⇒　ホールピペット・ビュレット

②操作

(1) 標準液の調整

濃度が変化しにくい、安定した溶液を標準液にします。

中和滴定の代表的な標準液は、シュウ酸水溶液$H_2C_2O_4$aq です。

それでは、0.050mol/Lの$H_2C_2O_4$aq 1Lを調整してみましょう。

操作1） 必要なシュウ酸二水和物$H_2C_2O_4 \cdot 2H_2O$（分子量126）の結晶を電子天秤ではかり取ります。

$$0.050 \times 1 \times 126 = 6.30 \text{ (g)}$$
(mol/L)　(L)　(g/mol)

操作2) はかり取った結晶をビーカーに入れ、純水を加えて溶かします。

操作3) 操作2の水溶液を1Lのメスフラスコに入れ、ガラス棒とビーカーを純水ですすぎ、その液もメスフラスコに入れる。

操作4) 純水を標線まで加え、全体の体積を正確に1Lにします。

操作5) 栓をしてよく振り混ぜます。

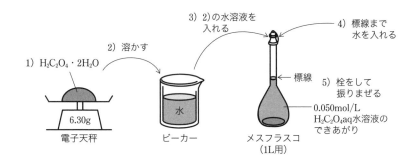

 操作2で結晶をビーカーに入れて溶かしてるけど、何か意味はあるのかしら。
メスフラスコに直接結晶を入れて、水を加えて溶かしたらダメなの?

まず、メスフラスコは体積が正確に設定されているから、加熱乾燥のように熱を加えることは絶対NGなんだ。
ガラスが膨張して、体積が変化してしまうからね。
そして、物質が溶媒に溶けるときには溶解熱が出入りするんだ。
この熱でメスフラスコの体積が変化したらいけないよね。
だから、ビーカーで溶解熱を出し切ってからメスフラスコに入れるんだよ

(2) 滴定

濃度未知の水酸化ナトリウム水溶液NaOHaq と0.050mol/L シュウ酸標準液 $H_2C_2O_4$aq の中和滴定で確認してみましょう。

操作1) メスフラスコを使って調整した 0.050mol/L の $H_2C_2O_4\text{aq}$ を、ホールピペットで正確に 10.00mL はかり取り、コニカルビーカーに入れます。その後、フェノールフタレイン指示薬（➡次ページ）を加えます。

ビュレット
濃度不明のNaOHaq

0.050mol/L
$H_2C_2O_4\text{aq}$

コニカルビーカー

操作2) 濃度未知の NaOHaq をビュレットに入れ、コニカルビーカーに滴下し、中和点までの滴下量を読み取ります（5.00mL とする）。

操作3) 操作2の結果を利用し、中和点での量的関係から NaOHaq の濃度（$x\,\text{mol/L}$）を計算します。

$$0.050 \times \frac{10.00}{1000} \times 2 = x \times \frac{5.00}{1000} \times 1 \qquad \underline{x = 0.200\text{mol/L}}$$

ビュレットの目盛りの読み取り方

ビュレットの<u>目盛りの10分の1まで目分量で読み取ります</u>。
<u>実験開始時の目盛りは0でなくても構いません</u>。
開始点と終点の目盛りの差が滴下量になります。

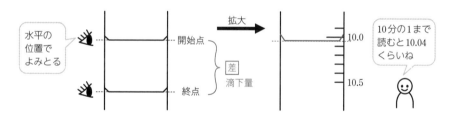

水平の
位置で
よみとる

開始点

終点

拡大

差
滴下量

10.0

10.5

10分の1まで
読むと10.04
くらいね

中和点の判断法

中和点では<u>pHが激変</u>します。それを利用して中和点を判断します。

---

pH測定

pHメーターを使って溶液のpHを測定し、pHが激変する点を確認します。測定したpHをグラフにしたものが**滴定曲線**です。

pH指示薬

pHが変化すると色が変化するものを**pH指示薬**(または**指示薬**)といいます。

変色域(指示薬の色が変わるpHの範囲)がpHjump(下参照)に入っている指示薬を滴定に使用します。

例 コニカルビーカーに酸の水溶液をとり、ビュレットから塩基の水溶液を滴下する中和滴定の滴定曲線

(1) 強酸SA＋強塩基SB

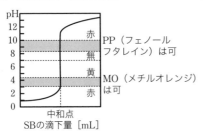

MO、PPともにpHjumpの中に変色域が入っているため、使用可

(2) 弱酸WA＋強塩基SB

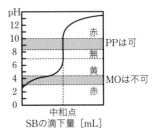

PPのみpHjumpの中に変色域が入っているため、使用可。MOは不可

(3) 強酸SA＋弱塩基WB

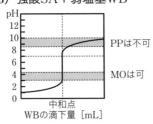

MOのみpHjumpの中に変色域が入っているため、使用可。PPは不可

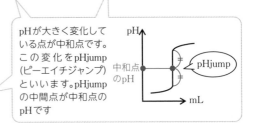

pHが大きく変化している点が中和点です。この変化をpHjump(ピーエイチジャンプ)といいます。pHjumpの中間点が中和点のpHです

中和点のpH（pHjumpの中間点）は

　強酸SA＋強塩基SB（➡滴定曲線(1)）

　　⇒　pH＝7

　弱酸WA＋強塩基SB（➡滴定曲線(2)）

　　⇒　pH＞7　（塩の加水分解が起こるため）

　強酸SA＋弱塩基WB（➡滴定曲線(3)）

　　⇒　pH＜7　（塩の加水分解が起こるため）

となります。

　また、入試問題で滴定曲線を与えられたときには、次の点のデータを確認しましょう。

（ⅰ）実験開始点のpH

　強酸SA使用　➡　pH約1～2

　　（⇒滴定曲線(1)(3)）

　弱酸WA使用　➡　pH約3

　　（⇒滴定曲線(2)）

（ⅱ）中和点での塩基滴下量

（ⅲ）中和点のpH

（ⅳ）最終的なpH（中和点を超えても塩基を加え続けた

　　ときのpH）

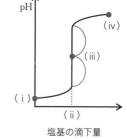

塩基の滴下量

とくに（ⅰ）・（ⅱ）は計算問題でよく使用するデータです。

///////////////////

📖 ポイント

　中和滴定

　　「標準液の調整」「滴定」の操作と注意点をしっかりと押さえて

　　おこう。

　滴定曲線

　　「滴定開始前のpH」「中和点までの滴下量」「中和点のpH」「最

　　終的なpH」に注目しよう。

§6 逆滴定・二段滴定

①逆滴定：気体使用の滴定

酸や塩基が気体のときに行う操作が逆滴定です。

使用する酸または塩基が2種類になるのが特徴です。

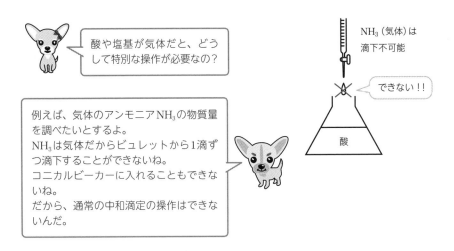

気体のアンモニア NH_3 の物質量 mol を測定するときには、

操作1) NH_3 を過剰な酸の水溶液（例えば希硫酸 H_2SO_4 aq）に吸収させる。

操作2) 余った酸の水溶液を塩基の水溶液（例えば水酸化ナトリウム水溶液 NaOHaq）で中和する。

という流れになります。

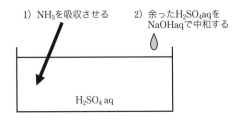

　通常の中和滴定と同様に中和点では「H$^+$のmol＝OH$^-$のmol」が成立するため、

NH$_3$のmol×価数 ＋NaOHのmol×価数 ＝H$_2$SO$_4$のmol×価数

という式を立てることになります。

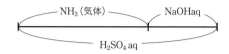

　また、中和点では硫酸アンモニウム（NH$_4$）$_2$SO$_4$と硫酸ナトリウムNa$_2$SO$_4$の混合溶液になっています。

　それぞれの塩の液性は、

　　（NH$_4$）$_2$SO$_4$　⇒　強酸SAと弱塩基WBからなる塩であるため、加水分解により<u>酸性</u>

　　Na$_2$SO$_4$　⇒　強酸SAと強塩基SBからなる塩であるため、<u>中性</u>

であるため、<u>中和点の水溶液は酸性</u>となり、指示薬は酸性変色域のメチルオレンジ（MO）が適切です。

H$_2$SO$_4$aqにNH$_3$を吸収させた後、ビーカーの中は（NH$_4$）$_2$SO$_4$とH$_2$SO$_4$の混合溶液になってるわよね？
そこにNaOHaqを滴下すると、（NH$_4$）$_2$SO$_4$とNaOHaqで弱塩基遊離反応が起こるんじゃないかしら？

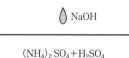

NaOH

（NH$_4$）$_2$SO$_4$＋H$_2$SO$_4$

（NH$_4$）$_2$SO$_4$とNaOHが反応する？

すごいね。よく気付いたね。その通りだよ。弱塩基遊離反応が起こる組合せだ。
でも、これは塩基性域で起こるんだ。だから、メチルオレンジ指示薬では検出できないんだよ。弱塩基遊離反応を検出しないためのメチルオレンジ指示薬と考えることもできるね。

//////////////////////////

🔖 ポイント

逆滴定：気体を使用する滴定の操作

　　　　　使用する酸または塩基が2種類になる

気体の NH_3 の mol を定量する場合

　NH_3 の mol × 価数 ＋ NaOH の mol × 価数 ＝ H_2SO_4 の mol × 価数

②二段階中和（二段滴定）

炭酸ナトリウム Na_2CO_3

　炭酸ナトリウム Na_2CO_3（x mol）の水溶液は加水分解反応（➡ §4③(1)）により塩基性を示します。

　これに塩酸 HClaq を滴下すると、弱酸遊離反応（➡ §4③(2)）が二段階で進行します。

一段目　$Na_2CO_3 + HCl \longrightarrow NaHCO_3 + NaCl$
　　　　　x mol 反応　x mol 反応　　　x mol 生成

二段目　$NaHCO_3 + HCl \longrightarrow H_2O + CO_2 + NaCl$
　　　　　x mol 反応　x mol 反応

一段目の終点：$\underline{NaHCO_3\text{の加水分解により塩基性}}$
　　　　　　　⇒　フェノールフタレイン（PP）指示薬で判定
二段目の終点：$\underline{\text{炭酸}(H_2O + CO_2)\text{の生成により酸性}}$
　　　　　　　⇒　メチルオレンジ（MO）指示薬で判定

　上の反応式より、一段目も二段目も、反応する HClaq は x mol で等しいことがわかります。

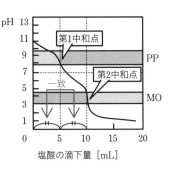

　　　　　　　　　　　　　　　　塩酸の滴下量 [mL]

水酸化ナトリウム NaOH ＋ 炭酸ナトリウム Na₂CO₃

水酸化ナトリウム NaOH（x mol）と炭酸ナトリウム Na₂CO₃（y mol）の混合物に塩酸 HCl を滴下すると、次の (1) ～ (3) 式の反応が順に起こっていきます。

一段目

$$NaOH + HCl \longrightarrow NaCl + H_2O \quad \cdots \quad (1)$$
_{x mol 反応　　x mol 反応}

$$Na_2CO_3 + HCl \longrightarrow NaHCO_3 + NaCl \quad \cdots \quad (2)$$
_{y mol 反応　　　y mol 反応　　　　　y mol 生成}

二段目　$$NaHCO_3 + HCl \longrightarrow H_2O + CO_2 + NaCl \quad \cdots \quad (3)$$
_{y mol 反応　　　y mol 反応}

（これらの反応式は入試問題でよく問われます!!　書けるようになっておこう!!）

(1) 式と (2) 式は共に塩基性域で反応が同時進行するため、区別することができません。

よって、(1) 式と (2) 式の二つの反応が事実上の一段目となります。

一段目の終点：NaHCO₃ の加水分解により塩基性
　　　　　　　⇒　フェノールフタレイン（PP）指示薬で判定

二段目の終点：炭酸（H₂O＋CO₂）の生成により酸性
　　　　　　　⇒　メチルオレンジ（MO）指示薬で判定

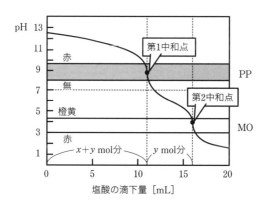

NaOHとNa$_2$CO$_3$の混合物をHClaqで滴定する問題ってよく見るわ。
なんでNaOHとNa$_2$CO$_3$の混合物なの？

NaOHを電子天秤で10.00gを秤量しても、NaOH
の正しい質量ではないんだ。なんでだと思う？

NaOHは潮解性があるからでしょ？
空気中の水分を吸い取ってしまうから、
10.00gにはH$_2$Oの質量が含まれるのよね。

そうだね。もう一つ、NaOHが空気中のCO$_2$と反応してNa$_2$CO$_3$
に変化してしまうんだ。
だから10.00gはNaOHとH$_2$OとNa$_2$CO$_3$の合計質量になるんだ。
そこで「10.00g中にNaOHとNa$_2$CO$_3$がそれぞれ何gずつ含まれ
ているのか」を調べるための実験なんだよ。
ワルダー法っていうんだ。だからNaOHとNa$_2$CO$_3$の混合物で
よく出題されるんだよ。

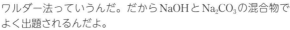

$$10.00g = (NaOH + H_2O + Na_2CO_3)\ g$$

問題を解くときのポイントは、

(2)式で滴下するHClaqの量　＝　(3)式で滴下するHClaqの量

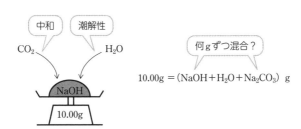

共に y mol分

であることを利用して、**一段目で滴下したHClaqの量を「NaOHと反応した量」と「Na₂CO₃と反応した量」にわける**ことです。

　例えば、問題文中に

「第1中和点までに塩酸20mL、第2中和点までに塩酸5mL」と与えられたとしましょう。

　第2中和点までの5mLは(3)式で反応したHClaqの量で、これは(2)式で反応したHClaqの量と一致します。

　よって、第1中和点までに滴下したHClaq 20mLのうち、

　　Na₂CO₃と反応した量　⇒　5mL　　（第2中和点までの滴下量と一致）

　　NaOHと反応した量　⇒　20−5＝15mL

となります。

　あとは、

　　HClaq 15mLぶんのmol　＝　NaOHのmol

　　HClaq 5mLぶんのmol　＝　Na₂CO₃のmol

の関係から、NaOHとNa₂CO₃のmolを導きます。

> 今まで二段滴定苦手だったんだけど、実はとても簡単なんじゃない？

> そうだよ。とてもシンプルな式になるんだ。
> 上の例のように、「HClaq 15mLぶんがNaOHと反応」「HClaq 5mLぶんがNa₂CO₃と反応」とするよ。
> 使用したHClaqが0.1mol/Lなら、
>
> NaOH $0.1 \times \dfrac{15}{1000} = 1.5 \times 10^{-3}$ mol
>
> Na₂CO₃ $0.1 \times \dfrac{5}{1000} = 5.0 \times 10^{-4}$ mol
>
> と決まるよ。

係数が全て1だから、こんなにシンプルに答えが出るのね。今度二段滴定の問題を見たら絶対解けるわ。

そうだね。20mLを15mLと5mLに分けることができるかどうかがポイントだからね。

ポイント

二段階中和（二段滴定）：

Na_2CO_3aq を $HClaq$ で滴定

⇒　一段目と二段目の滴下量が一致！

$(NaOH＋Na_2CO_3)aq$ を $HClaq$ で滴定

⇒　一段目の滴下量を「NaOHと反応した量」と「Na_2CO_3 と反応した量」に分ける！

⇒　化学反応式が書けるようになっておこう！

1 次の文章を読み、下の問いに答えよ。ただし、物質のモル濃度は $[H_2O]$ のように表すものとし、水の密度を $1.00g/cm^3$ とする。必要ならば、次の数値を用いること。

$\log_{10}3=0.48$、$\log_{10}2=0.30$

水は電離して、(1) 式のような平衡を保つ。この式を反応エンタルピーを付した反応式で表すと (2) 式になる。この反応の電離定数 K は温度により定まる定数である。水の電離はごくわずかなので、$[H_2O]$ の値は、ほとんど一定とみなしてよい。したがって、水のイオン積 K_w と電離定数 K は (3) 式で関係づけられる。

$$H_2O \rightleftharpoons H^+ + OH^- \qquad\qquad (1)$$

$$H_2O \longrightarrow H^+ + OH^- \quad \Delta H = 56kJ \qquad (2)$$

$$K_w = K[H_2O] = \boxed{(\mathcal{P})} \qquad\qquad (3)$$

水のイオン積 K_w の値は、純水以外の中性の水溶液でも、また酸や塩基の水溶液でも、温度が変わらなければ、常に一定に保たれる。

表 水のイオン積 K_w

温度(℃)	K_w ($\boxed{(\text{イ})}$)
20	0.68×10^{-14}
25	1.0×10^{-14}
30	1.5×10^{-14}

問1 下線部の水の電離定数 K を表す式を、物質のモル濃度を使って記せ。

問2 文章中の $\boxed{(\mathcal{P})}$ に入る適切な数式を記せ。また、$\boxed{(\text{イ})}$ に入る適切な単位を記せ。

問3 (2) 式にもとづいて、表における水のイオン積の温度による変化を簡潔に説明せよ。

問4 ある温度における水のイオン積が 1.44×10^{-14} $\boxed{(\text{イ})}$ のとき、純水の水素イオン濃度を求め、有効数字2桁で答えよ。

問5 25℃の純水中では、水分子は何個につき1個電離しているか。有効数字2桁で答えよ。

問6 塩化水素は水溶液中で完全に電離するとして、次の問いに答えよ。ただし、水溶液の温度は25℃に保つものとする。有効数字2桁で答えよ。

(1) pH4.0の塩酸を純水で5.0倍に希釈して得られる水溶液のpHを求めよ。

(2) pH4.0の塩酸を純水で希釈して、pH5.4の塩酸を調製するには、もとの塩酸を何倍に希釈しなければならないか。

問7 5.0×10^{-5}mol/Lの塩酸20mLに1.00×10^{-4}mol/Lの水酸化ナトリウム水溶液20mLを加えて得られる水溶液の水素イオン濃度とpHの値を求めよ。ただし、水溶液の温度は25℃とし、塩化水素と水酸化ナトリウムは水溶液中で完全に電離するものとする。有効数字2桁で答えよ。

（2014 静岡大 2）

2 次の文を読み、下記の設問1〜4に答えよ。

　食酢中の酢酸の濃度を求めるために、以下の実験イ〜ニを行った。ただし、食酢中の酸は酢酸のみとする。

［実験］

イ．シュウ酸二水和物 $(COOH)_2 \cdot 2H_2O$ の結晶1.2600gを水に溶かし、①<u>メスフラスコ</u>を用いてシュウ酸水溶液100mLをつくった。

ロ．このシュウ酸水溶液10.00mLを②<u>ホールピペット</u>でとり、③<u>コニカルビーカー</u>に入れ、そこに指示薬Aを加えた。用意してあった水酸化ナトリウム水溶液を④<u>ビュレット</u>から滴下したところ、20.00mL加えたとき指示薬が変色した。

ハ．食酢10.00mLをホールピペットでとり、100mLのメスフラスコを用いて水で10倍に希釈した。

ニ．この希釈液10.00mLをホールピペットでとり、コニカルビーカーに入れた。そこに指示薬Aを加え、実験ロで濃度を決定した水酸化ナトリウム水溶液をビュレットから滴下したところ、8.00mL加えたとき指示薬が変色した。

1. 文中の指示薬Aとしてもっとも適当な指示薬名を記せ。

2. この実験において用いた文中の下線部①〜④の実験器具のうち、純水で洗浄した後、純水でぬれたままで使用できるものをすべて選び、①〜④の番号で記せ。

3. 用意してあった水酸化ナトリウム水溶液のモル濃度 [mol/L] を求め、その値を有効数字3桁で記せ。

4. 希釈前の食酢中に含まれる酢酸のモル濃度 [mol/L] を求め、その値を有効数字3桁で記せ。

（2015 立教大 2）

3 次の文章を読み、問いに答えよ。

　塩化アンモニウムと水酸化カルシウムを混合、加熱して、アンモニアを発生させた。この発生したアンモニアを0.500mol/Lの硫酸水溶液100mLに完全に吸収させ、0.500mol/Lの水酸化ナトリウム水溶液で滴定した。ただし、発生する気体はアンモニアのみであるとする。

問1　滴定において中和に要した水酸化ナトリウム水溶液の体積は100mLであった。発生したアンモニアの体積は標準状態で何Lかを求め、有効数字3桁で記せ。

問2　この実験における指示薬として最も適切なものを以下の中から選び、その記号を記せ。

　　a メチルオレンジ　b ブロモチモールブルー　c フェノールフタレイン

（2012 岡山大 2 問3・6）

4 次の文章を読んで、問〔1〕〜〔3〕に答えよ。

　炭酸ナトリウム水溶液に希塩酸を加えていくときの反応について考えてみる。炭酸ナトリウムは二価の弱酸の塩であり、水によく溶け、その水溶液は次のイオン反応式①〜③のように二段階の加水分解によって塩基性を示す。

$$Na_2CO_3 \longrightarrow 2\boxed{（ア）} + \boxed{（イ）} : 式①$$
$$\boxed{（イ）} + H_2O \rightleftharpoons \boxed{（ウ）} + \boxed{（エ）} : 式②$$
$$\boxed{（ウ）} + H_2O \rightleftharpoons \boxed{（エ）} + \boxed{（オ）} : 式③$$

　ここで式②の平衡における電離定数に比べ式③の平衡における電離定数は極めて小さい。そのため、炭酸ナトリウム水溶液に希塩酸を加えていくと化学反応式④・⑤のように二段階で中和反応が進行することとなり、式④の反応が完全に終わった後、式⑤の反応が始まることになる。

$$Na_2CO_3 + HCl \longrightarrow \boxed{（カ）} + \boxed{（キ）} : 式④$$
$$\boxed{（カ）} + HCl \longrightarrow \boxed{（キ）} + \boxed{（ク）} + H_2O : 式⑤$$

　水酸化ナトリウムを大気中に放置すると、水や二酸化炭素を吸収して純度が低下する。そのようになってしまった「純度が低い水酸化ナトリウム」（以下、試料Xとする）にどれだけ炭酸ナトリウムが含まれているのかを、上記の反応を参考にして以下の手順によって調べてみた。ただし、滴定中は空気中の水分や二酸化炭素の影響がないものとし、Xには水酸化ナトリ

ウム、炭酸ナトリウム、水のみが含まれているとする。

　Xを6.15gはかりとって純水に溶かし、500mLの水溶液とした。(a)この水溶液20.0mLを、指示薬としてフェノールフタレインを用いて0.200mol/Lの希塩酸で滴定したところ、過不足なく中和するのに19.8mLを要した。この時点で、式⑥および④の反応は完了しているが、式⑤の反応は起きていない。

$$\boxed{（ケ）} + HCl \longrightarrow \boxed{（キ）} + H_2O ： 式⑥$$

　つぎに、(b)メチルオレンジを指示薬として用いて0.200mol/Lの希塩酸でさらに滴定を進めると式⑤の反応が起き、過不足なく中和するのに3.00mLを要した。

〔1〕　空欄（ア）～（エ）にあてはまるイオンを表す化学式と、空欄（オ）～（ケ）にあてはまる化学式を答えよ。

〔2〕　下線（a）と下線（b）の滴定におけるそれぞれの水溶液について、中和点前および後の色を、それぞれA～Eの記号で答えよ。

　　　　A 黄色　　　B 赤色　　　C 無色　　　D 青色　　　E 紫色

〔3〕　6.15gのXには、水酸化ナトリウム、炭酸ナトリウム、水がそれぞれ何g含まれていたかを計算せよ。なお答えは小数点以下2桁まで求めよ。

（2015 東京農工大 2 問 1・2・5）

（解答は P.379）

第**6**章 **酸化還元**

酸化還元反応は、物質から物質へ、電子 e⁻ が移動します。
しかし、化学反応式を見ても、移動する電子 e⁻ を確認する
ことはできません。
『見えない電子 e⁻』を見るためには、「化学の目で見る」す
なわち「化学の知識をもって対応する」しかありません。そ
のための知識を確認していきましょう。

第6章の
目標

➡ 酸化・還元の定義を徹底しよう。
➡ 酸化数の求め方をクリアしよう。
➡ 酸化剤・還元剤を覚えよう。
➡ 酸化還元反応式が書けるようになろう。

§1 酸化還元

①定義

	電子e⁻	酸素O原子	水素H原子	酸化数 (➡②)
酸化	失う	得る	失う	増加
還元	得る	失う	得る	減少

酸化とは「**電子e⁻ を失うこと**」、**還元**とは「**電子e⁻ を得ること**」です。

では、次のような図で確認してみましょう。

e⁻失った
『酸化された』

e⁻もらった
『還元された』

　左の物質はe⁻を失ったため「酸化された」、右の物質はe⁻を得たため「還元された」と表現します。

また、酸素O原子を得ると酸化、失うと還元、水素H原子を失うと酸化、得ると還元と表現することもあります。

しかし、O原子もH原子も存在しない化学変化はたくさんあります。よって、どんなときにでも成立する定義ではありません。

O原子やH原子が存在しない反応ってどんなものがあるの？

例えば、こんなのはどうかな。
$$Cu + Cl_2 \longrightarrow CuCl_2$$
この反応にはO原子もH原子も存在しないね。でも、酸化還元反応なんだよ。

じゃあ、どんなときにO原子やH原子で扱うの？

O原子やH原子で扱いやすいのが有機化学なんだ。「アルコールの酸化」などはO原子やH原子でとらえていくよ。

では、なぜ、

酸化 ＝e$^-$を失うこと ＝O原子を得ること ＝H原子を失うこと

が成立するのでしょうか。考えてみましょう。

鍵になるのは『電気陰性度χ（➡第3章§1②）』です。

『e$^-$を失うこと ＝O原子を得ること』が成立する理由

酸素O原子は電気陰性度χが大きい（フッ素Fに次いで第2位）ため、ある原子X（フッ素F以外）がO原子と結合すると、X原子はe$^-$をもっていかれた状態になります。

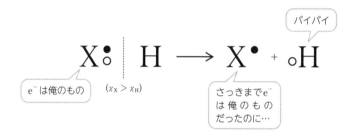

よって、X原子はO原子と結合する（O原子を得る）ことで、e^-を失ったことになりますね。

『e^- を失うこと ＝ H 原子を失うこと』が成立する理由

水素H原子は非金属の中では電気陰性度χが小さいため、ある原子XがH原子と結合すると、X原子がH原子のe^-を奪った状態になります。

そして、H原子が去るときには、自分のe^-を持っていくため、X原子から見ると、H原子を失うと同時にe^-を失ったことになります。

e^-とO原子、e^-とH原子の関係がよくわかったわ。酸化還元って、電気陰性度χと大きい関わりがあるのね。

そうなんだ。これを機会に、χの復習をしっかりしておこうね。

②酸化数

『見えない電子e^-』を見るための一つの手段が**酸化数**です。酸化数とは、実質的な電荷のことです。

　　　酸化　⇒　e^- を失う　⇒　正に帯電する

　　　還元　⇒　e^- を得る　⇒　負に帯電する

原子は失ったe^-の数だけ正に帯電し、得たe^-の数だけ負に帯電します。この電荷が酸化数なのです。

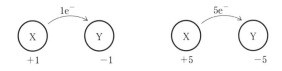

よって、**酸化されると酸化数は増加し、還元されると酸化数は減少します。**

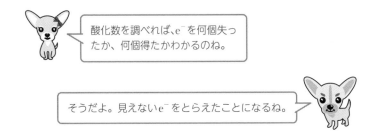

> 酸化数を調べれば、e^-を何個失ったか、何個得たかわかるのね。

> そうだよ。見えないe^-をとらえたことになるね。

酸化数の決め方

　電気陰性度xの大きい方へ電子e^-を帰属させることで、酸化数が決定します。

(1) 単体　⇒　酸化数＝0

　例 水素H_2

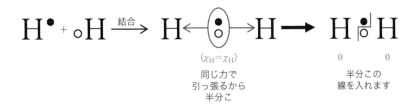

H原子同士が、同じ力で共有電子対を引っ張り合う（χが同じ）ため、共有電子対は2原子間の真ん中に存在し、原子はe^-を得ることも失うこともしていないと見なせます。

よって、**単体の酸化数は0**です。

(2)化合物　⇒　酸化数の総和＝0

例 塩化水素HCl

H原子とCl原子では、Cl原子の方が共有電子対を強く引きつける（$\chi_{Cl} > \chi_H$）ため、2原子間の共有電子対は、事実上、Cl原子のものとなります。

このように、e^-を失う原子がいれば、得る原子がいるため、化合物全体でe^-の総数は変化しません。

よって、**化合物は酸化数の総和が0**になります。

(3)イオン　⇒　酸化数の総和＝イオンの価数

酸化数は実質的な電荷を表す数値です。

化学式を見たらわかるように、イオンは全体で正や負の電荷を持っていて、それを表しているのがイオンの価数です。

よって、イオンを構成している原子の酸化数の総和がイオンの価数と一致します。

例 硫酸イオン SO_4^{2-}

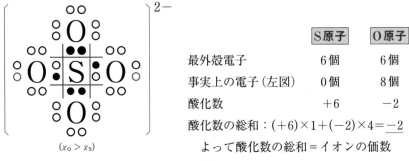

	S原子	O原子
最外殻電子	6個	6個
事実上の電子（左図）	0個	8個
酸化数	+6	−2

酸化数の総和：$(+6) \times 1 + (-2) \times 4 = \underline{-2}$

よって酸化数の総和＝イオンの価数

$(\chi_O > \chi_S)$

注：○は他の原子からもらった e^-（例：H_2SO_4 の H から）

(4) H原子 ⇒ +1（金属原子と結合しているときは −1）

   O原子 ⇒ −2（過酸化物のときは −1）

H原子 非金属の中では χ が小さく、基本的に e^- を1個持っていかれた状態になります。

よって酸化数は +1です。（➡ (2) の例 HCl 参照）

しかし、金属原子よりは χ が大きいため、金属原子と結合すると e^- を1個もらった状態になります。

例 水素化ナトリウム NaH

$$\text{Na} \mid \overset{\displaystyle\cdots}{\text{H}}$$

$\underset{+1}{\text{Na}} \quad \underset{-1}{\text{H}}$

$(\chi_{Na} < \chi_H)$

O原子 O原子は χ が大きく、基本的に e^- を2個もらった状態になります。

よって、基本的に酸化数は −2です。

例 水 H_2O

$\underset{+1}{\text{H}} \mid \underset{-2}{\text{O}} \mid \underset{+1}{\text{H}}$

$(\chi_H < \chi_O)$

しかし、過酸化物の場合には、O原子同士が結合しているため、共有電子対は半分こになるため、酸化数は -1 になります。

例 過酸化水素　H_2O_2

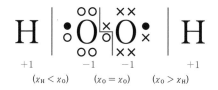

$$\underset{+1}{H} \underset{(\chi_H < \chi_O)}{\Big|} \quad \underset{-1}{:\overset{\circ\circ}{\underset{\circ\circ}{O}}} \underset{(\chi_O = \chi_O)}{\overset{\times\times}{\underset{\times\times}{O}}} \underset{-1}{:} \quad \underset{+1}{\Big|\ H} \quad (\chi_O > \chi_H)$$

じゃあ、O原子よりχの大きいフッ素F原子と結合したら、O原子の酸化数は＋になるの？

その通りだよ。F原子に e^- を持っていかれた状態になるからね。

例 二フッ化酸素　OF_2

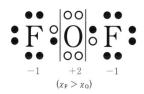

$$\underset{-1}{:\overset{\bullet\bullet}{\underset{\bullet\bullet}{F}}:} \underset{+2}{\overset{\circ\circ}{\underset{\circ\circ}{O}}} \underset{-1}{:\overset{\bullet\bullet}{\underset{\bullet\bullet}{F}}:} \quad (\chi_F > \chi_O)$$

(5) その他（アルカリ金属 ⇒ +1　　2族 ⇒ +2　　ハロゲン ⇒ −1）

アルカリ金属や2族はχが小さいため、基本的に e^- を結合相手に持っていかれた状態になり、酸化数はそれぞれ、+1、+2 となります。

反対に、ハロゲンはχが大きいため、酸化数は −1 になります。

例 塩化ナトリウム $NaCl$

$$\underset{+1}{Na} \Big| \underset{-1}{\overset{\circ}{\underset{\circ}{Cl}}} \quad (\chi_{Na} < \chi_{Cl})$$

化合物や多原子イオン中の特定の原子Xの酸化数を決定する方法

ⅰ）酸化数の決め方(4)に従い、H原子とO原子の酸化数を定めます。

ⅱ）酸化数の決め方(5)に従い、X原子以外の残りの原子の酸化数を定めます。

ⅲ）酸化数の決め方(2)(3)に従い、X原子の酸化数を定めます。

例 過マンガン酸カリウム $KMnO_4$ 中の Mn の酸化数を求める

$$\underset{\text{ⅱ}}{K} \quad \underset{\text{ⅲ}}{Mn} \quad \underset{\text{ⅰ}}{O_4}$$

$$+1 \qquad +x \qquad (-2) \times 4 \quad = 0 \qquad \underline{x = +7}$$

ポイント

酸化　e^- を失うこと・酸化数が増加

還元　e^- を得ること・酸化数が減少

酸化数の求め方

1. 単体　⇒　0

2. 化合物　⇒　酸化数の総和 = 0

3. イオン　⇒　酸化数の総和 = イオンの価数

※ H原子　⇒　+1（金属相手のとき−1）

　O原子　⇒　−2（過酸化物のとき−1）

　※を定めても目的の原子の酸化数が決まらないとき

　アルカリ金属 ⇒ +1　　2族 ⇒ +2　　ハロゲン ⇒ −1

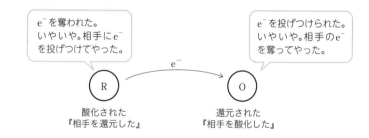

§2 酸化剤・還元剤

①酸化剤・還元剤

下図において、

> 左の物質R 電子e^-を失った ⇒ **酸化された**

> 右の物質O 電子e^-を得た ⇒ **還元された**

となりますが、見方を変えると、

> 左の物質R 相手に電子e^-を投げつけた ⇒ **相手を還元した**

> 右の物質O 相手の電子e^-を奪い取った ⇒ **相手を酸化した**

と表現できます。

e^-を奪われた。
いやいや。相手にe^-
を投げつけてやった。

e^-を投げつけられた。
いやいや。相手のe^-
を奪ってやった。

e^-

R   O

酸化された
『相手を還元した』

還元された
『相手を酸化した』

以上より、

> 左の物質R 相手を還元する物質 ⇒ **還元剤** (reducing agent 略してR)

> 右の物質O 相手を酸化する物質 ⇒ **酸化剤** (oxidizing agent 略してO)

となります。

「相手をどうするか」で名前が決まるのね。

そうだよ。同じように、相手を還元する力を還元
力、相手を酸化する力を酸化力っていうからね。

②代表的な酸化剤（O）・還元剤（R）

『見えない電子e^-』を相手にしていくため、e^-を放出しやすい物質（還元剤R）とe^-を受け取りやすい物質（酸化剤O）を、ある程度知っておく必要があります。

酸化剤Oになりやすい物質

(1) 非金属の単体

非金属は陰性元素です。e^-をもらって負に帯電する性質（陰性）をもっているため、酸化剤Oになります。

例 Cl_2、Sなど

(2) 酸化数の大きい原子を含む物質

酸化数が相対的に大きい原子は、事実上e^-を奪われた状態にあります。よって、相手（還元剤R）からe^-を奪います。

例 $\underset{+7}{K\underline{Mn}O_4}$、$\underset{+5}{H\underline{N}O_3}$

(3) 陽性が弱い金属イオン

金属は陽性元素です。e^-を放出して正に帯電する性質（陽性）をもっているため、基本的に陽イオンになります。

しかし、陽性が弱い金属イオンは、e^-を受け入れることがあるため、酸化剤Oとして働きます。

例 Cu^{2+}、Ag^+など

Cu²⁺やAg⁺を酸化剤Oとして使っているの、あんまり見ないわ。

そうだね。有機化学でCu²⁺を酸化剤Oとして使用するフェーリング反応、Ag⁺を酸化剤Oとして使う銀鏡反応っていうのが出てくるよ。

あ、知ってる‼　アルデヒドの検出法ね。

次の表が知っておくべき酸化剤Oです。

「反応後、何に変化するのか（太字部分）」までを暗記しましょう！

オゾン	$O_3 + 2H^+ + 2e^- \longrightarrow O_2 + H_2O$
過酸化水素 　（酸性条件下） 　（中性・塩基性条件下）	$H_2O_2 + 2H^+ + 2e^- \longrightarrow 2H_2O$ $H_2O_2 + 2e^- \longrightarrow 2OH^-$
過マンガン酸カリウム 　（酸性条件下） 　（中性・塩基性条件下）	$MnO_4^- + 8H^+ + 5e^- \longrightarrow Mn^{2+} + 4H_2O$ $MnO_4^- + 2H_2O + 3e^- \longrightarrow MnO_2 + 4OH^-$
酸化マンガン (IV)	$MnO_2 + 4H^+ + 2e^- \longrightarrow Mn^{2+} + 2H_2O$
濃硝酸	$HNO_3 + H^+ + e^- \longrightarrow NO_2 + H_2O$
希硝酸	$HNO_3 + 3H^+ + 3e^- \longrightarrow NO + 2H_2O$
熱濃硫酸	$H_2SO_4 + 2H^+ + 2e^- \longrightarrow SO_2 + 2H_2O$
二クロム酸カリウム	$Cr_2O_7^{2-} + 14H^+ + 6e^- \longrightarrow 2Cr^{3+} + 7H_2O$
ハロゲンの単体X_2	$X_2 + 2e^- \longrightarrow 2X^-$
二酸化硫黄	$SO_2 + 4H^+ + 4e^- \longrightarrow S + 2H_2O$

暗記するのは「何に変わるか」まででいいの？
表にある式は暗記しなくていいの？

「何に変わるか」まででいいよ。表の式は
「③半反応式の作り方」で確認するからね。

還元剤Rになりやすい物質

(1) 金属の単体

　金属は陽性元素です。e^-を放出して正に帯電する性質（陽性）をもっているため、還元剤Rになります。

例 Na、Znなど

(2) 酸化数の小さい原子を含む物質

酸化数が相対的に小さい原子は、事実上 e^- をもらった状態にあります。よって、相手（酸化剤O）に e^- を放出します。

例 $\underset{-2}{H_2\underline{S}}$、$\underset{+2}{\underline{Fe}^{2+}}$ など

(3) 陰性が弱い非金属イオン

非金属は陰性元素です。e^- を受け取って負に帯電する性質（陰性）をもっているため、基本的に陰イオンになります。

しかし、陰性が弱い非金属イオンは、e^- をこのまま放出することがあるため、還元剤Rとして働きます。

例 S^{2-}、I^- など

次の表が知っておくべき還元剤Rです。

酸化剤O同様、「**反応後、何に変化するのか（太字部分）**」までを暗記しましょう！

塩化スズ（Ⅱ）	$Sn^{2+} \longrightarrow Sn^{4+} + 2e^-$
硫酸鉄（Ⅱ）	$Fe^{2+} \longrightarrow Fe^{3+} + e^-$
硫化水素	$H_2S \longrightarrow S + 2H^+ + 2e^-$
過酸化水素	$H_2O_2 \longrightarrow O_2 + 2H^+ + 2e^-$
二酸化硫黄	$SO_2 + 2H_2O \longrightarrow SO_4^{2-} + 4H^+ + 2e^-$
金属の単体 M	$M \longrightarrow M^{n+} + ne^-$
シュウ酸	$H_2C_2O_4 \longrightarrow 2CO_2 + 2H^+ + 2e^-$
ハロゲン化物イオン X^-	$2X^- \longrightarrow X_2 + 2e^-$

ポイント

酸化剤O：相手を酸化する物質（自身は還元される）

還元剤R：相手を還元する物質（自身は酸化される）

代表的な酸化剤O・還元剤Rは「何に変化するか」まで暗記しよう!!

③酸化剤O・還元剤Rの半反応式の作り方

「酸化剤Oがe^-を受け取る式」と「還元剤Rがe^-を放出する式」を別々に表すことで、『見えない電子e^-』を見えるようにしたのが、半反応式です。

半反応式の作り方

例 酸化剤O：過マンガン酸カリウム$KMnO_4$（酸性条件下）
　　還元剤R：シュウ酸$H_2C_2O_4$

(1)Ⓞ・Ⓡがそれぞれ何に変化するかを書く。（➡§2②の表のものを暗記）

Ⓞ　$MnO_4^- \longrightarrow Mn^{2+}$

Ⓡ　$H_2C_2O_4 \longrightarrow 2CO_2$

(2)両辺の酸素O原子の数をH_2Oでそろえる。

Ⓞ　$MnO_4^- \longrightarrow Mn^{2+}+4H_2O$

Ⓡ　$H_2C_2O_4 \longrightarrow 2CO_2$
　（すでにそろっているので何もしない）

(3)両辺の水素H原子の数をH^+でそろえる。

Ⓞ　$MnO_4^-+8H^+ \longrightarrow Mn^{2+}+4H_2O$

Ⓡ　$H_2C_2O_4 \longrightarrow 2CO_2+2H^+$

(4)両辺の電荷の総和をe^-でそろえる。

Ⓞ　$\underset{総和+7}{MnO_4^-+8H^++5e^-} \longrightarrow \underset{総和+2}{Mn^{2+}+4H_2O}$

Ⓡ　$\underset{総和\pm0}{H_2C_2O_4} \longrightarrow \underset{総和+2}{2CO_2+2H^++2e^-}$

すごい。e^-が見えるわね。$KMnO_4$はe^-を5個受け取るのね。

そうだね。半反応式が書ければ、酸化還元の計算問題は式が立てられるよ。楽しみだね。

半反応式：**酸化剤Oと還元剤Rの反応式を別々に書いたもの**
酸化還元の計算に進む前に、すらすら書けるまで練習しておこう‼

§3 酸化還元反応

酸化剤Oと還元剤Rが反応したら、酸化還元反応です。

このとき、還元剤Rから酸化剤Oに電子e^-が移動します。よって、<u>酸化と還元は必ず同時に起こります</u>。

$$O + R \longrightarrow 弱\,R + 弱\,O$$

酸化剤Oはe^-を受け取ったため、反応後はe^-を放出することができる物質、すなわち弱い還元剤Rに変化します。

還元剤Rはその逆で、反応後、弱い酸化剤Oに変化します。

①酸化還元反応の判断

酸化還元反応は「移動する電子e^-が見えない」ため、知識がないと判断が難しくなります。

判断を問われたら、次のように対応しましょう。

(1) 単体を探す

基本的に、<u>反応式の中に単体が入っていたら酸化還元反応</u>になります。

　例　<u>銅</u>と希硝酸から一酸化窒素が生成する。

$$3\underline{Cu} + 8HNO_3 \longrightarrow 3Cu(NO_3)_2 + 2NO + 4H_2O$$

なんで単体があると酸化還元反応と判断していいの?

先の例で考えるよ。
左辺(反応物)にCuがあって、化学変化が起こっているのに、右辺(生成物)でCuのままなわけないよね。
何か違う物質(化合物)に変化しているはずなんだ。例だとCu(NO$_3$)$_2$になってるよね。
0だった酸化数は0じゃなくなるはずなんだ。
酸化数が変わるということは酸化還元反応が起こっていると言えるね。

そっか。単体を探すだけなら、簡単ね。
単体は右辺にあってもいいのよね?

もちろん。文章でも単体はすぐにわかるよね。「銅」とか、「塩素」とか、ね。

(2) 知っている酸化剤Oと還元剤Rの組合せを探す

代表的な酸化剤O・還元剤Rは「反応後何に変化するのか」まで暗記しなくてはいけません。(➡§2②)

知っている酸化剤Oと還元剤Rの組合せが見えたら、酸化還元反応です。

例 硫酸酸性条件下で過マンガン酸カリウム水溶液をシュウ酸水溶液で滴定する。

$$2KMnO_4 + 5H_2C_2O_4 + 3H_2SO_4 \longrightarrow 2MnSO_4 + 8H_2O + 10CO_2 + K_2SO_4$$

(3) 酸化数を調べる

通常 (1) と (2) で問題の答えは決まります。

万が一、答えに辿り着けなかった場合には、酸化数を調べ、反応前後で酸化数に変化があったら酸化還元反応と判断します。

(1)と(2)だけで答えを決めちゃうなんて、勇気がいるわ。

そうだね。例えば、次の5つの化学変化で、酸化還元反応っていくつあると思う?

① $SO_2 + Cl_2 + 2H_2O \longrightarrow 2HCl + H_2SO_4$

② $FeS + H_2SO_4 \longrightarrow H_2S + FeSO_4$

③ $2FeSO_4 + H_2O_2 + H_2SO_4 \longrightarrow Fe_2(SO_4)_3 + 2H_2O$

④ $2H_2S + SO_2 \longrightarrow 3S + 2H_2O$

⑤ $Cu + 4HNO_3 \longrightarrow Cu(NO_3)_2 + 2NO_2 + 2H_2O$

えっと…
　　(1) 単体あり　⇒　①Cl_2、④S、⑤Cu
　　(2) 知っているO+Rの組合せ　⇒　③Fe^{2+}(R)+H_2O_2(O)
だから酸化還元反応は4つね。

正解!!　じゃあ、②は何反応?

酸と塩基で見たわ…弱酸遊離反応!!

正解!!　無機化学でもっと反応を学べば、(1)と(2)に当てはまらない選択肢の反応名が答えられるようになるから、酸化数を調べなくても判断できるよ。

ポイント

酸化還元反応の判断

(1) 単体がある

(2) 知っている$O+R$の組合せ

(3) 反応前後で酸化数に変化がある

②酸化還元反応式

酸化剤Oと還元剤Rの半反応式を使って、酸化還元反応式を作ってみましょう。

例 硫酸酸性過マンガン酸カリウム水溶液$KMnO_4aq$とシュウ酸水溶液$H_2C_2O_4aq$の反応

(1) 酸化剤Oと還元剤Rの半反応式を作る (➡§2③)

O $MnO_4^- + 8H^+ + 5e^- \longrightarrow Mn^{2+} + 4H_2O$ … i

R $H_2C_2O_4 \longrightarrow 2CO_2 + 2H^+ + 2e^-$ … ii

(2) 半反応式中のe^-の係数をそろえて2式をたす

それぞれのe^-の係数は5と2であるため、最小公倍数の10にそろえるように、ⅰ式を2倍、ⅱ式を5倍して2式をたします。

O $MnO_4^- + 8H^+ + 5e^- \longrightarrow Mn^{2+} + 4H_2O$　　　(×2)

R $H_2C_2O_4 \longrightarrow 2CO_2 + 2H^+ + 2e^-$　(×5)

$2MnO_4^- + 5H_2C_2O_4 + 6H^+ \longrightarrow 2Mn^{2+} + 8H_2O + 10CO_2$

これで、イオン反応式のできあがりです。

(3) 省略していたイオンを追加する

「左辺(反応物)のイオンの出どころ」を問題文で確認します。必ず、問題文で確認してください。

では、一つずつ確認してみましょう。

MnO_4^-　⇒　問題文より、過マンガン酸カリウム$KMnO_4$

H^+　⇒　問題文より、硫酸H_2SO_4

よって、左辺に K^+ を2つ、SO_4^{2-} を3つ追加します。

あとは左辺に追加したイオンと同じ分だけ、右辺にも追加します。

$$2KMnO_4 + 5H_2C_2O_4 + 3H_2SO_4 \longrightarrow 2MnSO_4 + 8H_2O + 10CO_2 + K_2SO_4$$

これで酸化還元反応式のできあがりです。

「問題文から確認する」っているのが大切みたいだけど、MnO_4^- を出すのは $KMnO_4$ しか見たことないし、H^+ も硫酸酸性の H_2SO_4 しかしらないわ。問題文を確認する意味、あるのかしら？

なるほど。じゃあ、こんな場合はどうかな。

例 ヨウ化カリウム KI と過酸化水素 H_2O_2 の反応

⊙　$H_2O_2 + 2H^+ + 2e^- \longrightarrow 2H_2O$

Ⓡ　$2I^- \longrightarrow I_2 + 2e^-$

$H_2O_2 + 2H^+ + 2I^- \longrightarrow 2H_2O + I_2$

基本通りにイオン反応式を書くと、こうなるよね。では、左辺のイオンのところを確認するよ。H^+ と I^- は誰が出した？

H^+ は H_2SO_4、I^- は KI ね。

I^- は KI でいいね。でも問題に「硫酸酸性」なんて、書いてないよ。だから、H_2SO_4 は存在してないんだ。このとき、H^+ を出せるのは、H_2O しかないね。だから、左辺に追加するのは K^+ 2つと OH^- 2つだよ。

$$H_2O_2 + 2H_2O + 2KI \longrightarrow 2H_2O + I_2 + 2KOH$$

両辺の $2H_2O$ を消して、酸化還元反応式のできあがり。

やっぱり、きちんと問題文で確認しなきゃダメね。

☞ ポイント

酸化還元反応式の作り方

(1) O・Rの半反応式を書く（➡§2③）

(2) 半反応式中のe⁻の係数をそろえて2式をたす

  （⇒イオン反応式）

(3) 省略していたイオンを追加する

  （問題文でちゃんと確認しよう）

§4 酸化還元滴定

①酸化還元滴定

　酸化剤Oまたは還元剤Rの標準液を用いて、還元剤Rまたは酸化剤Oの濃度を求める操作を**酸化還元滴定**といいます。

　酸化還元滴定に使用する器具と操作は中和滴定と同じです。（➡第5章§5）

例 濃度不明の硫酸酸性過マンガン酸カリウム水溶液$KMnO_4$aqと0.0600mol/L シュウ酸水溶液の$H_2C_2O_4$aqの酸化還元滴定

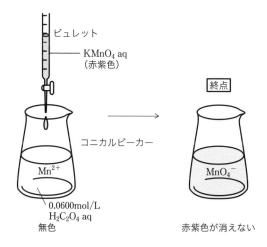

ビュレット

$KMnO_4$ aq
（赤紫色）

コニカルビーカー

終点

Mn^{2+}

MnO_4^-

0.0600mol/L
$H_2C_2O_4$ aq
無色

赤紫色が消えない

終点（等量点）の判断

酸化剤 O と還元剤 R が過不足なく反応する点が**終点（等量点）**です。

例の滴定では、**終点で KMnO$_4$（赤紫色）が消えずに残る**点を確認します。

コニカルビーカーに H$_2$C$_2$O$_4$ が存在しているとき

 ⇒ 滴下した KMnO$_4$ が反応して Mn^{2+} に変化し、溶液は無色

コニカルビーカー中の H$_2$C$_2$O$_4$ がすべて反応したとき（終点）

 ⇒ 滴下した KMnO$_4$ が反応しないため、赤紫色がコニカルビーカーの中に残る

硫酸酸性にする理由

KMnO$_4$ を酸化還元滴定に使用する場合、通常「硫酸酸性下」でおこないます。

理由は、酸性条件下の方が強い酸化剤として働くからです。

 酸性条件下

$$MnO_4^- + 8H^+ + 5e^- \longrightarrow Mn^{2+} + 4H_2O \quad \text{5価の酸化剤}$$

 中性・塩基性条件下

$$MnO_4^- + 2H_2O + 3e^- \longrightarrow MnO_2 + 4OH^- \quad \text{3価の酸化剤}$$

また、ここで使用する硫酸は希硫酸であり、酸化剤として働くことはありません。

溶液を酸性にするためだけに加えています。よって、問題文中に硫酸のデータを具体的に与えてきても、計算に使用することはありません。

どうせ働くなら、強い酸化剤として働いてもらった方がいいわね。中性・塩基性条件下で使うことはないの？

あるよ。有機化学っていう分野で弱い酸化剤として使う反応があるんだ。

硝酸酸性・塩酸酸性がNGな理由

硝酸HNO_3や塩酸HClを使用して酸性条件にすることはできません。それは、

$HNO_3 \longrightarrow$ 酸化剤として$H_2C_2O_4$と反応してしまう

$HCl \longrightarrow$ 還元剤として$KMnO_4$と反応してしまう

ため、正確な酸化還元滴定をおこなうことができないからです。

以上より、酸化剤としても還元剤としても作用しない希硫酸が適切となります。

②終点（等量点）での量的関係

酸化還元反応は還元剤Rから酸化剤Oに電子e^-が移動する反応ですから、終点では

酸化剤Oが得たe^-のmol＝還元剤Rが失ったe^-のmol

が成立します。

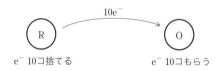

例 硫酸酸性過マンガン酸カリウム水溶液$KMnO_4aq$とシュウ酸水溶液$H_2C_2O_4aq$の酸化還元滴定

$\boxed{KMnO_4}$ $1MnO_4^- + 8H^+ + 5e^- \longrightarrow Mn^{2+} + 4H_2O$

半反応式の係数より、MnO_4^- 1molはe^-5molを得ることがわかります。よって

MnO_4^- が得たe^-のmol＝MnO_4^-のmol×5

となります。

このように、酸化剤O 1molが得るe^-のmolを酸化剤Oの**価数**といい、多くの場合は反応式のe^-の係数と一致します。

$KMnO_4$は5価の酸化剤Oです。

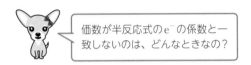 $1H_2C_2O_4 \longrightarrow 2CO_2 + 2H^+ + 2e^-$

　半反応式の係数より、$H_2C_2O_4$ 1mol は e^- 2mol を失うことがわかります。
　よって

　　$H_2C_2O_4$ が失った e^- の mol＝$H_2C_2O_4$ の mol×2

となります。

　このように、還元剤 R 1mol が失う e^- の mol を還元剤 R の**価数**といい、多くの場合は反応式の e^- の係数と一致します。

　$H_2C_2O_4$ は 2 価の還元剤 R です。

価数が半反応式の e^- の係数と一致しないのは、どんなときなの？

例えば、還元剤 R の I^- だね。
　　$2I^- \longrightarrow I_2 + 2e^-$
この半反応式では I^- の係数が 1 ではないよね。
だから 2 で割って考えるから、1 価の R だよ。
　　$I^- \longrightarrow \dfrac{1}{2}I_2 + e^-$

　以上より、終点（等量点）では

　　MnO_4^- の mol×5＝$H_2C_2O_4$ の mol×2

が成立します。

　まとめると、終点（等量点）では

　　酸化剤 O が得た e^- の mol＝還元剤 R が失った e^- の mol

すなわち、

　　酸化剤 O の mol× 価数 ＝還元剤 R の mol× 価数

となります。

半反応式が書ければ、価数がわかるから、計算問題が解けるのね。

そうだよ。OとRの半反応式をまとめて酸化還元反応式にする必要はないんだ。
もし、問題文中に酸化還元反応式を与えてきたら、mol比＝係数比の計算にするだけだよ。

例　$2KMnO_4 + 5H_2C_2O_4 + 3H_2SO_4 \longrightarrow 2MnSO_4 + 8H_2O + 10CO_2 + K_2SO_4$

を与えられたとき

⇒　$KMnO_4$のmol：$H_2C_2O_4$のmol＝2：5を式にする。

ポイント

終点（等量点）での量的関係

半反応式があるとき

酸化剤Oのmol× 価数 ＝ 還元剤Rのmol× 価数

酸化還元反応式があるとき

酸化剤Oのmol：還元剤Rのmol＝ 係数比

③ヨウ素滴定

過マンガン酸カリウム$KMnO_4$は反応前後で色が変化するため、終点（等量点）が判断できます。

しかし、反応前後で色が変化しない酸化剤O・還元剤Rの滴定では、終点（等量点）を判断できません。

そのときにおこなわれるのが、ヨウ素デンプン反応を利用して終点を判断する**ヨウ素滴定**です。

例 過酸化水素水 H_2O_2 aqの濃度をヨウ素滴定で調べる。

(1) 濃度不明のH_2O_2 aqを一定量はかり取り、硫酸酸性にした後、過剰のヨウ化カリウム水溶液KI aqを加える。

⇒ H_2O_2 (O) とヨウ化物イオンI^- (R) で酸化還元反応が起こり、I_2 が生成します。

$$H_2O_2 + 2KI + H_2SO_4 \longrightarrow I_2 + 2H_2O + K_2SO_4$$

(2) (1)の溶液にデンプンを加え、チオ硫酸ナトリウム水溶液$Na_2S_2O_3$ aqで滴定する。

⇒ (1)で生成したI_2を$Na_2S_2O_3$ (R) aqで滴定します。このとき、加えたデンプンが指示薬の働きをします。

$$I_2 + 2Na_2S_2O_3 \longrightarrow Na_2S_4O_6 + 2NaI$$

水溶液中にI_2が存在しているとき

ヨウ素デンプン反応により溶液は**青紫色**

水溶液中のI_2が全て反応したとき(終点)

ヨウ素デンプン反応陰性により**無色**

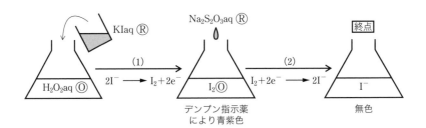

(3) 滴定の結果から、H_2O_2 aqの濃度を計算する。

⇒(1)より、H_2O_2 1molからI_2 1molが生じます。

(2)より、I_2 1molと$Na_2S_2O_3$ 2molが反応します。

よって、$H_2O_2 : I_2 : Na_2S_2O_3 = 1 : 1 : 2$すなわち$H_2O_2 : Na_2S_2O_3 = 1 : 2$という関係が成立します。

以上より、滴下した$Na_2S_2O_3$のmolの$\dfrac{1}{2}$倍がH_2O_2のmolであることを利用して、H_2O_2aqの濃度が定まるのです。

④化学的酸素要求量 (COD・Chemical Oxygen Demand)

河川などの水質の指標の一つに、化学的酸素要求量 (COD) というのがあります。

COD は、試料水 1L 中に含まれる有機物 (R) を酸化するために必要な酸素 O_2 (O) の量 mg で表します。

CODが大きい　⇒　有機物が多い　⇒　水質が悪い

といえます。

CODの求め方

試料水に含まれている有機物 (R) を、直接 O_2 (O) で滴定し求めることはできません。

よって、まずは過マンガン酸カリウム水溶液 $KMnO_4$aq などで滴定し、その量を O_2 の量に換算して COD を求めます。

換算の仕方を確認していきましょう。

$\boxed{KMnO_4}$　$1MnO_4^- + 8H^+ + 5e^- \longrightarrow Mn^{2+} + 4H_2O$

$\boxed{O_2}$　$1O_2 + 4H^+ + 4e^- \longrightarrow 2H_2O$

半反応式より、$KMnO_4$ は 5 価、O_2 は 4 価の酸化剤 O です。

例えば、有機物 (R) との間で 20mol の e^- がやり取りされるとすると、20mol の e^- を受け取るために必要な酸化剤 O の量は、半反応式の係数から、

$\boxed{KMnO_4}$　$20 \times \dfrac{1}{5} = 4mol$

$\boxed{O_2}$　$20 \times \dfrac{1}{4} = 5mol$

となります。

よって、

滴定に使用したKMnO$_4$のmol$\times \dfrac{5}{4}$

　＝有機物を酸化するために必要なO$_2$のmol

となります。

　これを利用して、有機物を酸化するために必要なO$_2$の量molを求め、試料水1Lあたりのmg数に変えたものがCODとなります。

どうして直接O$_2$で滴定できないの？

まず、O$_2$は気体だね。ビュレットから一滴ずつ滴下することができないね。
そして、終点で色が変わらないから、終点の判断ができないね。
さらに、とても弱い酸化剤Oなんだよ。
だから、実際の滴定は、液体で、終点で色が変化して、強い酸化剤Oを使わないとね。これらを全て満たしているのは…？

過マンガン酸カリウムKMnO$_4$!!

正解!!　だから実際の滴定はKMnO$_4$aqなどで行うんだ。

1 次の記述を読んで、問い（問1〜問5）に答えよ。

化学的酸素要求量（COD，chemical oxygen demand）は、水中の有機物を酸化分解するのに必要とされる酸素の量である。CODの測定法の1つは、次のとおりである。

まず試料水中に含まれる有機物を、過剰の過マンガン酸カリウムの硫酸酸性水溶液を加えて酸化する。次に、加えた過マンガン酸カリウムと過不足なく反応するシュウ酸ナトリウムを加える。未反応のシュウ酸ナトリウムをさらに過マンガン酸カリウム水溶液で滴定することにより、有機物の酸化に要した過マンガン酸カリウムの量が求められる。

この過程における過マンガン酸イオンおよびシュウ酸イオンの反応を e^- を含むイオン反応式で書くと、

過マンガン酸イオンの反応：[ア]（1）
シュウ酸イオンの反応：[イ]（2）

となる。したがって、式（1）および（2）より、過マンガン酸カリウムとシュウ酸ナトリウムの反応は、式（3）のように表すことができる。

$2KMnO_4 + 5Na_2C_2O_4 + 8H_2SO_4$
　$\longrightarrow 2MnSO_4 + K_2SO_4 + 5Na_2SO_4 + 10CO_2 + 8H_2O$ （3）

一方、酸素分子の反応は e^- を含むイオン反応式で書くと、

$O_2 + 4H^+ + 4e^- \longrightarrow 2H_2O$ （4）

となる。式（1）と（4）との比較から、試料水中の有機物の酸化に要した過マンガン酸カリウムの物質量を酸素の物質量に換算し、COD〔mg/L〕（試料水1L中に含まれる有機物を酸化するのに必要な酸素の質量〔mg〕）を算出する。試料水AのCODを求めるため、次の1〜4の操作を行った。ただし、試料水Aには還元性を示す無機化合物は存在しないものとする。

1. コニカルビーカーに試料水Aを正確に50mLとり、6.0mol/Lの硫酸水溶液を5.0mL加えた。
2. 2.0×10^{-3}mol/Lの過マンガン酸カリウム水溶液10mLを[ウ]を用いて正確に量りとり、1のコニカルビーカーに加え、30分間沸騰させた。反応後、過マンガン酸カリウムの色は消えていなかった。

3. 2の溶液の温度を60～80℃とし、5.0×10^{-3}mol/L
   のシュウ酸ナトリウム水溶液を正確に10mL加えて
   振り混ぜると、過マンガン酸カリウムの色が消えた。
4. ［エ］に入れた2.0×10^{-3}mol/Lの過マンガン酸カリ
   ウム水溶液で、3の溶液を滴定したところ、終点（水
   溶液が淡［オ］色を呈する）までに1.50mLを要した。

器具［エ］の一部
（目盛の単位mL）

問1 文中の［ア］、［イ］には適切なイオン反応式を、
   ［ウ］、［エ］には適切な器具名を、［オ］に適切
   な色を記入せよ。

問2 器具［エ］に入れた水溶液の目盛が右のようになった。このときの目
   盛〔mL〕を小数点以下第2位まで読め。

問3 1.0Lの試料水Aに含まれる有機物を酸化するのに必要な過マンガン
   酸カリウムの物質量〔mol〕はいくらか。有効数字2桁で答えよ。

問4 試料水AのCOD〔mg/L〕はいくらか。有効数字2桁で答えよ。

問5 次の化合物（a）～（e）のうち、試料水に含まれると過マンガン酸カリ
   ウムにより酸化され、CODの測定値に影響を及ぼすものすべてを記
   号で答えよ。

   （a）硫酸鉄（Ⅱ）　（b）硝酸鉄（Ⅲ）　（c）過酸化水素　（d）硫酸ナトリウム
   （e）ミョウバン（硫酸カリウムアルミニウム十二水和物）

   （2013 神戸薬科大 4）

2 消毒薬として使用されるオキシドールには、100mLの溶液中に、過酸
化水素が2.5～3.5g含まれている。薬箱にあったオキシドールの過酸化水
素濃度を正確に決定するために、次のA、Bの酸化還元滴定の実験を行った。
以下の文章を読み、設問に答えよ。

（実験A）

A－1. 5mLのオキシドールを正確にはかりとり、コニカルビーカーにい
　　　　れ、6.0mol/Lの硫酸を1.0mL加えた。

A－2. A－1のコニカルビーカーに、1.0mol/Lのヨウ化カリウム水溶液を
　　　　正確に20mLはかりとって加えた。

A－3. A－2の溶液に対し、1.0mol/Lのチオ硫酸ナトリウム（$Na_2S_2O_3$）水溶
　　　　液をビュレットに入れて滴下した。コニカルビーカー中の溶液の色

が薄くなったときに少量のデンプン水溶液を加えさらに滴下を続けた。滴定の終点までに要したチオ硫酸ナトリウム水溶液の量は9.0mLであった。

（実験B）

B−1. 10mLのオキシドールを正確にはかりとり、適切な器具を用いて、蒸留水で正確に10倍に希釈した。

B−2. B−1で希釈した水溶液を正確に10mLはかりとり、コニカルビーカーにいれ、6.0mol/Lの硫酸を1.0mL加えた。

B−3. B−2の溶液を、0.020mol/Lの過マンガン酸カリウム水溶液で滴定した。

問1 実験操作A−1において、5mLのオキシドールを正確にはかりとるために使用する器具をあげ、どのような操作をすればよいか説明せよ。ただし、使用する器具は洗浄済みで乾いているものとする。

問2 実験操作A−2で生じた反応の化学反応式を書き、その中で酸化剤としてはたらく物質、還元剤としてはたらく物質の物質名をそれぞれ書け。

問3 実験操作A−2では、オキシドールに含まれる過酸化水素に比べて、ヨウ化カリウムが過剰に加えられている必要がある。実験操作A−2で加えたヨウ化カリウムの量は十分だったかどうか、数値を示して説明せよ。

問4 実験操作A−3において、滴定の終点はどのように判断すればよいか説明せよ。

問5 実験に用いたオキシドール100mLの中には何gの過酸化水素が含まれていたか。有効数字2ケタで答えよ。ただし、ヨウ化カリウムとチオ硫酸ナトリウムは反応しない。また、チオ硫酸ナトリウムが実験操作A−3において反応するときのイオン反応式は次の通りである。

$$2S_2O_3{}^{2-} \longrightarrow S_4O_6{}^{2-} + 2e^-$$

問6 実験操作B−3で生じた反応の化学反応式を書き、その中で酸化剤としてはたらく物質、還元剤としてはたらく物質の物質名をそれぞれ書け。

問7 実験Aで過酸化水素濃度を決定したオキシドールを用いて実験Bを行った場合、滴定の終点までに必要とした過マンガン酸カリウム水溶液は何mLか。有効数字2ケタで答えよ。

（2015 奈良県立医科大 3）

（解答は P.382）

電池と電気分解

酸化還元反応（⇒第6章）は様々なところに利用されています。身近なものでは電池。工業的には物質の製法に電気分解が利用されています。それぞれ、仕組みからきちんと押さえていきましょう。

第7章の
目標

➡ 金属の性質を理解しよう。

➡ 電池の式を理解しよう。

➡ 電気分解の式を作れるようになろう。

➡ 電気量計算をマスターしよう。

§1 金属の性質

「還元剤Rから酸化剤Oに電子e⁻が移動する反応」が酸化還元反応（⇒第6章）です。

e⁻が移動していますが、酸化剤Oの水溶液と還元剤Rの水溶液を混ぜ合わせても電流は流れていません。

それは、酸化剤Oと還元剤Rが衝突することで反応が進行し、e⁻を放出する場所と受け取る場所が同じだからです。

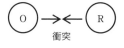

e⁻を放出する場所と
受け取る場所が同じ

しかし、酸化剤Oと還元剤Rを離れた場所で反応させれば、e⁻がその距離を移動するため、電流を取り出すことができます。すなわち、電池を作ることができるのです。

このために利用するのが『金属の性質』です。

それでは、電気化学の根本にある『金属の性質』から、しっかり確認していきましょう。

まず、金属元素は、基本的に陽性です。

陽性とは、電子e^-を放出して陽イオンになる性質です。

金属の単体は「e^-を放出してプラスに帯電することが人生の喜び」なのです。

しかし、金属によって陽性の強さは異なります。

その強弱を表しているのが『**イオン化傾向**』であり、強い順に並べたものが『**イオン化列**』です。

e^-を放出して陽イオンになるってことは、
$$M \longrightarrow M^{n+} + ne^-$$
という反応よね。これって、還元剤ってことよね。

そうだよ。第6章で還元剤Rを覚えたね。その中に「金属の単体」が入っていたはずだよ。「イオン化傾向の大きい金属ほど強い還元剤」ということになるんだ。

ゴロあわせ

| リッチに借そうかな | ま | あ | あ | て | に | すん | な | ひ | ど | す | ぎる | 借 | 金 |

Li K Ca Na Mg Al Zn Fe Ni Sn Pb (H$_2$) Cu Hg Ag Pt Au

大 ←――――――――――――――――――――――――――――― 小

金属たちのきまり

　異なる金属が存在する場合、イオン化傾向の大きい金属が陽性を示すことができます。

$$Zn + Cu^{2+} \longrightarrow Zn^{2+} + Cu$$

イオン化傾向　大　e^-　小

結局強いヤツが勝つのね。

そう。化学物質に情はないからね。絶対に強いヤツが勝つんだ。
強酸が弱酸のイオンにH^+を投げつける弱酸遊離反応と同じだよ。

$$HCl + CH_3COO^- \longrightarrow CH_3COOH + Cl^-$$
$$H^+$$

H^+がe^-に変わったのが、金属の酸化還元反応なのね。

ポイント

金属のイオン化傾向：金属の陽性の強弱を表したもの

イオン化傾向㋤　⇒　陽性が強い

⇒　強い還元剤R

金属のイオン化列：陽性の強い順に金属を並べたもの

Li K Ca Na Mg Al Zn Fe Ni Sn Pb (H₂) Cu Hg Ag Pt Au

§2 電池

①電池の基本

　酸化還元反応による化学エネルギーを電気エネルギーに変えて取り出す装置が**電池**です。

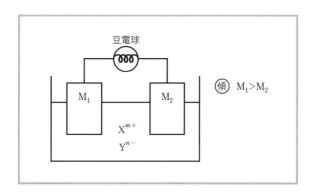

　上図のように、異なる2種類の金属を導線でつなぎ、電解質水溶液に浸すと電池ができます。

負極と正極

負極……e⁻ を放出する極（イオン化傾向が大きい金属、上図ではM₁）

正極……e⁻ を受け取る極（イオン化傾向が小さい金属、上図ではM₂）

どうしてイオン化傾向の大きい金属が負極になるの?

金属は陽性だから、e^- を放出してプラスに帯電するのが
人生の喜びだね。
M_1 も M_2 も金属だから e^- を放出しようとするよ。でも、
その力には強弱があって、それを表しているのがイオン
化傾向だね。「強いヤツが勝つ」だよ。
図では M_1 の方がイオン化傾向が大きいから M_1 から M_2 に
e^- が流れることになるんだよ。だから M_1 が負極だね。

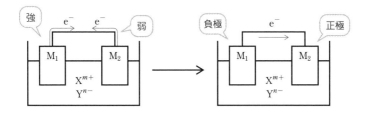

起電力

　　起電力……負極と正極の間に生じる電圧(M_1 と M_2 のイオン化傾向の差に相当)
　　　　M_1 と M_2 のイオン化傾向の差が大きいほど起電力も大きくなります。

　e^- は負極から正極に流れていますが、電流は正
極から負極に流れると定められていることに注意し
ておきましょう。

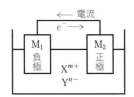

起電力ってよくわからないわ。

「e⁻の流れやすさ」だと思うといいかな。
イオン化傾向が$M_1 > M_2$だから、仮に、M_1がe^-を放出する力を10、M_2がe^-を放出する力を6としてみるよ。
そうすると、差に相当する4の分だけM_1からM_2にe^-が移動することになるね。
これが起電力だよ。

だからイオン化傾向の差が大きいほど起電力も大きくなるのね。

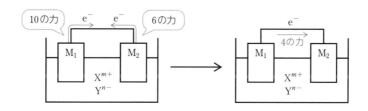

各極の反応

負極……酸化反応　$M_1 \longrightarrow M_1{}^{a+} + ae^-$

正極……還元反応　$X^{m+} + me^- \longrightarrow X$

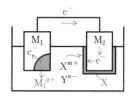

このとき反応に関わるM_1とX^{m+}を**活物質**といいます。

負極はイオン化傾向が大きいから、陽イオンになるのはわかるわ。
でも、正極の反応がよくわからないわ。

イオン化傾向が小さい正極は、負極からのe^-を受け取るね。受け取ってどうなる？

金属は陽性だから、e⁻を受け取って
陰イオンになることはないわね…。

そうなんだよ。e⁻を受けとっても、処理する能力（陰性）はないんだ。
だから、代わりに、水溶液中のX^{m+}がe⁻を処理して単体に戻るんだよ。

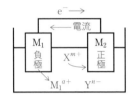
②ボルタ電池　$(-)\mathrm{Zn}|\mathrm{H_2SO_4aq}|\mathrm{Cu}(+)$　起電力1.1V

$(-)\ \mathrm{Zn} \longrightarrow \mathrm{Zn^{2+}} + 2e^-$

$(+)\ 2\mathrm{H^+} + 2e^- \longrightarrow \mathrm{H_2}$

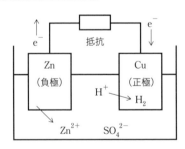

イオン化傾向の大きいZnが負極でe⁻を放出して、イオン化傾向の小さ
いCuが受け取り、それを処理するのが溶液中のH⁺ね。電池の基本通りね。

そうだね。ただ、ボルタ電池は放電すると、
すぐに起電力が低下しちゃうんだ…。

ボルタ電池の問題点

ボルタ電池は、放電するとすぐに起電力が低下し、電流が流れにくくなります。

この現象を**分極**といいます。

原因として以下のことが考えられます。

①正極で発生する気体の H_2 が電極に付着し、 e^- の受け渡しが困難になる。

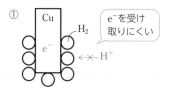

②イオン化傾向が $H_2>Cu$ より、逆反応が進行する。

$$H_2 \longrightarrow 2H^+ + 2e^-$$

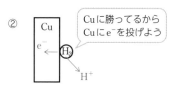

これを改善するために加える酸化剤（過酸化水素 H_2O_2 など）を減極剤といいます。

H_2O_2 のほうが、H^+ より酸化力が強いため、H_2O_2 が酸化剤として反応します。

$$H_2O_2 + 2H^+ + 2e^- \longrightarrow 2H_2O$$

この反応は気体の H_2 が発生しないため、一時的に分極を防ぐことができます。

しかし、減極剤が反応によりなくなったら、すぐに分極が起こります。

🔖 ポイント

ボルタ電池

負極 : $Zn \longrightarrow Zn^{2+} + 2e^-$

正極 : $2H^+ + 2e^- \longrightarrow H_2$

分極 : 起電力が低下し、電流が流れにくくなる現象

減極剤：分極を防ぐために加える酸化剤

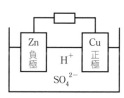

③ダニエル電池　$(-)$Zn｜ZnSO$_4$aq ‖ CuSO$_4$aq｜Cu$(+)$　**起電力1.1V**

$(-)$ Zn $\longrightarrow$ Zn^{2+} + 2e$^-$

$(+)$ Cu^{2+} + 2e$^-$ $\longrightarrow$ Cu

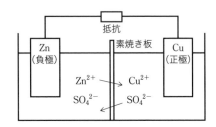

イオン化傾向の大きいZnが負極でe$^-$を放出して、イオン化傾向の小さいCuが受け取り、それを処理するのが溶液中のCu^{2+}ね。ボルタ電池と同じで、基本通りね。でも、H$_2$が発生しないから、分極は起こらないわね。

そうだね。でも、いつまでも電流が取り出せるわけじゃないんだ。

ダニエル電池の問題点

　ダニエル電池では、ボルタ電池のように気体のH$_2$が発生しないため、分極は起こりません。

　しかし、いつまでも電流が取り出せるわけではありません。

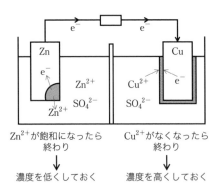

負極

$$Zn \longrightarrow Zn^{2+} + 2e^-$$ が進行

　⇒　電解液中の Zn^{2+} が増加

　⇒　Zn^{2+} の濃度が飽和に達し、Zn の溶解は停止（電流が流れない）

対策：硫酸亜鉛水溶液 $ZnSO_4aq$ の濃度を低くしておく。

　　　（Zn^{2+} の濃度が飽和に達するまでの時間が長くなるため、電池が長持ちします。）

正極

$$Cu^{2+} + 2e^- \longrightarrow Cu$$ の反応が進行

　⇒　電解液中の Cu^{2+} が減少

　⇒　Cu^{2+} がなくなり、Cu の析出は停止（電流が流れない）

対策：硫酸銅水溶液 $CuSO_4aq$ の濃度を高くしておく。

　　　（Cu^{2+} がなくなるまでの時間が長くなるため、電池が長持ちします。）

　以上のように、各極の電解溶液の濃度差を大きくしておくとダニエル電池を長持ちさせることができます。

　と同時に、反応が進行しやすくなるため、起電力も大きくなります。

素焼き板の役割

①負極と正極の電解液が混合してしまうのを防ぐ

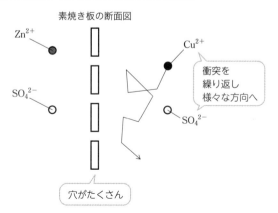

素焼き板の断面図

Zn^{2+}

Cu^{2+}

衝突を
繰り返し
様々な方向へ

$SO_4{}^{2-}$

$SO_4{}^{2-}$

穴がたくさん

素焼き板には小さな穴が空いているのよね？
穴が空いているのに、どうして電解液が混合しないの？

まず、イオンたちにとって素焼き板の幅は大変な移動距離なんだ。
そして、電解液中では、たくさんのイオンたちが動き回って衝突を繰り返してるんだ。
そんななか、意志を持たないイオンが、誰にも衝突せずに真っ直ぐ進み続けて素焼き板の穴を通り抜けるなんて、あり得ないよね。

②両極の電解液が電気的に中性（±0）の状態を保つ

素焼き板の穴を通過し、<u>SO_4^{2-} が正極から負極、Zn^{2+} が負極から正極に移動</u>します。

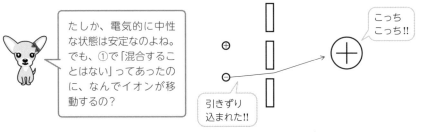

たしか、電気的に中性な状態は安定なのよね。
でも、①で「混合することはない」ってあったのに、なんでイオンが移動するの？

こっちこっち!!

引きずり込まれた!!

例えば、陰イオンは、素焼き板の向こうがプラスに帯電していたら、プラスの電荷に引っ張られて素焼き板の穴を通り抜けるんだよ。
ダニエル電池で、どのイオンがどっちに引っ張られるか、考えてごらん。

負極は $Zn \longrightarrow Zn^{2+} + 2e^-$ が進行して Zn^{2+} が増えるから、プラスに帯電するわ。
だから、正極から負極へ、陰イオンのSO_4^{2-}が引きずり込まれてくるのね。

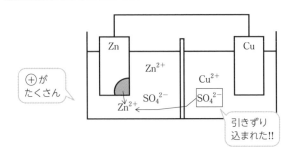

$\oplus$ がたくさん

引きずり込まれた!!

正極は$Cu^{2+}+2e^- \longrightarrow Cu$　の反応が進行してCu^{2+}が減るから、
マイナスに帯電するわ。
だから、負極から正極へ、陽イオンのZn^{2+}が引きずり込まれるのね。

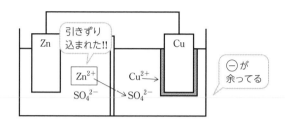

引きずり
込まれた!!

⊖が
余ってる

その通り。どんなイオンが移動するかは、暗記しなくていいね。

📖 ポイント

ダニエル電池

負極：$Zn \longrightarrow Zn^{2+}+2e^-$

正極：$Cu^{2+}+2e^- \longrightarrow Cu$

電解液の濃度：

　　負極は低く、正極は高くし

　　ておく

素焼き板の役割：両極の電解液の混合を防ぐ

　　　　　　　　　必要なイオンを通過させる

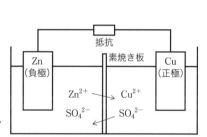

④**鉛蓄電池**　（－）$Pb|H_2SO_4aq|PbO_2$（＋）　**起電力2.1V**

負極：$Pb + SO_4^{2-} \qquad\qquad\qquad \longrightarrow PbSO_4 + 2e^-$

正極：$PbO_2 + SO_4^{2-} + 4H^+ + 2e^- \longrightarrow PbSO_4 + 2H_2O$

（半反応式の作り方（➡第6章§2③）に従って作ることができます。）

2式をたすと

$$Pb + PbO_2 + 2H_2SO_4 \xrightarrow{\ \ 2e^-\ \ } 2PbSO_4 + 2H_2O$$

$\left(\begin{array}{l}\text{まとめた式では見えない『}\dot{2e^-}\text{』が計算のポイントになります。}\\ \boxed{例}\ \text{流れた}e^-\text{mol：反応する}H_2SO_4\text{mol}＝2：2\end{array}\right)$

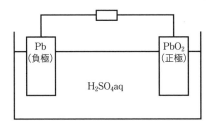

H_2SO_4aq

今までの電池と違って、イオン化傾向から説明できないわね。

そうだね。でも、金属の気持ちを考えてごらん。
金属の単体はe^-を放出してプラスに帯電するのが人生の喜びだよ。
同じ鉛仲間のPbとPbO_2が手を繋いでいたら、どちらかが不満を
感じるんじゃないかな。

Pbの酸化数は0で、PbO_2のPbの酸化数は$+4$だから、金属とし
ての幸せを感じているのは、プラスに帯電しているPbO_2のほうね。

そう。PbはPbO$_2$に「仲間だから、e$^-$を2つもらってよ」ってお願いするし、PbO$_2$は仲間だからそれを受け入れるんだよ。
それによって、ともにPb^{2+}に変化するんだ。仲間としてイーブンだよね。

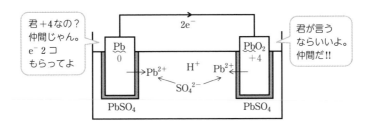

電解液に希硫酸を用いる理由

電解液に希硫酸H$_2$SO$_4$aqを用いるのには理由を考えてみましょう。

Pb^{2+}とSO$_4^{2-}$は沈殿を生成する組合せです。

よって、各極で生成したPb^{2+}はH$_2$SO$_4$aq中のSO$_4^{2-}$と沈殿を作り、電極に貼り付きます。

あえて、Pb^{2+}をPbSO$_4$として電極に残しておくことで、逆反応、すなわち充電可能な電池にしているのです。

このように充電可能な電池を**二次電池**または**蓄電池**といいます。

それに対して、充電できない電池を**一次電池**といいます。

ポイント

鉛蓄電池

負極：$Pb + SO_4^{2-} \longrightarrow PbSO_4 + 2e^-$

正極：$PbO_2 + SO_4^{2-} + 4H^+ + 2e^- \longrightarrow PbSO_4 + 2H_2O$

全体：$Pb + PbO_2 + 2H_2SO_4 \longrightarrow 2PbSO_4 + 2H_2O$

（このとき $2e^-$ であることが計算のポイント）

⑤**燃料電池**　$(-)H_2|H_3PO_4aq$ または $KOHaq|O_2(+)$　**起電力1.2V**

水素 H_2 が酸素 O_2 と反応して水が生成するときに放出される熱を電気エネルギーに変えて取り出す装置が燃料電池です。

$$H_2 + \frac{1}{2}O_2 = H_2O + 286kJ$$

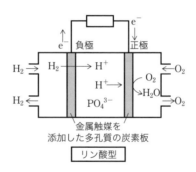

金属触媒を
添加した多孔質の炭素板

リン酸型

物質が燃えるときに放出する熱を利用するから燃料電池っていうのね。

そうだね。ただ、室温では H_2 と O_2 は反応しないんだ。
でも Pt 触媒があると室温でもゆっくり反応が進行するんだよ。

リン酸型

負極（燃料極）：$H_2 \longrightarrow 2H^+ + 2e^-$

正極（空気極）：$O_2 + 4H^+ + 4e^- \longrightarrow 2H_2O$

アルカリ電解質型

負極（燃料極）：$H_2 + 2OH^- \longrightarrow 2H_2O + 2e^-$

正極（空気極）：$O_2 + 2H_2O + 4e^- \longrightarrow 4OH^-$

燃料電池の逆反応　$2H_2O \longrightarrow 2H_2 + O_2$　は、水 H_2O の電気分解です。

　よって、燃料電池の各極の反応式は、H_3PO_4aq や $KOHaq$ の電気分解の式を書いて、$\longrightarrow$ を逆に向けると作ることができます。（電気分解の各極の式の作り方➡§3）

リン酸型（H_3PO_4aq 電解液）

陽極（＋）：$2H_2O \underset{\text{電池}}{\overset{\text{電気分解}}{\rightleftarrows}} O_2 + 4H^+ + 4e^-$

陰極（－）：$2H^+ + 2e^- \underset{\text{電池}}{\overset{\text{電気分解}}{\rightleftarrows}} H_2$

アルカリ電解質型（$KOHaq$ 電解液）

陽極（＋）：$4OH^- \underset{\text{電池}}{\overset{\text{電気分解}}{\rightleftarrows}} O_2 + 2H_2O + 4e^-$

陰極（－）：$2H_2O + 2e^- \underset{\text{電池}}{\overset{\text{電気分解}}{\rightleftarrows}} H_2 + 2OH^-$

電気分解をマスターすると、燃料電池の式を作ることができるのね。

そうだよ。暗記する必要はないからね。電気分解を勉強してから、燃料電池の式を作ってみるといいよ。

燃料電池

$H_2 + \dfrac{1}{2} O_2 \longrightarrow H_2O$ の反応で発生する熱を電気エネルギーに

変えて取り出す装置

各極の式は電気分解の式の逆になる

例 リン酸型

　負極（燃料極）：$H_2 \longrightarrow 2H^+ + 2e^-$

　正極（空気極）：$O_2 + 4H^+ + 4e^- \longrightarrow 2H_2O$

▶§3 電気分解

　電子 e^- が負極から正極へ自発的に移動するのが電池、それに対し、e^- を強制的に流して酸化還元反応を起こしていくのが電気分解です。

　強制的に e^- を流すために、各極を電池につなぎます。

電池と電気分解の違いがよくわからないわ。

じゃ、考えてみようね。
下の装置では、e^- が Zn から Cu に自発的に移動するよ。
なぜかな？

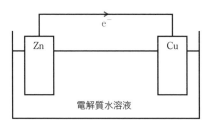

イオン化傾向に差があるからよね。電池でやったわ。

そう。じゃあ、次の装置では、e⁻ が移動する？

 移動しないわ。イオン化傾向に差がないもの。

その通りだね。これが電気分解だよ。
ここに電池をつないで、無理矢理、酸化還元反応を起こしていくんだ。

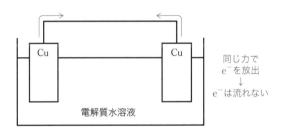

 電池の負極から「ほれ！ほれ！」って e⁻ が送られてくるから、陰極で誰かが処理しなきゃいけないし、電池の正極から「e⁻ 送ってこいや‼」って命令されるから、陽極で誰かが e⁻ を放出しなきゃいけないんだ。

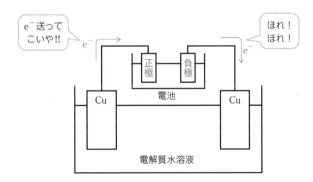

①電気分解の反応

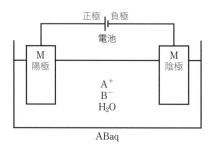

陰極 ⇒ 電池の負極とつながっている電極

陽極 ⇒ 電池の正極とつながっている電極

陰極の反応

　陰極は電池の負極から e^- が強制的に送られてくるため、その e^- を処理する反応（還元反応）が起こります。

　上の図で e^- を処理できるのが誰か考えてみましょう。

(1) 電極M ⇒ NG!!

　金属は陽性です。

　e^- を放出してプラスに帯電するのが人生の喜びですから、e^- を受け取ってマイナスに帯電することはありません。

(2) 水溶液中の陽イオンA$^+$ ⇒ OK!!

　プラス（A$^+$）とマイナス（e^-）は引き合い、くっつきます。

　実際に e^- を処理するのは、イオン化傾向が比較的小さい、**イオン化傾向Zn以下のイオン**です。

　イオン化傾向Zn以下のイオンとは、**重金属イオン（密度$4g/cm^3$以上）と水素イオンH$^+$（酸）**です。

　　　重金属イオンの場合　⇒　重金属が析出

$$M^{n+} + ne^- \longrightarrow M$$

　　　水素イオンH$^+$の場合　⇒　水素H$_2$が発生

$$2H^+ + 2e^- \longrightarrow H_2$$

イオン化傾向がAl以上の金属は軽金属なの?

そうだよ。密度が$4g/cm^3$より小さいんだ。陽性が強いから、水溶液中ではe^-を処理してくれないよ。

(3) 水溶液中の陰イオンB^- ⇒ NG!!

マイナス同士は近づくこともできません。

(4) 水H_2O ⇒ OK!!

H_2Oの電離によって生じるH^+がe^-を処理してH_2が発生します。

$$2H_2O + 2e^- \longrightarrow H_2 + 2OH^-$$

以上より、次のようにまとめることができます。

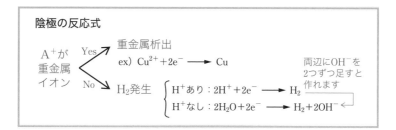

陰極の反応式

A^+が重金属イオン — Yes → 重金属析出
ex) $Cu^{2+} + 2e^- \longrightarrow Cu$

No → H_2発生
H^+あり:$2H^+ + 2e^- \longrightarrow H_2$
H^+なし:$2H_2O + 2e^- \longrightarrow H_2 + 2OH^-$

両辺にOH^-を2つずつ足すと作れます

陽極の反応

陽極は電池の正極からe^-を送ることを強制されるため、e^-を放出する反応(酸化反応)が起こります。

前ページの図でe^-を処理できるのが誰か考えてみましょう。

(1) 電極M ⇒ OK!!

金属は陽性です。

e^-を放出してプラスに帯電するのが人生の喜びですから、「e^-送ってこいや!」と言われたら、

「はい！ 喜んで!!」と答えるはずですね。

よって、<u>電極がe⁻を放出して溶解します。</u>

$$M \longrightarrow M^{n+} + ne^-$$

ただし、<u>イオン化傾向が非常に小さい白金Ptと金Au、非金属の黒鉛Cはe⁻</u>
<u>の放出を拒否</u>します。

(2) 水溶液中の陽イオンA⁺ ⇒ NG!!

陽イオンはすでにe⁻を放出しています。

これ以上、e⁻を放出することはありません。

(3) 水溶液中の陰イオンB⁻ ⇒ OK!!

陰イオンはe⁻を余分にもっているため、放出してくれます。

ただし、e⁻を放出するのは**ハロゲン化物イオン**と**水酸化物イオンOH⁻のみ**
です。

ハロゲン化物イオンの場合 ⇒ ハロゲンの単体が生成

$$2X^- \longrightarrow X_2 + 2e^-$$

水酸化物イオンOH⁻の場合 ⇒ 酸素O₂発生

$$4OH^- \longrightarrow O_2 + 2H_2O + 4e^-$$

他の陰イオンはどうしてe⁻を放出しないの？

たとえば、硫酸イオンSO_4^{2-}や硝酸イオンNO_3^-はとても安定なんだ。
そのままの形で存在しようとするから、e⁻を放出してくれないんだね。

(4) 水 H_2O ⇒ OK!!

H_2O の電離によって生じる OH^- が e^- を放出します。

$$2H_2O \longrightarrow O_2 + 4H^+ + 4e^-$$

以上より、次のようにまとめることができます。

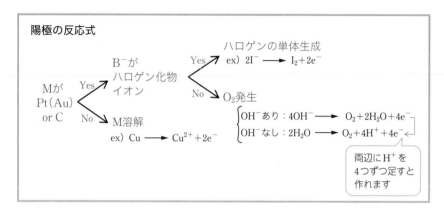

各極の反応式が書ければ、電気分解の問題は解けたも同然です。

しっかり式を作る練習をしましょう。(燃料電池の式も作ってみましょうね。)

例 陽極に炭素C、陰極に鉄Feを用いて塩化ナトリウム水溶液 NaClaq を電気分解

陽極(＋) 電極がPt or C？ ➡ Yes

ハロゲン化物イオンがある？ ➡ Yes

➡ ハロゲンの単体生成!!

$$2Cl^- \longrightarrow Cl_2 + 2e^-$$

陰極(－) 重金属イオンがある？ ➡ NO

➡ H_2 発生

(酸の H^+ がないため、H_2O が反応)

$$2H_2O + 2e^- \longrightarrow H_2 + 2OH^-$$

ポイント

電気分解の各極の反応

陰極 ⇒ 電池の負極から送られてくるe^-を受け取る（還元反応）
水溶液中の陽イオン（重金属イオン・H^+）もしくは
水H_2Oが反応

陽極 ⇒ 電池の正極にe^-を放出する（酸化反応）
電極（Pt・Au・C以外）、水溶液中の陰イオン（ハロゲン化物イオン・OH^-）もしくは水H_2Oが反応

②電気分解の利用

(1) 銅の電解精錬

銅は主に黄銅鉱$CuFeS_2$として産出されます。

黄銅鉱から取り出した銅は粗銅とよばれ、不純物として他の金属を含んでいます。

その不純物を取り除くために利用されるのが電気分解です。

陽極に粗銅、陰極に純銅、電解液に硫酸銅$CuSO_4$水溶液を用います。

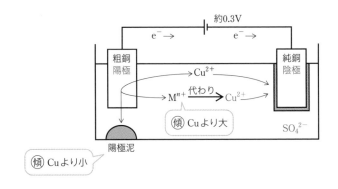

陽極泥

陽極 電極がPt or C？ ➡ NO!

➡ **電極（粗銅）が溶解**

$$\text{粗銅}\begin{cases}\boxed{\text{Cu}}\\ \quad Cu \longrightarrow Cu^{2+}+2e^- \quad (\text{この反応がメインで起こります})\\ \boxed{\text{不純物（イオン化傾向が Cu より大）}}\ \boxed{例}\ Zn、Fe\\ \quad M \longrightarrow M^{n+}+ne^-\\ \quad (\text{Cu より陽性が強いため、イオンになることができます})\\ \boxed{\text{不純物（イオン化傾向が Cu より小）}}\ \boxed{例}\ Ag、Au\\ \quad \text{陽極泥となる}\\ \quad (\text{Cu より陽性が弱いため、イオンになることができず、陽極の}\\ \quad \text{下にそのまま落ちます})\end{cases}$$

$\boxed{陰極}$ 重金属イオンがある？ ➡ Yes!

➡ **重金属析出**

$$Cu^{2+}+2e^- \longrightarrow Cu$$

例えば不純物にZnが含まれていた場合、Znだって重金属だから析出するわよね？

基本的に析出しないよ。
だって、水溶液中に存在するイオンの中で一番イオン化傾向が小さいのはCu²⁺だからね。
勝ってる金属はイオンのままでいれるよ。

たしかに、Cuよりイオン化傾向の小さい金属は陽極泥として沈んでる！
だったら水溶液中で一番イオン化傾向が小さいCuが析出することになるわね。うまくできてる！

そして、ZnやFeを析出させないために、工夫もされてるんだ。
たくさんe⁻を送り込むとCu²⁺だけで処理できなくなって、Zn²⁺やFe³⁺が手伝いに来てしまうから、確実にCu²⁺だけで処理できるように、ちょっとずつe⁻を送り込むんだ。
わずか0.3Vの電圧で電気分解するんだよ。

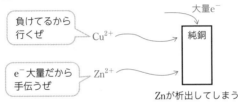

計算のポイント

事実上、次のように考えることができます。

▼ 粗銅から溶解する Cu

陽極で溶解するときに放出した e^- を、そのまま陰極でキャッチして析出

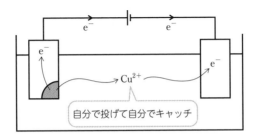

▼ 粗銅から溶解する Cu 以外の金属（Zn や Fe）

陽極で溶解するときに放出した e^- を、$CuSO_4aq$ 中の Cu^{2+} にキャッチさせる。

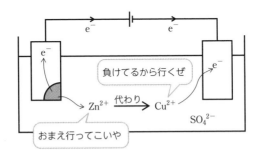

よって、$CuSO_4aq$ 中の Cu^{2+} は、溶解する不純物が放出した e^- と同量の e^- を処理して減少していきます。

例 Znが不純物の場合

Znが0.01mol溶解したとすると、e^-が0.02mol放出される。

$$Zn \longrightarrow Zn^{2+} + 2e^-$$

0.01mol　　　　　　　　　　$0.01×2=0.02mol$

その0.02molのe^-を$CuSO_4aq$中のCu^{2+}が処理して減少。

$$Cu^{2+} + 2e^- \longrightarrow Cu$$

$0.02×\dfrac{1}{2}=0.01mol$　0.02mol

以上より、

溶解したZnのmol＝$CuSO_4aq$中から減少したCu^{2+}のmol

となります。

(2) 水酸化ナトリウムNaOHの製法

陽極に炭素C、陰極に鉄Feを用いて、電気分解をおこないます。

電解液は陽極側に塩化ナトリウム水溶液NaClaq、陰極側に希薄なNaOHaqを用い、陽イオン交換膜（陽イオンだけを通過させる膜）で仕切ります。

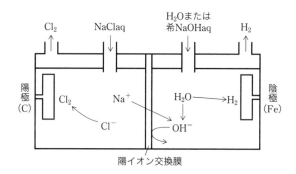

陽極 **電極がPt or C ？** ➡ **Yes!**

ハロゲン化物イオンがある？ ➡ **Yes!**

➡ **ハロゲンの単体生成**

$$2Cl^- \longrightarrow Cl_2 + 2e^-$$

陰極 重金属イオンがある？ ➡ No!

➡ H_2 発生　（水中に酸 H^+ なし）

$$2H_2O + 2e^- \longrightarrow H_2 + 2OH^-$$

陰極は OH^- の生成によりマイナスに帯電します。

そのマイナスに引っ張られて、<u>陽極側から陰極側へ Na^+ が移動</u>します。

これにより、陰極側に NaOH が生成していきます。

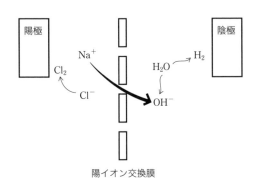

陽イオン交換膜

陰極側に希薄な NaOHaq を用いる理由

結局、陰極で反応する物質は H_2O ですから、陰極側は NaOHaq ではなく H_2O を用いればよいと考えるかもしれません。

しかし、<u>H_2O はほとんど電離していないため、イオンが非常に少なく、電流が流れにくい</u>のです。

よって、電流を流しやすくするため、電解質の NaOH を少し加えてから電気分解をおこないます。

陽イオン交換膜を用いる理由

両極の電解液を陽イオン交換膜で仕切っていないと、陽極で発生する塩素 Cl_2 と陰極で生成する NaOH が中和反応を起こします。

$$Cl_2 + 2NaOH \longrightarrow NaCl + NaClO + H_2O$$

なんで陽イオン交換膜は陽イオン
だけを通過させることができるの？

膜をマイナスに帯電させているんだよ。
だから陰イオンは反発して通過できないけど、
陽イオンは反発しないから通過できるんだ。

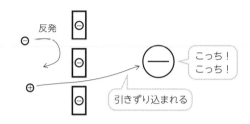

(3) 溶融塩電解（融解塩電解）：軽金属の製法

水溶液を電気分解しても、軽金属は得られません。

水 H_2O が反応して水素 H_2 が発生するからです。

例 塩化ナトリウム水溶液 NaClaq の

電気分解

陽極（C電極）

$$2Cl^- \longrightarrow Cl_2 + 2e^-$$

陰極（Fe電極）

$$2H_2O + 2e^- \longrightarrow H_2 + 2OH^-$$

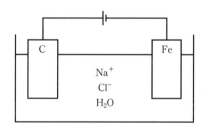

では、融解液を用いるとどうなるか考えてみましょう。

水溶液と融解液は何が違うの？

NaCl水溶液はNaClを水に溶かしたもの。
NaCl融解液はNaClの結晶を融点まで加熱
して溶かしたもの。だから H_2O がないんだ。

NaCl融解液の電気分解

陽極 電極がPt or C ? ➡ Yes!

ハロゲン化物イオンがある？ ➡ Yes!

➡ ハロゲンの単体生成

$$2Cl^- \longrightarrow Cl_2 + 2e^-$$

陰極 重金属イオンがある？ ➡ No !

➡ H_2発生（酸H^+なし！ H_2Oもなし!!）

➡ ???

➡ Naがe^-を処理するしかない!!

➡ Na析出

$$Na^+ + e^- \longrightarrow Na$$

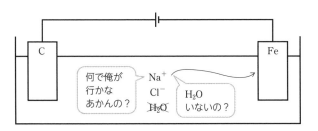

　このように、あえてH_2Oがいない状態で電気分解をおこなうと、通常は析出しない軽金属を析出させることができます。

酸化アルミニウム Al_2O_3 融解液の電気分解

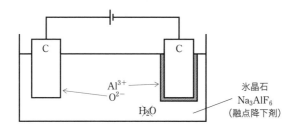

Al_2O_3の融点は約2000℃と非常に高く、融解させるためにコストがかかってしまいます（2000℃まで加熱する熱量、2000℃に耐え得る装置が必要）。

そこで、融点降下剤として氷晶石Na_3AlF_6を加えて融解させます。

そうすることで、約1000℃で融解させることが可能になります。

なんで氷晶石を入れると融点が下がるの？

凝固点（融点）降下は希薄溶液の性質（➡第11章§5）でやるんだけど、粒子数に比例する性質なんだ。
氷晶石って1粒溶解すると10粒になるよね（Na^+×3、Al^{3+}×1、F^-×6）。
ものすごく粒子数が増加するんだ。
そして、Alよりイオン化傾向の小さい金属も含まれていないから最適なんだよ。

なるほど。イオン化傾向がAlより小さい金属が含まれていたら、Alではなく、その金属が析出しちゃうもんね。

| 陽極 | 電極がPt or C？ | ➡ | Yes！ |

➡　O_2発生？？？

$$2O^{2-} \longrightarrow O_2 + 4e^- \quad ???$$

➡　**高温のため、電極のCと反応して一酸化炭素**
　　CO、二酸化炭素CO_2発生

$$C + O^{2-} \longrightarrow CO + 2e^-$$
$$C + 2O^{2-} \longrightarrow CO_2 + 4e^-$$

| 陰極 | 重金属イオンがある？ | ➡ | No！ |

➡　H_2発生（酸H^+なし！　<u>H_2Oもなし!!</u>）

➡　？？？

➡　**Alがe^-を処理するしかない!!**

➡　**Al析出**

$$Al^{3+} + 3e^- \longrightarrow Al$$

陽極では絶対にO_2は発生しないの？

高温ではCが酸化されやすいんだ。そして、酸素Oは電気陰性度が大きいよね。
もし、結合相手がO自身だった場合、共有電子対は半分こだね。

あーあ
半分こか

$$O\,{}^{\circ\circ}_{\circ\circ} + {}^{\circ\circ}_{\circ\circ}O \longrightarrow O\,{}^{\circ\circ}_{\circ\circ}{}^{\bullet}_{\bullet}\,O$$

でも、結合相手がO以外なら、共有電子対は自分のものにできるね。（フッ素Fは除く）

e^-は
オレのもの

$$X^\circ + {}^{\bullet}O \longrightarrow X\,{}^{\bullet}_{\bullet}O$$

（F以外）

だからOは違う原子と結合しようとするんだよ。
あえて酸化されやすいC電極を使っているのも納得だよね。

なるほど。
もし電極に酸化されにくいPtなんかを使用したら、Ptは酸化されるのを拒むから電気分解が進行しないわね。

///////////////////////////

▶ ポイント

電気分解の利用

Cuの電解精錬 ⇒ $CuSO_4aq$ の電気分解（陽極に粗銅、陰極に純銅）

NaOHの製法 ⇒ NaClaq の電気分解（陽極にC、陰極にFe、陽イオン交換膜を使用）

軽金属の製法 ⇒ 溶融塩電解（融解液を電気分解することで軽金属を析出させる）

③ 電気量計算

電気量 Q（C）は「どれだけの電流 i（A）がどれだけの時間 t（秒）流れたか」で表します。

Q（C）$= i$（A）$\times t$（秒）

また、e^- 1molが流れたときの電気量が96500（C）に相当し、これをファラデー定数 F（C/mol）とよびます。

よって、以下のようにして、流れた e^- のmolを求めることができます。

$$\frac{Q（C）}{96500（C/mol）} = e^-\ mol$$

例 硫酸銅水溶液 $CuSO_4aq$ を0.50Aの電流で1時間4分20秒間電気分解した。発生する気体は何molか。

ただし、ファラデー定数は 9.65×10^4 C/molとする。

解：気体が発生するのは陽極で、発生する気体は酸素 O_2 である。

$$(+) \quad 2H_2O \longrightarrow O_2 + 4H^+ + 4e^-$$

反応式の係数より、

発生する O_2 mol：流れた e^- mol $= 1 : 4$

であることがわかります。

電気分解を行った時間を秒になおすと 3860 秒であるため、発生した O_2 の mol は

$$\frac{0.50 \times 3860}{9.65 \times 10^4} \times \frac{1}{4} = 5.0 \times 10^{-3} \text{mol}$$

となります。

ポイント

電気量計算

電気量 Q (C) ＝ 電流 i (A) × 時間 t (秒)

$$\frac{\text{電気量} Q(\text{C})}{96500(\text{C/mol})} = \text{流れた } e^- \text{ の物質量 (mol)}$$

演習

入試問題に挑戦！

1 次の文章を読み、(1) ～ (5) に答えよ。原子量は、H = 1.0、O = 16.0、S = 32.0、Pb = 207 とする。

ダニエル電池は、負極となる亜鉛板を浸した硫酸亜鉛水溶液と、正極となる銅板を浸した硫酸銅(II)水溶液を素焼き板で仕切った電池である。

二次電池として用いられる鉛蓄電池は、負極、正極にそれぞれ鉛、酸化鉛(IV)、また電解液に希硫酸が用いられており、放電時の電池全体の反応は以下の化学反応式で表される。

$$Pb + PbO_2 + 2H_2SO_4 \longrightarrow 2PbSO_4 + 2H_2O$$

また、最近ではクリーンなエネルギー源として燃料電池が利用されている。

水素と酸素を用いた燃料電池が代表的なものであり、図はこのうちリン酸型燃料電池の構成を示したものである。負極活物質に水素、正極活物質に酸素、電解液にリン酸水溶液を用いる。正極と負極はいずれも触媒作用をもつ多孔質の電極であり、酸素や水素を通過させることができる。(a)負極では水素イオンが生じ、電解液中を移動した後、正極で反応する。このように、二つの電極を導線で接続することで電流を取り出すことができる。

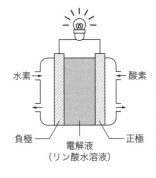

水素 ──── 酸素

負極　　　電解液　　　正極
（リン酸水溶液）

(1) ダニエル電池の負極活物質Aおよび正極活物質Bを、次の（あ）〜（お）の中から選び、それぞれ記号で答えよ。

　（あ）Zn　（い）Cu　（う）Zn^{2+}　（え）Cu^{2+}　（お）$SO_4{}^{2-}$

(2) 次の（あ）〜（う）のようなダニエル型の電池をつくったとき、起電力が最も大きいものはどれか。記号で答えよ。

　（あ）　（−）Ni｜$NiSO_4$水溶液｜$SnSO_4$水溶液｜Sn（＋）

　（い）　（−）Fe｜$FeSO_4$水溶液｜$SnSO_4$水溶液｜Sn（＋）

　（う）　（−）Fe｜$FeSO_4$水溶液｜$CuSO_4$水溶液｜Cu（＋）

(3) 鉛蓄電池をしばらく放電させたところ、正極の質量が6.4g増加した。このとき、電解液の質量は放電前に比べて何g減少したか。有効数字2桁で答えよ。ただし、PbO_2および$PbSO_4$は電解液に不溶であるものとする。

(4) 下線部(a)について、リン酸型燃料電池の正極でおこる反応を、電子e^-を含むイオン反応式で記せ。

(5) リン酸型燃料電池の電池全体の反応は水素の燃焼反応と同一であることから、この電池は水素の燃焼反応の反応エンタルピーの一部を電気エネルギーに変換しているとみなすことができる。リン酸型燃料電池において、3.0molの水素が消費され、630kJの電気エネルギーが生じた。得られた電気エネルギーは、同量の水素を完全燃焼させたときに放出される熱量の何％か。有効数字2桁で答えよ。ただし、水素の完全燃焼で生成する水は液体であり、水素の燃焼エンタルピーは−280kJ/molとする。

（2015 大阪府立大 3）

2 つぎの文を読み、以下の各問いに答えなさい。

　白金を電極とした右図の装置を用い、電解槽Ⅰには1.00mol/Lの硝酸銀水溶液100mL、電解槽Ⅱには1.00mol/Lの塩化銅（Ⅱ）水溶液100mLを入れて、5.00Aの定電流で一定時間電気分解を行ったところ、電極Aに3.24gの銀が析出した。ただし、発生する気体はすべて理想気体で、気体同士の反応は起きないものとする。また、発生した気体の各水溶液への溶解度は無視できるものとする。

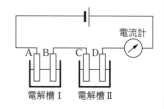

問1　この電気分解を行った時間〔秒〕として適切な値をa～fの中から一つ選べ。

　　a. 298　　　b. 579　　　c. 1160　　　d. 2320　　　e. 5790　　　f. 14500

問2　この電気分解の後、電極Cに析出した銅の質量〔g〕として適切な値をa～fの中から一つ選べ。

　　a. 0.476　　　b. 0.635　　　c. 0.953　　　d. 1.91　　　e. 3.81　　　f. 7.62

問3　この電気分解中に電極Bで生じる化学変化を、電子を含む化学反応式で書け。

問4　この電気分解で発生した気体をすべて捕集した。これらの気体の標準状態（0℃、1.01×10^5 Pa）での体積〔L〕の総和として適切な値をa～fの中から一つ選べ。

　　a. 0.168　　　b. 0.252　　　c. 0.336　　　d. 0.504　　　e. 0.672　　　f. 0.896

（2013 東海大（医）4）

（解答は P.383）

熱化学

化学変化が起こると、「物質」と「粒子数（物質量）」が変化しますね。これら以外に、もう1つ変化するものがあります。それは「物質がもつエネルギー」です。ここでは、反応により変化する「物質がもつエネルギー」に注目してみましょう。

第8章の
目標

➡ 反応エンタルピーの定義をすらすら言えるようになろう。

➡ 熱量の計算の公式を理解して使えるようになろう。

➡ エンタルピー図がすらすら書けるようになろう。

▶ §1 化学反応とエンタルピー

どんな物質も、「位置エネルギー」と「運動エネルギー」をもっています。物質がもつこれら化学エネルギーの和を**エンタルピー H**（熱含量）といいます。

シンプルに「物質がもっているエネルギー」って考えたらいいよ。

そして、化学変化が起こるとエネルギーの出入りが起こるため、エンタルピーが変化します。このエンタルピーの変化は「生成物がもつエンタルピーと反応物がもつエンタルピーの差」で表すことができ、これを**エンタルピー変化 ΔH** といいます。

エンタルピー変化 $\Delta H = H_{生成物} - H_{反応物}$

①発熱反応とエンタルピー

発熱反応は、物質がもつエネルギーが熱として放出される反応ですね。よって、発熱反応が進行すると、物質がもつエネルギーすなわちエンタルピーが小さくなります。

エンタルピー変化 ΔH で考えると、反応物のエンタルピーより生成物のエンタルピーが小さくなるため、$\underline{\Delta H < 0}$ となります。

例 A＋B ⟶ Cの反応により100kJの発熱が起こった。

⇒ 物質がもつエネルギーが100kJ減少すなわち $\Delta H = -100$kJ

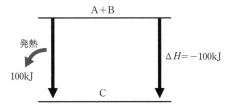

放出されたエネルギーが100kJで、エンタルピー変化 ΔH は -100kJ…。なんか混乱しちゃうわね。

最初はそうかもしれないね。
エンタルピー変化 ΔH →反応に関わる物質（反応系）に注目
放出（または吸収）されるエネルギー→反応系の外に注目
という違いを徹底していこうね。

反応している物質は100kJ失い（-100kJ）、その周りが100kJもらった（100kJ）ということね。

②吸熱反応とエンタルピー

吸熱反応は、物質が熱（エネルギー）を吸収する反応ですね。よって、吸熱反応が進行すると、物質がもつエネルギーすなわち<u>エンタルピーが大きくなります</u>。

エンタルピー変化 ΔH で考えると、反応物のエンタルピーより生成物のエンタルピーが大きくなるため、<u>$\Delta H > 0$</u>となります。

例 A＋B ⟶ Cの反応により100kJの吸熱が起こった。

 ⇒　物質がもつエネルギーが100kJ増加すなわち $\Delta H = +100\text{kJ}$

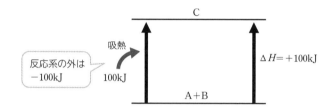

///////////////////////

👉 ポイント

エンタルピー変化：反応に関わる物質（反応系）に注目している

 $\Delta H = H_{生成物} - H_{反応物}$

発熱反応　⇒　エンタルピー変化 $\Delta H < 0$

吸熱反応　⇒　エンタルピー変化 $\Delta H > 0$

▷§2　化学反応式とエンタルピー変化

化学反応に伴う熱の出入りを考えるときには、「エンタルピー変化を付した反応式（以下、本書ではエンタルピー反応式とする）」で考えます。

例 水素の燃焼エンタルピー※は -286kJ/mol

 ※物質1molが完全燃焼するときのエンタルピー変化（➡§3）

①反応物と生成物を書く

$$H_2 + O_2 \longrightarrow H_2O$$

②注目する物質の係数を「1」にし、他の物質の係数を決める（分数になっても可）

「水素の燃焼エンタルピー」とあるので、注目する物質は水素H_2です。

$$1H_2 + \frac{1}{2}O_2 \longrightarrow 1H_2O \quad （通常、係数「1」は省略）$$

③各物質に（状態）をつける

固体は（固）または（s）、液体は（液）または（l）、気体は（気）または（g）で表します。ただし、常温常圧（25℃、1.013×10^5Pa）で気体で存在する物質の「（気）または（g）」は省略することが多いです。

$$H_2（気） + \frac{1}{2}O_2（気） \longrightarrow H_2O（液） \quad または \quad H_2 + \frac{1}{2}O_2 \longrightarrow H_2O（液）$$

なんで（状態）をつけるの？

例えば、液体の水が生成するときと、気体の水が生成するときでは、変化するエネルギーが変わるからだよ。

④反応式の後ろにエンタルピー変化 ΔH を書く

$$H_2（気） + \frac{1}{2}O_2（気） \longrightarrow H_2O（液） \qquad \Delta H = -286\text{kJ}$$

反応式の後ろの ΔH の単位は（kJ/mol）じゃないの？

係数を「1」にすることで「1molあたり」を表現しているから、単位は (kJ) になるよ。文章の中では (kJ/mol)、反応式の後ろでは (kJ) だね。

ポイント

エンタルピー変化を付した式（本書ではエンタルピー反応式）

・注目する物質の係数は「1」にする
・（状態）を付記する
・反応式の後ろの ΔH の単位は (kJ) になる

§3 反応エンタルピーの種類

① 「〜エンタルピー」

　一定圧力下の化学反応に伴うエンタルピー変化 ΔH を**反応エンタルピー**といいます。代表的な反応エンタルピーには固有の名称がついています。

　「〜エンタルピー」は反応に関与する物質（反応系）に注目していることを徹底しましょう。

（1）燃焼エンタルピー

　物質1molが完全燃焼するときのエンタルピー変化

　燃焼反応は発熱なので、燃焼エンタルピーは必ず $\Delta H < 0$ となります。

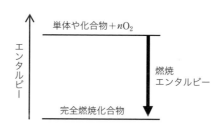

例 CO の燃焼エンタルピー：-283kJ/mol

$$CO\,(気) + \frac{1}{2}O_2\,(気) \longrightarrow CO_2\,(気) \qquad \Delta H = -283\text{kJ}$$

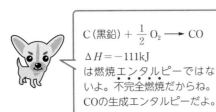

C（黒鉛）$+ \dfrac{1}{2}O_2 \longrightarrow CO$

$\Delta H = -111\text{kJ}$
は<u>燃焼エンタルピーではな</u>
<u>いよ</u>。不完全燃焼だからね。
CO の生成エンタルピーだよ。

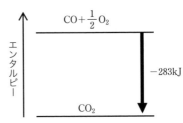

(2) 生成エンタルピー

<u>物質1mol が構成元素の単体から</u>
<u>生成するときのエンタルピー変化</u>

発熱の場合も吸熱の場合もありま
す。

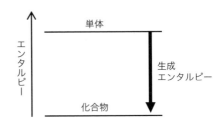

例 CO の生成エンタルピー：-111kJ/mol

$$C\,(黒鉛) + \frac{1}{2}O_2\,(気) \longrightarrow CO\,(気) \qquad \Delta H = -111\text{kJ}$$

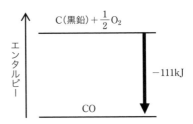

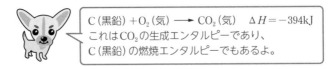

C（黒鉛）$+O_2\,(気) \longrightarrow CO_2\,(気) \qquad \Delta H = -394\text{kJ}$
これは CO_2 の生成エンタルピーであり、
C（黒鉛）の燃焼エンタルピーでもあるよ。

(3) 溶解エンタルピー

<u>物質1molが多量の溶媒に溶解するとき</u>のエンタルピー変化

発熱の場合も吸熱の場合もあります。特に表記がない場合の溶媒は水で、「多量の水」を「aq」で表します。

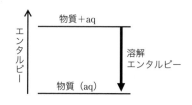

例 NaOH（固）の溶解エンタルピー：-44.5kJ/mol

$$\text{NaOH(固)} + aq \longrightarrow \text{NaOHaq} \qquad \Delta H = -44.5\text{kJ}$$

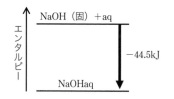

(4) 中和エンタルピー

<u>酸と塩基が反応し、水1molが生成する</u><u>とき</u>のエンタルピー変化

中和反応は発熱なので、中和エンタルピーは必ず $\Delta H < 0$ となります。

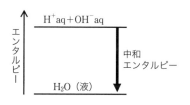

例 塩酸と水酸化ナトリウム水溶液の中和エンタルピー：-56.5kJ/mol

$$\text{HClaq} + \text{NaOHaq} \longrightarrow \text{NaClaq} + \text{H}_2\text{O（液）} \qquad \Delta H = -56.5\text{kJ}$$

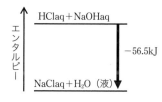

また、塩化水素や水酸化ナトリウムは強酸で、水中で完全に電離しているため、以下のように表すこともできます。

$$\text{H}^+\text{aq} + \text{OH}^-\text{aq} \longrightarrow \text{H}_2\text{O（液）} \qquad \Delta H = -56.5\text{kJ}$$

②「～エネルギー」

　「～エネルギー」は、「～するために必要なエネルギー」を表しています。すなわち、吸熱です。よって、エンタルピー変化は $\Delta H > 0$ になります。

(1) 結合エネルギー

　気体の原子間結合1molを切るために必要なエネルギー

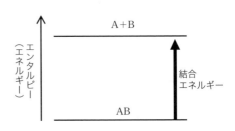

例 水素 H_2 の結合エネルギー：436kJ/mol

$$H_2（気） \longrightarrow 2H（気） \quad \Delta H = 436kJ$$

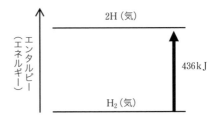

(2) 解離エネルギー

　気体分子1molに含まれるすべての共有結合を切断し、原子にするために必要なエネルギー

　分子を構成する結合の結合エネルギーの総和と考えられます。

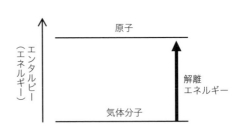

例 メタン CH_4 の解離エネルギー：1644 kJ/mol

$$CH_4 (気) \longrightarrow C (気) + 4H (気) \qquad \Delta H = 1644kJ$$

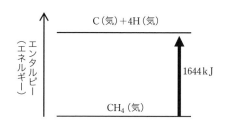

CH_4 の解離エネルギーは $C-H$ 結合の結合エネルギー4本分に相当するよ。

(3) 格子エネルギー

イオン結晶1molを気体のイオンにするために必要なエネルギー

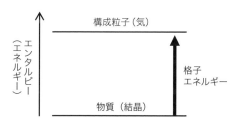

例 塩化ナトリウム $NaCl$ の格子エネルギー：771kJ/mol

$$NaCl (固) \longrightarrow Na^+ (気) + Cl^- (気) \qquad \Delta H = 771kJ$$

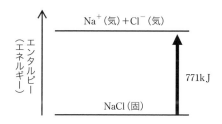

イオン化エネルギーも「～エネルギー」だから吸熱反応だね。エンタルピー変化は正だよ。

③状態変化「〜エンタルピー」「〜熱」

状態変化の反応エンタルピーは、1.013×10^5 Pa 下での状態変化によるエンタルピー変化で表します。

蒸発や融解で表すことが多く、いずれも吸熱の変化なのでエンタルピー変化は $\Delta H > 0$ です。

また、「蒸発熱」や「融解熱」のように「〜熱」という表現になる

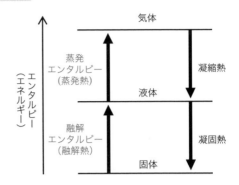

ときもあります。これらは反応系の外に注目したものです。よって、蒸発も融解も吸熱なので本来は「−」がつきますが、<u>絶対値で表す決まり</u>のため、蒸発エンタルピーや融解エンタルピーと同じになります。

例 水の蒸発エンタルピー：44kJ/mol、または、水の蒸発熱：44kJ/mol

$$H_2O（液） \longrightarrow H_2O（気） \qquad \Delta H = 44kJ$$

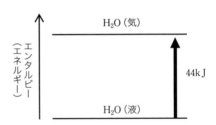

☞ ポイント

「〜エンタルピー」
一定圧力下の化学反応に伴うエンタルピー変化 ΔH
「〜エネルギー」
〜するために必要なエネルギー（吸熱）。すべて $\Delta H > 0$

▶§4　反応エンタルピーの求め方①（実験）

　反応エンタルピー ΔH は、実験（反応による温度変化を測定）から求めることができます。

　測定する温度は反応系の外であるため、注意が必要です。反応系と反応系の外ではエネルギー変化が逆になることを再認識してから本題に入っていきましょう。

	反応系	反応系の外
発熱反応	エンタルピー H が減少 $\Delta H < 0$	熱をもらう（温度が上がる）
吸熱反応	エンタルピー H が増加 $\Delta H > 0$	熱を失う（温度が下がる）

①公式

　実験結果（温度変化 t）を使った反応エンタルピー ΔH の求め方は次のようになります。

$$\text{熱量 } Q = -(\Delta H) \times \text{物質量} \times 10^3$$
$$\quad (J) \qquad (kJ/mol) \qquad (mol)$$
$$= \text{質量 } m \times \text{比熱 } c \times \text{温度変化 } t$$
$$\quad (g) \qquad (J/g \cdot ℃) \qquad (℃)$$

　上の公式が成立することは単位から確認できますが、きちんと確認しておきましょう。

　　　$\text{熱量 } Q = -(\Delta H) \times \text{物質量} \times 10^3$

　反応エンタルピー ΔH は「注目する物質1molあたり」で表しているため、反応した物質量をかけると、実際に変化した熱量（kJ）となり、10^3 倍すると単位が「J」に変化します。

　注意すべき点は、この公式は反応系の外に注目しているということです。そこで、反応系に注目している反応エンタルピー ΔH には「−」をつけて、反応系の外のエネルギー変化に変える必要があります。

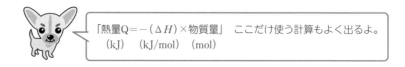

「熱量Q=―（△H）×物質量」　ここだけ使う計算もよく出るよ。
　（kJ）　（kJ/mol）　（mol）

熱量 $Q=$ 質量 m× 比熱 c× 温度変化 t

反応により変化した熱量により、m (g) の物質の温度が t (℃) 変化したことを表しています。

これら2つの式を1つにまとめたものが、先述の公式です。

物質量（実験で用いた量）、温度変化 t（実験結果）、質量 m、比熱 c に数値を代入できるから、ΔH が求まるんだよ。

②温度変化 t の求め方

実験による温度変化は、次のようなグラフ（左図）で得られます。このグラフから温度変化を読み取るときは、右図のようにします。

得られるグラフ

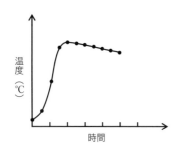

温度変化の読み取り方

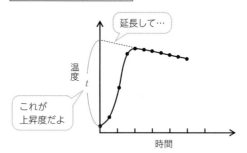

次のグラフで示している矢印部分が温度変化にはなりません。
気をつけましょう。

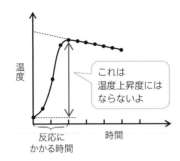

どうしてグラフの頂点の温度を最高温度として読み取らないの？

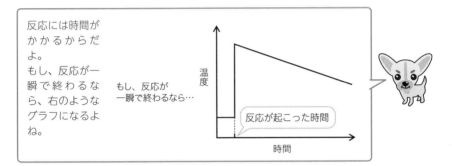

反応には時間が
かかるからだ
よ。
もし、反応が一
瞬で終わるな
ら、右のような
グラフになるよ
ね。

でも、実際は反応に時間がかかり、その間も熱が逃げてるんだよ。

逃げた熱を考慮するために、熱が逃げなかったとき（反応が
一瞬で終わるとき）を想定して温度変化を読み取るのね。

熱量 $Q = -(\Delta H) \times$ 物質量 $\times 10^3$
　(J)　　(kJ/mol)　　(mol)

　　$=$ 質量 $m \times$ 比熱 $c \times$ 温度変化 t
　　　(g)　　(J/g・℃)　　(℃)

温度変化を与えられてないとき
熱量 $Q = -(\Delta H) \times$ 物質量
　(kJ)　　(kJ/mol)　　(mol)

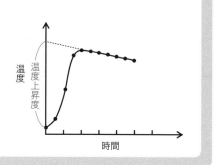

解いてみよう!!

1. メタン CH_4 3.2gを完全燃焼させた。このとき放出される熱量は何kJか。小数点以下を四捨五入して答えよ。ただし、CH_4 の燃焼エンタルピーは -891kJ/molとする。

　解：問題文中に温度は出てこないため、

　　　$-(\Delta H)$ (kJ/mol) $\times$ **物質量** (mol) $=$ **熱量** (kJ)

　　に代入します。CH_4 の分子量は16であるため、

　　　$-(-891) \times \dfrac{3.2}{16} = 178.2$　　<u>178 (kJ)</u>

2. 次図のような発泡ポリスチレン容器に25℃の水100mLを入れ、固体の水酸化ナトリウム $NaOH$ 2.0gを加えて完全に溶解させた。このときの、溶液の温度変化の様子が右のグラフである。

　この実験結果から、$NaOH$ の溶解エンタルピーを求めよ。

　ただし、水溶液の比熱は4.2J/g・℃、水の密度は1.0g/mLとする。

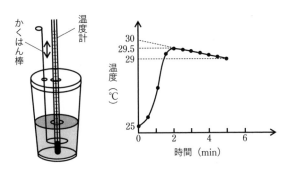

解：実験による温度変化のグラフを与えられているため、次の公式に代入しましょう。

$$\underset{\text{(J)}}{\text{熱量 } Q} = -\underset{\text{(kJ/mol)}}{(\Delta H)} \times \underset{\text{(mol)}}{\text{物質量}} \times 10^3$$

$$= \underset{\text{(g)}}{\text{質量 } m} \times \underset{\text{(J/g·℃)}}{\text{比熱 } c} \times \underset{\text{(℃)}}{\text{温度変化 } t}$$

グラフより、温度上昇度は5℃とわかります。

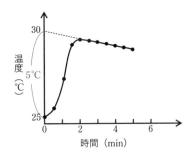

NaOH（式量40）の溶解エンタルピーを ΔH とすると、

$$-(\Delta H) \times \frac{2.0}{40} \times 10^3 = (100 \times 1 + 2.0) \times 4.2 \times 5$$

$$\Delta H = -42.84 \quad \underline{-43\text{kJ}}$$

§5　反応エンタルピーの求め方②（ヘスの法則）

　例えば、A —→ Bという化学変化の反応エンタルピー ΔH を求めるとしましょう。

　基本的には§4で確認したように実験をおこないます。すなわち、実際にこの化学変化を起こして温度変化 t（℃）を測定し、その結果を以下の公式に代入します（➡§4の例題2でNaOHの溶解エンタルピーを求めましたね）。

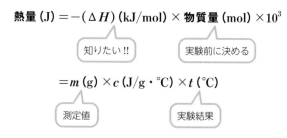

$$熱量 (J) = -(\Delta H)(kJ/mol) \times 物質量 (mol) \times 10^3$$

知りたい!!　　　実験前に決める

$$= m (g) \times c (J/g \cdot ℃) \times t (℃)$$

測定値　　　　　実験結果

　このように、反応エンタルピーは実験から求めるものですが、実験室では困難な化学反応もあります。このような反応の反応エンタルピーの求め方を確認していきましょう。

 実験室で起こせない反応ってどんな反応なの？

工業的製法なんかはほとんど無理じゃないかな？　例えばハーバー・ボッシュ法。ゆうこちゃん、反応の条件覚えてる？

ざっくりだけど、500℃、300atmくらいだったかしら。

そそ。実験室のバーナーで500℃なんて無理だし、地上の圧力の300倍だよ？　実験器具、秒で壊れるよね。

たしかに！　そういう反応の反応エンタルピーを求める方法がヘスの法則なのね。

①ヘスの法則（総熱量保存の法則）

実験から求めることができない反応エンタルピーを求めるときに利用するのがヘスの法則です。

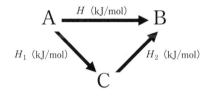

$$H = H_1 + H_2$$

ヘスの法則

物質が変化するときの反応エンタルピーの総和は、変化前後の物質の種類と状態だけで決まり、変化の経路や方法には関係しない。

実験室では起こすことができない反応$A \longrightarrow B$の反応エンタルピーH（kJ/mol）は以下のようにもとめます。

$A \longrightarrow B \quad \Delta H = H$（kJ）

[実験1] 反応 A ⟶ C を起こして、そのときの温度変化を測定し、反応エンタルピー H_1(kJ/mol) を求めます。

[実験2] 反応 C ⟶ B を起こして、そのときの温度変化を測定し、反応エンタルピー H_2(kJ/mol) を求めます。

[計　算] ヘスの法則を利用し、実験1・2から導いた H_1・H_2 を使って ΔH を求めます。

実験1の結果より　　A ⟶ C　$\Delta H = H_1$(kJ)　……(1)

実験2の結果より　　C ⟶ B　$\Delta H = H_2$(kJ)　……(2)

(1) + (2) より　　　　A ⟶ B　$\Delta H = \underline{H_1 + H_2}$(kJ)　←目的の H

以上より、$H = H_1 + H_2$ が成立していることがわかります。

　入試問題では、実験結果に相当するデータ(反応エンタルピー)を与えられるので、それらを使って知りたい反応エンタルピーを求めましょう。

②反応エンタルピーの求め方

(1) エンタルピー反応式 (反応エンタルピーを付した反応式)

　与えられた反応エンタルピーのデータを全て、エンタルピー反応式で表し、それらの和差から目的の反応エンタルピーを求める方法です(「ヘスの法則」の説明参照)。

　この方法は、データをエンタルピー反応式で与えられた場合に限り有効です。そうでない場合、正解を導くまでに時間がかかるため、この方法はオススメしません(特に与えられるデータが多いときは、たくさんの反応式を書く必要があります)。

(2) エンタルピー図

　エンタルピー図を書いて求めます。

　どんな問題でも、この方法で解くことができ、書き慣れると速く解くことができます。

　エンタルピー図の書き方を確認する前に、以下の2点を徹底しておきましょう。

・反応エンタルピーの定義が頭に入っている（➡P.241）

・6つの状態のエンタルピーを高い順に暗記している

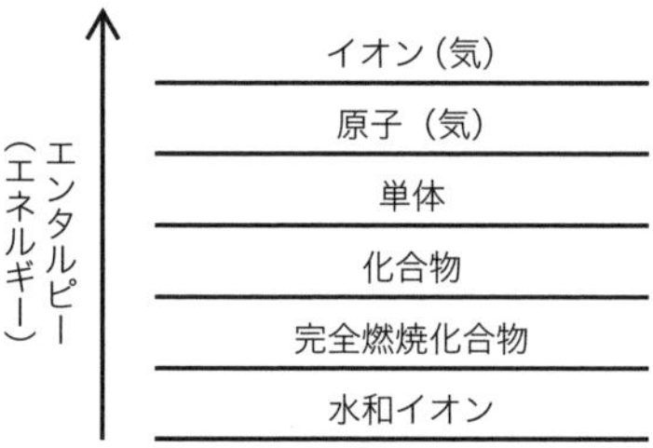

それではエンタルピー図の書き方を確認していきましょう。

エンタルピー図の書き方①（データに統一性があるとき）

与えられたデータに統一性があるとき、エンタルピー図を書くポイントは次のようになります。

・「仲間はずれ」から書き始める

・<u>反応エンタルピーを書き入れるときの矢印（↑・↓）の向きは、定義に従う</u>

例 二酸化炭素CO_2の生成エンタルピーが$-394kJ/mol$、水H_2O（液）の生成エンタルピーが$-286kJ/mol$、メタンCH_4の燃焼エンタルピーが$-891kJ/mol$のとき、CH_4の生成エンタルピーを求めよ。

解：与えられたデータ（求めるものも含む）のほとんどが生成エンタルピーで、1つだけ燃焼エンタルピーがありますね。これが「仲間はずれ」です。

では、燃焼エンタルピー（$-891kJ/mol$）から書き始めましょう。燃焼エンタルピーは「単体・化合物→完全燃焼化合物」なので、矢印の向きは「↓」です。

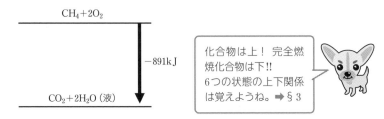

CH₄+2O₂

-891kJ

CO₂+2H₂O（液）

化合物は上！ 完全燃焼化合物は下!!
6つの状態の上下関係は覚えようね。→§3

次に、統一データである生成エンタルピーのエンタルピー図を書き加えます。統一データの部分は略記で書いてもきちんと正解を求めることができます（図参照）。

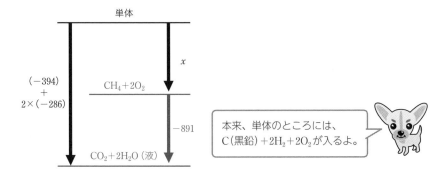

単体

x

(-394)
$+$
$2×(-286)$

CH₄+2O₂

-891

CO₂+2H₂O（液）

本来、単体のところには、
C（黒鉛）+2H₂+2O₂が入るよ。

CH_4の生成エンタルピーを x kJ/mol とすると、ヘスの法則より以下の式が成立します。

$$-394+2×(-286)=x+(-891)$$

$$x=\underline{-75}\,(kJ/mol)$$

O_2の生成エンタルピーは考えないの？

生成エンタルピーの定義は「単体→化合物」だよ。「単体→単体」では何も変わってないから反応エンタルピーは0だね。

そっか！　単体の生成エンタルピーは何でも0なのね。
あと、「仲間はずれ」が2つある問題のときはどうすればいいの？

基本的に「仲間はずれ」1つにつきエンタルピー図1つだよ。
エンタルピー図を2つ書いてね。

エンタルピー図の書き方②（データに統一性がないとき）

与えられたデータに統一性がないとき、エンタルピー図を書くポイントは次のようになります。

・問題に関わるエンタルピーレベルを全て書き出す
・反応エンタルピーを書き入れるときの矢印（↑・↓）の向きは、定義に従う

例 塩化ナトリウム $NaCl$（固）の生成エンタルピーが$-411kJ/mol$、Na（固）の昇華熱が$93kJ/mol$、Cl_2の結合エネルギーが$240kJ/mol$、Na（気）のイオン化エネルギーが$496kJ/mol$、Cl（気）の電子親和力が$349kJ/mol$のとき、$NaCl$（固）の格子エネルギーを求めよ。

解：与えられたデータは全て異なるもので、統一性がありません。よって、まずは関わるエンタルピーレベルを書き出します（本問では、「燃焼エンタルピー」と「水和エンタルピー」を与えられていないので、「完全燃焼化合物」と「水和イオン」のエンタルピーレベルは必要ありません）。

そして、矢印の向きを意識しながら反応エンタルピーを書き入れていきましょう。

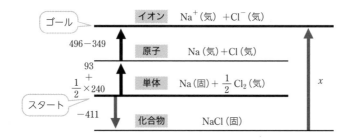

※注意：イオン化エネルギー I_A は吸熱、電子親和力 E_A は発熱ですね。絶対値で比較すると「$|I_A| > |E_A|$」の関係が成立しているため、全体では $(I_A - E_A)$ だけ吸熱、すなわちエンタルピー変化は $+ (I_A - E_A)$ になります。

$$Na\,(気) + Cl\,(気) \longrightarrow Na^+\,(気) + Cl^-\,(気) \qquad \Delta H = + (I_A - E_A)\,kJ$$

　　ヘスの法則より、反応前後の物質が一致していれば経路によらずエンタルピー変化の総和は変化しません。
　　エンタルピー図の矢印より、「単体からイオン」に注目すれば、反応前後の物質が一致した2つの経路が確認できます。

　　以上より、

$$(-411) + x = 496 - 349 + 93 + \frac{1}{2} \times 240 \qquad x = \underline{771\,(kJ/mol)}$$

エンタルピー図の中で、出発点と到達点が一致する経路を探すのね。

そそ。まさにヘスの法則だよね。

(3) 公式

データに統一性があるときのみ有効なのが公式です。

ⅰ：生成エンタルピー＋仲間はずれ（反応エンタルピー Q kJ/mol）のとき

仲間はずれのエンタルピー反応式を書き、以下の公式に数値を代入する。

Q＝（右辺の生成エンタルピーの和）－（左辺の生成エンタルピーの和）

例 二酸化炭素 CO_2 の生成エンタルピーが -394kJ/mol、水 H_2O（液）の生成エンタルピーが -286kJ/mol、メタン CH_4 の燃焼エンタルピーが -891kJ/mol のとき、CH_4 の生成エンタルピーを求めよ。

解：仲間はずれの CH_4 の燃焼エンタルピーのみエンタルピー反応式を書きます。

$$CH_4 + 2O_2 \longrightarrow CO_2 + 2H_2O（液）\qquad \Delta H = -891kJ$$

この反応式について公式を利用し、数値を代入します（CH_4 の生成エンタルピーを x kJ/mol とする）。

$$Q＝（CO_2 と 2H_2O の生成エンタルピーの和）$$
$$－（CH_4 と 2O_2 の生成エンタルピーの和）より$$
$$-891 = (-394 + 2 \times (-286)) - (x) \qquad x = \underline{-75（kJ/mol）}$$

この計算式は、結果的にエンタルピー図を書いて解くときと同じになります（➡P.255の 例）。

CH₄の燃焼エンタルピーの反応式を問題文中に与えられてたら、計算式1つで答えが出るから、エンタルピー図を書くより速く解けるよ。

ⅱ：燃焼エンタルピー＋仲間はずれ（反応エンタルピー Q kJ/mol）のとき

仲間はずれのエンタルピー反応式を書き、以下の公式に数値を代入する。

Q＝（左辺の燃焼エンタルピーの和）－（右辺の燃焼エンタルピーの和）

例 プロパン C_3H_8 の燃焼エンタルピーが -2219kJ/mol、水素 H_2 の燃焼エンタルピーが -286kJ/mol、炭素（黒鉛）C の燃焼エンタルピーが -394kJ/mol のとき、C_3H_8 の生成エンタルピーを求めよ。

解：仲間はずれの C_3H_8 の生成エンタルピー（x kJ/mol とする）のみエン

タルピー反応式を書きます。

$$3C(黒鉛) + 4H_2 \longrightarrow C_3H_8 \qquad \Delta H = x \, \text{kJ}$$

この反応式について公式を利用し、数値を代入します。

$Q = (3C(黒鉛) と 4H_2 の燃焼エンタルピーの和)$

$\qquad -(C_3H_8 の燃焼エンタルピー) より$

$$x = (3 \times (-394) + 4 \times (-286)) - (-2219) = \underline{-107 \, (\text{kJ/mol})}$$

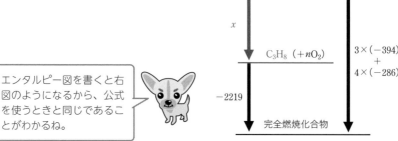

エンタルピー図を書くと右図のようになるから、公式を使うときと同じであることがわかるね。

iii：結合エネルギー＋仲間はずれ（反応エンタルピー Q kJ/mol）のとき

仲間はずれのエンタルピー反応式を書き、以下の公式に数値を代入する。

$Q = (左辺の結合エネルギーの和) - (右辺の結合エネルギーの和)$

例 H－H結合、Cl－Cl結合、H－Cl結合の結合エネルギーがそれぞれ、432kJ/mol、239kJ/mol、428kJ/molであるとき、塩化水素HClの生成エンタルピーを求めよ。

解：仲間はずれのHClの生成エンタルピー（x kJ/molとする）のみエンタルピー反応式を書きます。

$$\frac{1}{2}H_2 + \frac{1}{2}Cl_2 \longrightarrow HCl \qquad \Delta H = x \, \text{kJ}$$

この反応式について公式を利用し、数値を代入します。

$Q = (\frac{1}{2}H_2 と \frac{1}{2}Cl_2 の結合エネルギーの和)$

$\qquad -(HClの結合エネルギー) より$

$$x = \left(\frac{1}{2} \times 432 + \frac{1}{2} \times 239\right) - (428) = \underline{-92.5 \, (\mathrm{kJ/mol})}$$

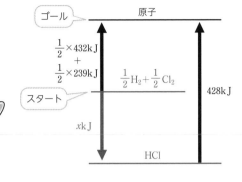

エンタルピー図を書くと、右図のようになるから、公式を使うときと同じ計算になるね。

//////////////////////
📖 ポイント

エンタルピー図と公式をうまく使い分けて、最強になろう!!

どちらも「仲間はずれに注目する」のがポイント!

エンタルピー図：仲間はずれから書く。統一データは略記でも
　　　　　　　　解答を導ける。

公式：仲間はずれだけエンタルピー反応式を書いて公式に数値
　　　を代入する。

▷ §6　反応が進む向き・化学反応と光

①化学反応が自発的に進む方向

　化学反応が自発的に進むのはどんな方向なのか考えてみましょう。

　例えば、部屋に温度の高い煙を入れて放置すると、次第に煙は冷めていきますね。また、煙は部屋中に広がっていきます。

　すなわち、「熱が逃げる方向すなわちエンタルピーが小さくなる方向（発熱方向）」「粒子が散らばっていく（バラバラになっていくことを『乱雑さが増加する』という）方向」に進みます。化学反応が自発的に進む方向も、これと同じです。

①発熱方向

発熱方向とは、エンタルピーが減少する方向です。

②乱雑さが増加する方向

乱雑さはエントロピーという量で定義されます。「乱雑さが増加する方向」は「エントロピーが増加する方向」と言えます。

一般的に①と②の兼ね合いにより、化学反応が自発的に進むかどうかが決まります。

例 $HCl \longrightarrow H^+ + Cl^-$ （①も②も右向き。すなわち不可逆反応）

$CH_3COOH \rightleftharpoons CH_3COO^- + H^+$ （①は左向き、②は右向き。すなわち可逆反応）

強酸（電離度$\alpha = 1$）か弱酸（電離度$\alpha \ll 1$）かはこうやって決まってたんだ!!

///////////////////

ポイント

化学反応が自発的に進む方向
・発熱方向（エンタルピーが減少する方向）
・乱雑さが増加する方向（エントロピーが増加する方向）

②光とエネルギー（化学発光）

化学反応では、熱の出入り以外に光の放出や吸収を伴うことがあります。光は波長が短いものほどエネルギーが高くなります。

反応により光が放出されることを**化学発光**といい、以下のような物質があります。

ルミノール

塩基性溶液中で過酸化水素やオゾンなどにより酸化されると明るく青い光を

発します。これをルミノール反応とよび、血液中の成分により反応が促進されるため、血痕の検出に用いられます。

シュウ酸ジフェニル

過酸化水素で酸化されると、放出されるエネルギーを蛍光物質に与えます。用いる蛍光物質の種類により光の色が変わります。

🔖 ポイント

化学発光：反応により光が放出されること

例 ルミノール、シュウ酸ジフェニル

---

③光化学反応

可視光線や紫外線などの光を当てると起こる(または促進される)化学反応を**光化学反応**といいます。

水素と塩素の反応

水素と塩素の混合気体に強い光を当てると、爆発的に反応が進み塩化水素が生成します。

$$H_2 + Cl_2 \longrightarrow 2HCl$$

有機化合物の反応

有機化合物の反応には、光が当たると起こるものが多くあります。

光触媒

光が当たると触媒の働きをするものを**光触媒**といいます。

例 酸化チタン(IV) TiO_2

光合成

植物が光を吸収し、二酸化炭素と水から糖類を合成する反応です。

$$6CO_2 + 6H_2O \longrightarrow C_6H_{12}O_6 + 6O_2$$

🔖 ポイント

光化学反応：光を当てると進行する反応

例 光触媒、光合成

---

1 以下の文章を読み、各問いに答えよ。ただし、1気圧 $= 1.013 \times 10^5\mathrm{Pa}$ である。

アルカンは燃焼時に多量の熱を生じることが知られ、燃料としてよく用いられている。そのような燃料の一つに液化石油ガス(LPG)がある。

表　気体の燃焼エンタルピーデータ(25℃、1気圧)

物　質	燃焼エンタルピー〔kJ/mol〕
プロパン	-2219
ブタン	-2880

LPGの主成分であるプロパンやブタンの燃焼エンタルピーは表のとおりである。

プロパンやブタンは常温・常圧では〔　ア　〕であるが、常温で〔　イ　〕することで容易に液化させることができる。このため、LPGは簡単に体積を小さくすることが可能であり、運搬しやすくなる。このことから、LPGは、カセットコンロのボンベやガスライターなどの燃料としても使われている。

問1　〔　〕内のアとイに適切な語を入れよ。

問2　気体のプロパンとブタンの、25℃、1気圧における燃焼反応の反応エンタルピーを付した反応式を、物質の状態を含めて記せ。

問3　体積百分率でプロパン30.0%、ブタン70.0%のLPGを用意した。

(a) 標準状態で1.12Lのこの LPG が、25℃で完全燃焼したとき、発生する熱量は何 kJ か。有効数字3桁で答えよ。

(b) このとき発生する熱をすべて利用し、0℃の氷270gを温めると最大何℃まで温度を上昇させることができるか求めよ。答えは整数で求めよ。ただし、氷を入れた容器の熱容量は無視するものとし、氷の融解熱は6.01kJ/mol、水の比熱は4.18J/(g・℃)とする。

問4　25℃、1気圧における黒鉛、水素の燃焼エンタルピーは、それぞれ $-394\mathrm{kJ/mol}$、$-286\mathrm{kJ/mol}$ である。プロパンの生成エンタルピーを求め、答えは整数で求めよ。

(2014 弘前大 6)

(解答は P.385)

第9章 気体

気体は、常に空気と接している私たちにとって、一番身近な物質状態といえます。

しかし、扱うのは非常に困難です。それは肉眼でとらえることができないからです。

見えない「気体」を化学の目を使ってとらえ、自由自在に扱えるようになりましょう。

第9章の目標

- ➡ 気体とは何か説明できるようになろう。
- ➡ 気体の計算パターンをマスターしよう。
- ➡ 蒸気の扱いに慣れよう。
- ➡ 理想気体と実在気体の違いを理解しよう。

§1 気体

どんな分子にも

「分子同士が引き合う力（分子間力）」

「熱運動によって動き回ろうとする力」

が働いています。

この2つの力は「くっつきたい」という力と「離れたい」という、相反する力です。

この相反する力の大小関係が

となったとき、分子たちは引力を振り切って自由に運動を始めます。

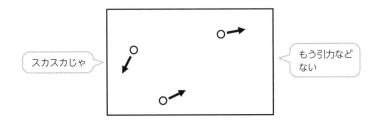

これが気体です。

よって、気体の計算問題は次のように考えます。

・**引力は働いていないと考える**〔熱運動による力 ≫ 引力〕

・**分子の体積はないと考える**〔気体の体積（容器の体積）≫ 分子の体積〕

分子間の引力と分子の体積を無視していくのが「理想気体」といわれるものなんだ。
それに対して、分子間の引力も分子の体積も考えていくのが「実在気体」。
§6でしっかり確認していくよ。

①気体の圧力 P

気体は分子間の引力を振り切って、自由に運動し、壁にぶつかります。

この「**壁にぶつかる力（単位面積あたり）**」が気体の圧力 P です。

気体の圧力 P の単位は『パスカル（Pa）』や『ミリメートル水銀柱（mmHg）』、『気圧（atm）』を使用します。

標準大気圧は

$$1.013 \times 10^5 \mathrm{Pa} = 760 \mathrm{mmHg} = 1\mathrm{atm}$$

です。

水銀柱がよくわからないわ。

試験管のようなガラス管に水銀を満たして倒立させると、必ず76cmの高さで止まるんだ。
止まるということは、「何かと何かがつり合っている」ということなんだよ。
何と何がつり合ってるかわかるかな。

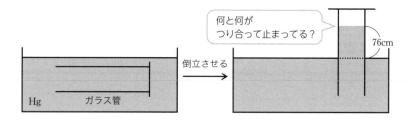

液面に注目してね。
「76cm（760mm）分の水銀の重さによる圧力と、大気圧がつり合っている」から止まるんだ。

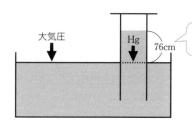

「大気圧」と「Hg76cmの重さによる圧力」がつり合ってる!!

だから大気圧1atmは「1.013×10^5Pa＝760mmHg」なのね。

そう！ PaをmmHgに変換するには$\dfrac{760}{1.013 \times 10^5}$を掛ける。mmHgをPaに変換するには、その逆。
単位変換はスラスラできるようになっておこうね。

$$\times \frac{760}{1.013 \times 10^5}$$

$$1.013 \times 10^5 \mathrm{Pa} = 760 \mathrm{mmHg}$$

$$\times \frac{1.013 \times 10^5}{760}$$

②気体の体積 V

気体の体積 V とは

「気体分子が自由に動き回ることができる空間の広さ」 ⇒ 「容器の体積」

です。

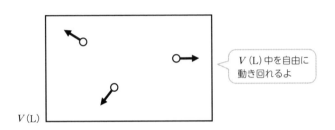

V(L) 中を自由に
動き回れるよ

V(L)

③気体の温度 T

気体を考えるときは、セルシウス温度 t(℃) に 273 を加えた**絶対温度** T(K)
を用います。

$$T\,(\mathrm{K}) = t\,(\text{℃}) + 273$$

///////////////////////////
📖 ポイント

気体：「熱運動による力＞分子間の引力」により、分子が自由に
　　　運動している状態

気体の圧力：気体分子が壁にぶつかる力
　　　　　　標準大気圧　$1.013 \times 10^5 \mathrm{Pa} = 760 \mathrm{mmHg} = 1\mathrm{atm}$

気体の体積：気体分子が自由に動き回ることができる空間の広
　　　　　　さ (容器の体積)

気体の温度：$T\,(\mathrm{K}) = t\,(\text{℃}) + 273$

§2 気体の状態方程式

①気体の状態方程式

次のような気体に成立する式を考えてみましょう。

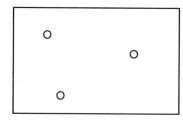

体積：V (L)

温度：T (K)

圧力：P (Pa)

物質量：n (mol)

圧力Pを大きくする方法は、以下の二つです。

・分子が壁にぶつかる勢い（熱運動エネルギー）を大きくする

⇒　**温度 T (K) を高くする**

・壁にぶつかる分子数（物質量）を増やす

⇒　**単位体積あたりの物質量 $\dfrac{n}{V}$ (mol/L) を増加させる**

「単位体積あたり」っていうのは必要なの？
単純に「物質量に比例」じゃダメなの？

「単位体積あたり」っていうのが大切なんだよ。次の図で考えてみようね。
左の容器と右の容器、どっちの圧力が高いと思う？

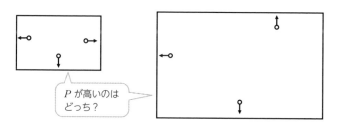

P が高いのは
どっち？

どっちも3粒の気体が容器の壁をたたいているわね…。
右は体積が大きいぶん、ぶつかる回数が少ないのかな。

そうだよ。体積が大きいとぶつかる回数が少なくなるし、体積が小さいとぶつかる回数が多くなるね。
だから、右のほうが圧力は低くなるんだよ。
圧力を比較するときには、単純に物質量で見るのではなく、単位体積あたりで見ないとダメなんだ。

以上より、

圧力 P（Pa）∝ 温度 T（K）

圧力 P（Pa）∝ 単位体積あたりの物質量 $\dfrac{n}{V}$（mol/L）

「∝」は比例を表す記号だよ。

であるため、比例定数を R とすると、

$$P = T \times \frac{n}{V} \times R$$

となり、**気体の状態方程式**

$$PV = nRT$$

$[R：\text{気体定数} \quad 8.31 \times 10^3 \,(\text{Pa·L/mol·K})]$

を導くことができます。

②気体の状態方程式の変形

状態方程式には大事な変形があります。

$$\text{物質量}\, n\,(\text{mol}) = \frac{\text{質量}\, w\,(\text{g})}{\text{分子量}\, M\,(\text{g/mol})}$$

を代入して

$$PV = \frac{w}{M}RT$$

より、

$$M = \frac{w}{V} \cdot \frac{RT}{P}$$

ここで、$\dfrac{w}{V}$は密度d（g/L）なので、

$$M = d \cdot \dfrac{RT}{P}$$

となります。

この式から以下のことがわかります。

(1) 状態方程式を利用して分子量 M を測定できる

（➡③　分子量測定実験（デュマ法））

(2) P と T が一定のとき、分子量 $M \propto$ 密度 d

・dのデータを与えられた気体の計算問題　⇒　Mで立式

・dが最大の気体　＝　Mが最大の気体

・標準状態では$\dfrac{RT}{P}=22.4$（比例定数）　⇒　$d \times 22.4 = M$

ポイント

気体の状態方程式

$$PV = nRT \quad \Rightarrow \quad M = d \cdot \dfrac{RT}{P}$$

・分子量測定に利用される

・P、T一定では$M \propto d$

---

③分子量測定実験（デュマ法）

　状態方程式を利用して分子量を測定する実験では、ピクノメーターという器具を使用します。

ピクノメーターの栓には小さい穴が空いているから、気体は自由に出入りできて、内部は大気圧と一致するよ。

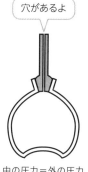

穴があるよ

中の圧力＝外の圧力

操作1　ピクノメーターの質量を測定

この操作で、ピクノメーターに空気が入っ
た状態の質量がわかります。

空気

X (g)

操作2　試料を入れる

ピクノメーターの栓を外して、試料を入れ
ます。

試料は液体で、本来、体積がとっ
ても小さいから、ピクノメー
ター内の空気の量は不変と考え
てね。

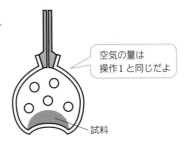

空気の量は
操作1と同じだよ

試料

操作3　恒温槽に入れて温度を適温で一定に保つ

試料の蒸発が始まります。

試料の蒸発に伴い、空気がピクノメーター
外へ追い出されていきます。

正確な実験を行うために、空気
より重い試料で実験するよ。
試料が空気より軽いと、空気が
ピクノメーター内に残る可能性
があるからね。

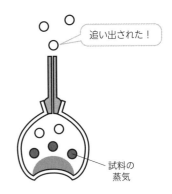

追い出された！

試料の
蒸気

操作4　試料が全て蒸発したら冷却し、質量を測定する

ピクノメーター内の試料の蒸気を全て液体に戻します。

これにより、再びピクノメーター内に空気が入ってきます。

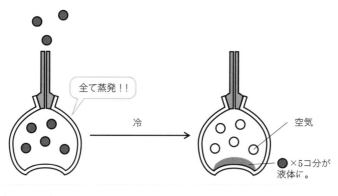

結果 **操作4と操作1の質量差がピクノメーターの体積を満たしていた試料（蒸気）の質量**

大気圧1.01×10^5Pa、ピクノメーターの容積100mL、恒温槽の温度77℃、気体定数8.31×10^3（Pa・L/mol・K）

操作1 $\Rightarrow$ $X=30.50$g　　　操作4 $\Rightarrow$ $Y=30.80$g　とすると、

$$M=\frac{w}{V}\cdot\frac{RT}{P}$$

$$=\frac{(30.80-30.50)}{\dfrac{100}{1000}}\cdot\frac{8.31\times10^3\times(77+273)}{1.01\times10^5}$$

$$=86.39 \quad \boxed{86}$$

参考

　この実験は「空気より重く」「比較的沸点の低い」試料の分子量測定に適しています。

　沸点が低いため、<u>操作4の冷却後も試料は少量蒸発しています。</u>

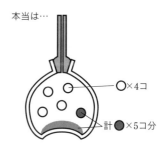

本当は…

　操作4で測定したY（g）は

　　『空気（○）×5＋試料（●）×5』
の質量ではなく、

　　『空気（○）×4＋試料（●）×5』
の質量なのです。

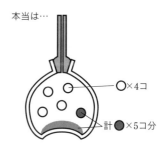

よって、操作1と操作4の質量差 $Y - X$ (g) は『試料 (●) ×5』の質量ではありません。

$$\underbrace{空気 (○) ×4 + 試料 (●) ×5}_{Y\,(g)} \underbrace{- 空気 (○) ×5}_{X\,(g)} \neq 試料 (●) ×5$$

Y (g) に『空気 (○) ×1』分の質量を加えてから X (g) との差をとると、試料 (●) ×5の質量を求めることができます。

$$\underbrace{空気 (○) ×4 + 試料 (●) ×5 + \underbrace{空気 (○) ×1}_{浮力の補正}}_{Y\,(g)} \underbrace{- 空気 (○) ×5}_{X\,(g)} = 試料 (●) ×5$$

この操作を浮力の補正といいます。

『空気 (○) ×1』の質量は、『試料 (●) ×1』分の圧力 (➡ §5 飽和蒸気圧) と同じ圧力分の空気 (○) の質量を状態方程式から計算して求めます。

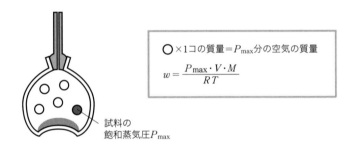

○ ×1コの質量＝P_{max}分の空気の質量

$$w = \frac{P_{max} \cdot V \cdot M}{RT}$$

試料の
飽和蒸気圧 P_{max}

§3 気体の計算問題の解法

①変化がない場合 ⇒ $PV = nRT$ に代入

問題文を読んで「温度を変えました」「圧力を加えました」「気体Aと気体Bが反応して気体Cが生成しました」といった変化がないとき、$PV = nRT$ に代入するしかありません。

例 27℃、$1.0×10^5$Pa で1.0molの窒素 N_2 の体積は何L?
　　[気体定数 $8.3×10^3$ (Pa・L/mol・K)]

$$V = \frac{nRT}{P}$$

$$= \frac{1.0 \times 8.3 \times 10^3 \times (27+273)}{1.0 \times 10^5}$$

$$= 24.9 \quad \boxed{25\,(L)}$$

この解法を選択する可能性が高いのは、<u>一つの大問の中の最初の小問</u>です。

> なぜ最初の小問で使うことが多いの？

> 最初の小問は、実験の始まりに関する問いになることが多いんだ。
> だから、まだ、変化が起こる前なんだよ。

②物理的変化（環境の変化）がある場合　⇒　不変なものに注目して立式

気体のおかれた環境が変化したとき（物理的変化とよんでいきます）、変わらなかったものに注目して式を立てていきます。

例　5.0Lの容器に窒素 N_2 が 27℃、1.0×10^5 Pa で入っている。327℃ に上げると圧力は何Pa?

前後で変わらないものに○をつけます。

$$P\widehat{V} = \widehat{n}\,\widehat{R}\,T$$

これより、

$$\frac{P}{T} = \left(\frac{nR}{V}\right) = 一定$$

であるため、

$$\frac{1.0 \times 10^5}{(27+273)} = \frac{P}{(327+273)} \qquad P = 2.0 \times 10^5\,(Pa)$$

T 一定だと「$PV = \textcircled{n}\,\textcircled{R}\,\textcircled{T} = $ 一定」 ⇒ ボイルの法則。

P 一定だと「$\dfrac{V}{T} = \boxed{\dfrac{nR}{P}} = $ 一定」 ⇒ シャルルの法則。

こんなふうに名前が付いているのは、ほんの一部だから、どんな式もその場で作れるようになっておこうね。

これは、環境の異なる気体同士を比較するときにも使用できます。

例

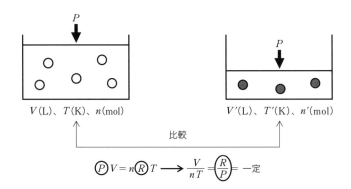

$V(\mathrm{L})$、$T(\mathrm{K})$、$n(\mathrm{mol})$　　　　　　　$V'(\mathrm{L})$、$T'(\mathrm{K})$、$n'(\mathrm{mol})$

比較

$$\textcircled{P}\,V = n\,\textcircled{R}\,T \longrightarrow \frac{V}{nT} = \boxed{\frac{R}{P}} = \text{一定}$$

　このように、異なる気体同士の比較する場合、比較対象は「なるべく共通している数値が多い気体」に設定するのがポイントです。

例

① ①、②どっちと比べる?? ②

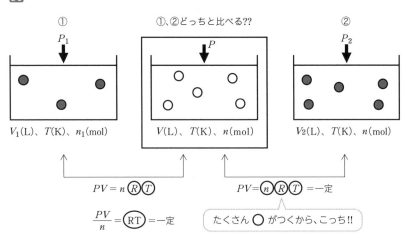

P_1 　　　　　　 P 　　　　　　 P_2

$V_1(\mathrm{L})$、$T(\mathrm{K})$、$n_1(\mathrm{mol})$　　$V(\mathrm{L})$、$T(\mathrm{K})$、$n(\mathrm{mol})$　　$V_2(\mathrm{L})$、$T(\mathrm{K})$、$n(\mathrm{mol})$

$$PV = n\,\textcircled{R}\,\textcircled{T}$$
$$PV = \textcircled{n}\,\textcircled{R}\,\textcircled{T} = \text{一定}$$
$$\frac{PV}{n} = \boxed{RT} = \text{一定}$$

たくさん ◯ がつくから、こっち!!

できるだけ同じ数値が多いものと比較すると、計算式が、よりシンプルになるのね。

そうなんだ。なるべくシンプルな立式で、計算量を減らしていこうね。

③化学的変化がある場合 ⇒ 化学反応式を書いて表を作る

気体が他の気体に変化したとき（化学的変化とよんでいきます）、化学反応式を書き、表を作っていきます。

入試問題では、圧力Pで表を作ることが多いです。

例

	H_2	$+$	Cl_2	$\longrightarrow$	$2HCl$ $[\times 10^5 Pa]$
前	1.0		2.0		0
量	-1.0		-1.0		$+2.0$
後	0		1.0		2.0

H_2とCl_2が、$1.0 \times 10^5 Pa$、$2.0 \times 10^5 Pa$で混合していると仮定します。少ないH_2が全て反応し、Cl_2が残ります。

化学変化が起こるということは、基本的に2種類以上の気体が混ざっているんだ。
これを混合気体（➡ §4）というよ。混合気体の問題では、基本的に化学的変化が起こるからね。

//////////////////////

👉 ポイント

気体の計算方法

①変化なし ⇒ $PV=nRT$ に代入

②物理的変化あり ⇒ 変わらないものに注目して立式

③化学的変化あり ⇒ 化学反応式を書き、表を作る

§4 混合気体

　入試で出題される問題の多くは、気体が2種類以上混ざっている**混合気体**です。

①混合気体の平均分子量 (見かけの分子量)

　混合気体の分子量は、成分気体の分子量の平均値で表し、**平均分子量**または**見かけの分子量**といいます。

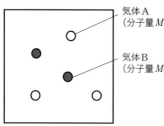

気体A 　　　: n_A [mol]
(分子量 M_A)

気体B 　　　: n_B [mol]
(分子量 M_B)

$$\overline{M} = M_A \times \underbrace{\frac{n_A}{n_A + n_B}}_{A\text{のモル分率}} + M_B \times \underbrace{\frac{n_B}{n_A + n_B}}_{B\text{のモル分率}}$$

例 空気 (物質量比が窒素 N_2：酸素 O_2＝4：1) の平均分子量

　　〔分子量　N_2：28、O_2：32〕

　　解：平均分子量 $M = 28 \times \dfrac{4}{4+1} + 32 \times \dfrac{1}{4+1} = 28.8$

> 空気の平均分子量は無機化学で使用するから、覚えるといいよ。
> 水に溶ける気体で分子量が28.8より小さい気体は、空気より軽いから上方置換で捕集。
> 分子量が28.8より大きい気体は、空気より重いから下方置換で捕集するんだ。

②混合気体の扱い方

　混合気体(右図とする)の問題では、混合気体全体に注目して考えるのではなく「気体Aのデータ」「気体Bのデータ」に分けて考えます。

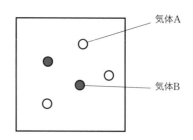

気体A

気体B

データの分け方は、体積を分ける「分体積」と圧力を分ける「分圧」の2通りがあります。

(1) 体積を分ける（分体積）

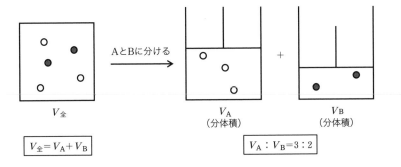

$$V_全 = V_A + V_B$$

$$V_A : V_B = 3 : 2$$

気体Aと気体Bがmol比3：2で混合しているとき（上図）、2つの容器に気体Aと気体Bを分けると、体積も3：2になります。

よって、

　mol比＝体積比

といえます。

「mol比＝体積比」が成立する条件

　molと体積が比例（$n \propto V$）　⇒　V と n 以外は定数

　　$\textcircled{P} V = n \textcircled{R} \textcircled{T}$

　よって、「mol比＝体積比」が成立する条件は『**P、T 一定**』です。

例 ピストンが自由に動く容器

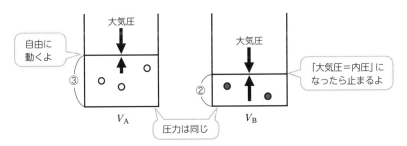

どうしてピストンが自由に動く容器なの？

自由に動くピストンが止まるのは、外の圧力と中の圧力がつり合ったときだね。
だから、容器の中の圧力は外気圧に保たれるんだ。気体Aも気体Bも圧力は外気圧と同じになるからP一定だね。

例 自由に動く仕切り

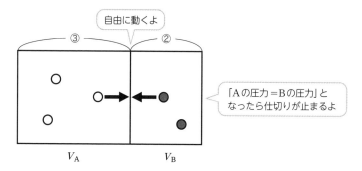

自由に動くよ

③ ②

「Aの圧力＝Bの圧力」となったら仕切りが止まるよ

V_A V_B

気体Aと気体Bの圧力がつり合ったところで仕切りが止まるから、P一定を満たすのね。

その通り。入試問題の気体でよく出題されるよ。

(2) 圧力を分ける（分圧）

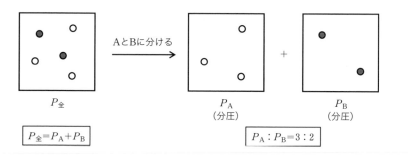

気体Aと気体Bがmol比3：2で混合しているとき（上図）、2つの容器に気体Aと気体Bを分けると、圧力も3：2になります。

よって、

<u>mol比 ＝ 分圧比</u>

といえます。

「mol比 ＝ 分圧比」が成立する条件

molと圧力が比例（$n \propto P$）　⇒　Pとn以外は定数

$$P \textcircled{V} = n \textcircled{R} \textcircled{T}$$

よって、「mol比 ＝ 分圧比」が成立する条件は『**V、T一定**』です。

> 入試問題では、分圧で考える問題が多いよ。
> 分圧で考えるなら、気体Aの体積はV（L）、気体Bの体積もV（L）、混合気体の体積もV（L）とおくんだよ。

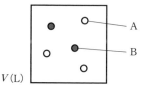

Aの体積は？　⇒　V（L）！

Bの体積は？　⇒　V（L）！

　混合気体の体積は？　⇒　V（L）!!

と考えると分圧が使えるよ。

ポイント

混合気体

分子量 ⇒ 成分気体の分子量の平均値で表す（平均分子量）

扱い方 ⇒ 分体積　mol比＝体積比（P、T一定で成立）

分圧　　mol比＝分圧比（V、T一定で成立）

§5 蒸気を含む気体の計算

入試問題では、蒸気を含む気体の計算がよく出題されます。

①飽和蒸気圧（蒸気圧）　P_{max}

蒸気の圧力の限界値を**飽和蒸気圧** P_{max}（または**蒸気圧**）といい、温度との関係をグラフにしたものが**蒸気圧曲線**です。

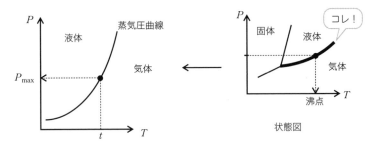

蒸気圧曲線は物質の状態図の一部で、「気体と液体の境界線」ととらえることができます。

よって、飽和蒸気圧 P_{max} は蒸気の圧力の限界値です。

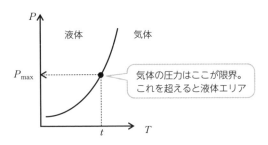

問題の中で、気体と蒸気の意味合いをどうやって区別すればいいの？

気体と蒸気の意味合いは、常温常圧の状態で判断するといいよ。
常温常圧で気体で存在するものは「気体」。空気中の窒素や酸素がそう。
それに対して常温常圧で液体で存在するものが気体に変わったとき、
それを「蒸気」とよぶよ。
水やアルコール、エーテルがよく出題される代表例だね。
ただ、蒸気の場合は、問題中に飽和蒸気圧を与えてくるから、そこで
気付くよ。

蒸気のときだけ、圧力の限界を考えることになるのね。

気液平衡

曲線上は、気体と液体が共存（気液平衡）

⇒　気液平衡では、蒸気の圧力は必ず飽和蒸気圧 P_{max}

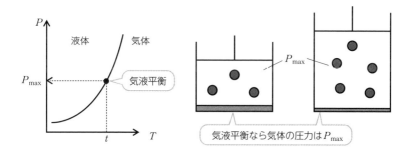

②状態変化

蒸気圧曲線を利用して、状態変化をとらえてみましょう。

（最初の状態は全て気体とします）

例1 P 一定で T を下げる ⇒ T と V の関係は？

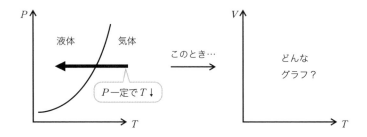

P 一定なので、ピストンが自由に動く容器で実験をおこなっています。

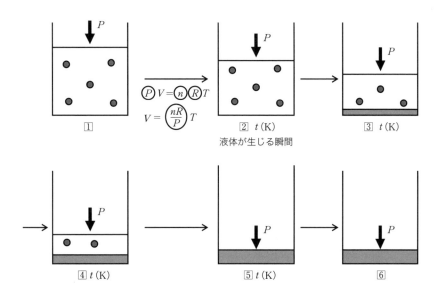

①～②の変化

気体のみであるため、気体の物理的変化です。

$$\textcircled{P}V = \textcircled{n}\,\textcircled{R}\,T \quad \Rightarrow \quad V = \frac{nR}{P}\,T$$

$T \propto V$ なので、原点を通る直線です。

②でちょうど蒸気圧曲線上（温度 t（K））になったとして、次を確認してみましょう。

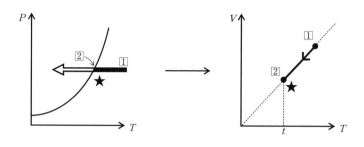

2～5の変化

　気液平衡なので、すべて蒸気圧曲線上（★）です。すなわち、すべて同じ温度tで起こっています。

　$T-V$図にするとV軸に平行なグラフになります。

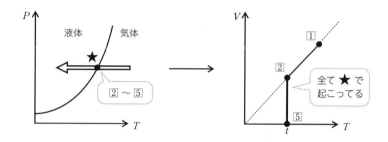

　全て液体になっても体積は0じゃないわよね。

　液体の体積は気体の体積の$\dfrac{1}{1000}$以下なんだよ。気体のときから比べると、ほぼ0だね。

例 H_2O 1mol（18g）の体積

　気体（標準状態とする）　22400mL ⎤
　　　　　　　　　　　　　　　　　　⎦ $\times\dfrac{1}{1000}$以下
　液体（密度1g/mLとする）　18mL ⎦

液体のみなので、体積0のままです。

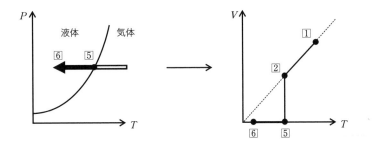

以上より

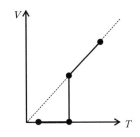

例2 T一定でPを上げる ⇒ PとVの関係は?

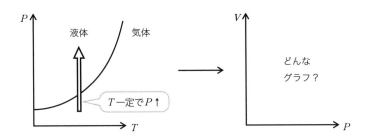

　ピストン付き容器で、Tを一定に保ち、ピストンを上から押さえていく実験です。

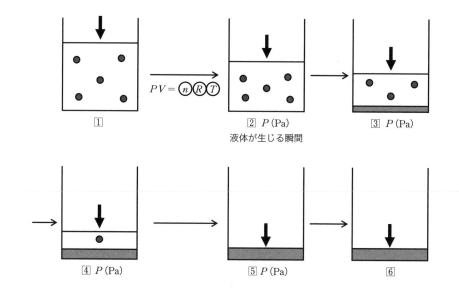

1～2の変化

　気体のみなので、気体の物理的変化です。

$$PV = \textcircled{n}\textcircled{R}\textcircled{T} = 一定$$

よってPとVは反比例の関係です。

　2でちょうど蒸気圧曲線上（圧力p(Pa)）になったとして、次を確認してみましょう。

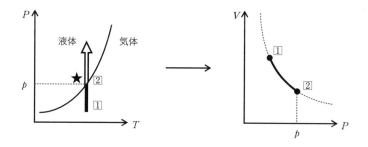

②～⑤の変化

　気液平衡なので、すべて蒸気圧曲線上（★）です。すなわち、すべて同じ圧力pで起こっています。

　$P-V$図にするとV軸に平行なグラフになります。

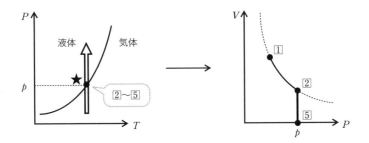

⑤～⑥の変化

　液体のみなので、体積0です。

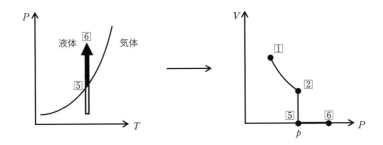

　以上より

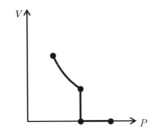

例3 V 一定で T を下げる ⇒ T と P の関係は？

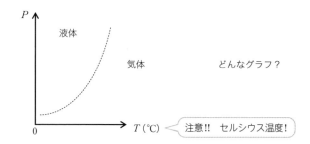

V 一定なので、ピストンの付いていない容器で実験しています。

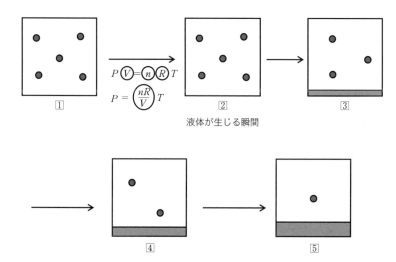

液体が生じる瞬間

1～2の変化

気体のみなので、気体の物理的変化です。

$$P\textcircled{V}=\textcircled{n}\textcircled{R}T \quad \Rightarrow \quad P=\left(\frac{nR}{V}\right)T$$

よって $T \propto P$ より、原点を通る直線です。

ただし、T をセルシウス温度に設定しているため、グラフの原点は -273℃ です。

2でちょうど蒸気圧曲線上（t℃）になったとして、次を確認してみましょう。

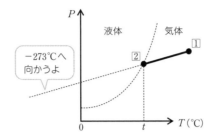

2～5の変化

　気液平衡なので、すべて蒸気圧曲線上です。

　T が変化すると飽和蒸気圧 P_{max} も変化するため、蒸気圧曲線上を移動していくことになります。

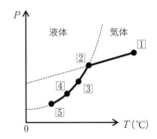

注意：例1・2と違い、ピストンが付いていないためつぶされることはありません。
　　　このように、空間が確保されている限り蒸気は必ず存在します。

ピストンが付いていても、気体が共存していれば、蒸気が全て液体になることはありません。共存する気体により、空間が確保されるためです。

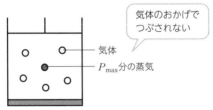

③蒸気を含む気体の計算

入試問題の多くは

- ・ピストンが付いていない V 一定の容器
- ・ピストンが付いていても、蒸気と気体の混合気体

のどちらかになっています。

いずれも空間が確保されるため、蒸気が全て液体に変化することはありません（➡②例3）。

「気体のみ」か「気液平衡」かのどちらかです。

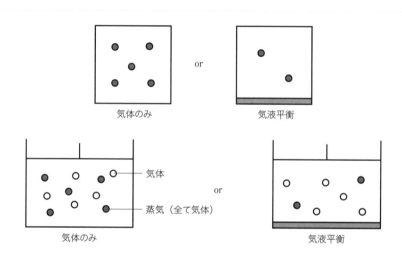

気体のみ or 気液平衡

気体　気体
蒸気（全て気体）

気体のみ or 気液平衡

蒸気を含む気体の計算の解法

(1) 全て気体と仮定して、P を求めます。

（§3 気体の計算問題の解法に従う）

(2)(1)で求めた P と飽和蒸気圧 P_{max} を比較します。

① $P \leqq P_{max}$ のとき ⇒ **気体のみ（圧力は P）**

$P = P_{max}$ のときは「全て気体になる瞬間」もしくは「液体が生じる瞬間」

② $P > P_{max}$ のとき ⇒ **気液平衡（圧力は P_{max}）**

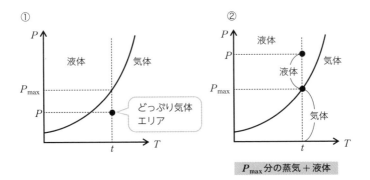

P_{max} 分の蒸気 + 液体

蒸気を含む気体の計算

　全て気体と仮定して、圧力 P を求め、飽和蒸気圧 P_{max} と比較する。

$$P \leqq P_{max} \quad \Rightarrow \quad 気体のみ（蒸気の圧力は P）$$
$$P > P_{max} \quad \Rightarrow \quad 気液平衡（蒸気の圧力は P_{max}）$$

§6　理想気体と実在気体

　計算問題で扱う気体（**理想気体**）と、空気のように実在している気体（**実在気体**）にはどんな違いがあるか、考えてみましょう。

①理想気体と実在気体の違い

理想気体

「分子間力」と「分子の体積（大きさ）」がない　⇒　$PV = nRT$ が厳密に成立

実在気体

「分子間力」と「分子の体積（大きさ）」がある　⇒　$PV = nRT$ は不成立

	理想気体	実在気体
分子間力	なし	あり
分子の体積（大きさ）	なし	あり
状態方程式 $PV=nRT$	厳密に成立する	成立しない
状態変化	なし	あり

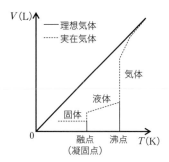

②実在気体に表れるズレ

理想気体1molでは

$$PV=1RT \quad \Rightarrow \quad \frac{PV}{RT}=1$$

が成立します。

この $\dfrac{PV}{RT}$ を圧縮率因子 Z といいます。

理想気体は $PV=nRT$ が厳密に成立するため、どんな P でも、$Z=1$ になります。

実在気体では Z がどのようにズレるかを考えます。

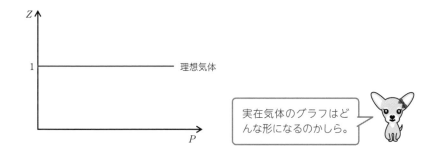

実在気体のグラフはどんな形になるのかしら。

(1) 分子間力の影響

実在気体には分子間力が働くため、P、T一定下ではVが理想気体に比べて小さくなります。

$V_i > V_r$ より

$$\frac{PV_i}{RT} > \frac{PV_r}{RT}$$

〈理想気体〉 　〈実在気体〉

理想気体の体積V_i　　実在気体の体積V_r

引力

よって、実在気体のZは理想気体の1より小さくなり「グラフが下にズレる」という形で影響が現れます。

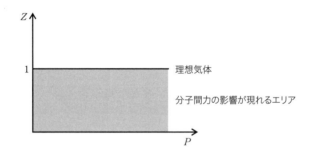

分子間力の影響が現れるエリア

理想気体

分子間力の影響を小さくするには

分子間力を無視できるくらい

「熱運動を激しくする」 ⇒ 「高温にする」

と、実在気体は理想気体に近づきます。

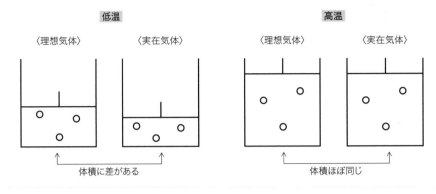

〈理想気体〉　　　〈実在気体〉　　　　〈理想気体〉　　　〈実在気体〉

体積に差がある　　　　　　　　　　体積ほぼ同じ

(2) 分子の体積 (大きさ) の影響

　実在気体は分子に体積 (大きさ) があるため、P、T 一定下では V が理想気体に比べて大きくなります。

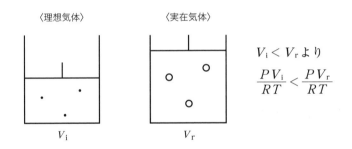

〈理想気体〉　　　〈実在気体〉

$$V_i < V_r より$$
$$\frac{PV_i}{RT} < \frac{PV_r}{RT}$$

V_i　　　　　　　V_r

　よって、実在気体の Z は理想気体の 1 より大きくなり「グラフが上にズレる」という形で影響が現れます。

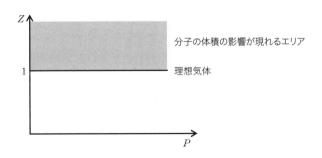

分子の体積の影響が現れるエリア

理想気体

分子の体積(大きさ)の影響を小さくするには

分子の体積(大きさ)を無視できるくらい

「単位体積あたりの分子数を減らす」 ⇒ 「低圧にする」

と実在気体は理想気体に近づきます。

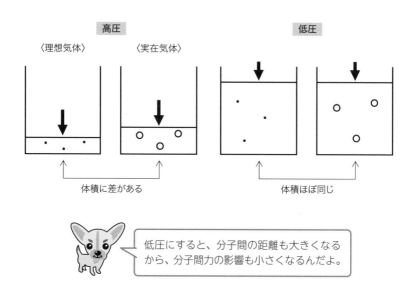

低圧にすると、分子間の距離も大きくなるから、分子間力の影響も小さくなるんだよ。

(3) 実在気体の圧縮率因子 Z のグラフ

分子間力の影響 ⇒ Z が理想気体の1より小さくなる ($Z<1$) (➡(1))

分子の体積(大きさ)の影響

⇒ Z が理想気体の1より大きくなる ($Z>1$) (➡(2))

「分子間力の影響 > 分子の体積(大きさ)の影響」のとき ……(i)

分子間力の影響 ($Z<1$) が勝つため、グラフは下がります。

低圧では分子の体積(大きさ)の影響が小さくなるため、この状況になります。

「分子間力の影響 < 分子の体積(大きさ)の影響」のとき ……(ii)

分子の体積(大きさ)の影響 ($Z>1$) が勝つため、グラフは上がります。

高圧では分子の体積(大きさ)の影響が大きくなるため、この状況になります。

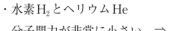

・水素 H_2 とヘリウム He

　　分子間力が非常に小さい　⇒　分子間力の影響はほとんどない

　　　　　　　　　　　　　　⇒　グラフは下にズレない

・酸素 O_2 と二酸化炭素 CO_2

　　CO_2 のほうが分子量が大きい　⇒　CO_2 のほうが分子間力が大きい

　　　　　　　　　　　　　　　　　⇒　CO_2 のグラフのほうが下へのズレが大きい

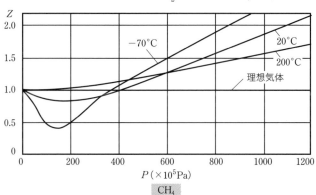

CH₄

・高温

　理想気体に近づく　⇒　$Z=1$ のグラフに近づく

> 高温にすると、熱運動が激しくなって分子間力の影響が小さくなるんだったね。
> と同時に、(同じ圧力下だと) 気体の体積が大きくなるから、分子の体積 (大きさ) の影響も小さくなるよ。
> だから、上へのズレも下へのズレも小さくなって理想気体のグラフに近づくんだね。

③実在気体の状態方程式 (ファンデルワールスの状態方程式)

　実在気体には「分子間力」と「分子の体積 (大きさ)」があるため、$PV=nRT$ は成立しません。

　「分子間力」と「分子の体積 (大きさ)」を考慮して補正する必要があります。

　$PV=nRT$ がどのような形に変わるのか、実在気体 n mol について考えましょう。

(1) 圧力への影響を補正する

　実在気体は、分子同士が分子間力で引き合っているため、P が小さくなります。

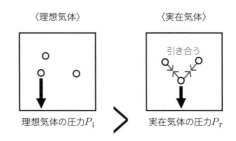

〈理想気体〉　　　　　　〈実在気体〉

引き合う

理想気体の圧力P_i　＞　実在気体の圧力P_r

　P は「引っ張る分子の数」すなわち「単位体積あたりの分子数 $\dfrac{n}{V}$」に比例して小さくなります。

正確には、分子同士がお互いに引っ張り合っているため、$\left(\dfrac{n}{V}\right)^2$ に比例して、P が小さくなります。

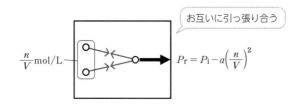

比例定数を a とすると、

$$P_r = P_i - a\left(\frac{n}{V}\right)^2$$

よって、

$$\underline{P_i = P_r + a\left(\frac{n}{V}\right)^2 \quad\cdots\cdots ①式}$$

(2) 体積への影響を補正する

実在気体には「分子の体積（大きさ）」があるため、理想気体より V が大きくなります。

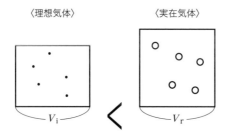

実在気体分子1molの体積を $b\,(\mathrm{L/mol})$ とすると、$n\,\mathrm{mol}$ ぶんの体積 $nb\,(\mathrm{L})$ だけ理想気体の体積より大きくなります。

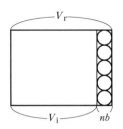

よって、

$$V_r = V_i + nb$$

$$V_i = V_r - nb \quad \cdots\cdots ②式$$

となります。

①・②式を理想気体の状態方程式に代入して、実在気体の状態方程式 (ファンデルワールスの状態方程式) を導くことができます。

$$\left\{ P_r + a \left(\frac{n}{V_r} \right)^2 \right\} (V_r - nb) = nRT$$

ポイント

実在気体

「分子間力」と「分子の体積 (大きさ)」があるため、

$PV = nRT$ が不成立。

理想気体に近づける条件　⇒　高温・低圧

演習
入試問題に挑戦！

1 次の文章を読み、問1〜問6に答えよ。なお、気体は液体の水に溶解せず、液体の水の体積は無視できるものとする。気体定数Rの値は、$8.3 \times 10^3 Pa \cdot L/(K \cdot mol)$を用いよ。

図のように、内容積がともに10.0Lの容器1と容器2がつながっている。コックを閉じた状態で、容器1には未知量の酸素と2.40gの炭素（黒鉛）が入っており、容器2には4.20gの炭化水素Aだけが入っている。これらの容器に対して、以下の操作を行った。

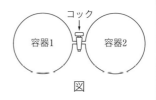
図

（操作1）容器1内の炭素（黒鉛）を燃焼したところ、すべての炭素（黒鉛）が完全に酸化されて二酸化炭素となった。その後、容器1の温度を27℃にしたところ、容器1内の圧力は$2.49 \times 10^5 Pa$となった。

（操作2）容器2の温度を127℃にしたところ、炭化水素Aは完全に気体となり、容器2内の圧力は$1.66 \times 10^4 Pa$となった。

（操作3）両容器の温度を127℃にしてコックを開け、両容器の気体を混合し、均一になるまで放置した。

（操作4）炭化水素Aを燃焼したところ、完全に酸化されて二酸化炭素と水だけが生成した。その後、両容器の温度を57℃にしたところ、一部の水が凝縮した。

問1　操作1の前に、容器1に入っていた酸素の物質量〔mol〕を求めよ。有効数字2桁で示せ。

問2　操作1の後に、容器1に存在する混合気体の平均分子量および密度〔g/L〕を求め、有効数字2桁で示せ。

問3　炭化水素Aの分子量を求めよ。有効数字2桁で示せ。ただし、操作2で完全に蒸発した炭化水素Aは、127℃で分子として安定に存在する。

問4　操作3の後の二酸化炭素の分圧〔Pa〕を求め、有効数字2桁で示せ。ただし、炭化水素Aは完全に気体のままで存在し、両容器に存在する気体は混合しても互いに反応しない。

問5 操作4の後に、両容器中に存在する酸素、二酸化炭素、水の物質量〔mol〕を求め、有効数字2桁で示せ。

問6 操作4で凝縮した液体の水の物質量〔mol〕を求めよ。有効数字2桁で示せ。ただし、57℃における水の飽和蒸気圧を$1.73×10^4$Paとする。また、液体の水と水蒸気は気液平衡にあるものとする。

(2014 長崎大 2)

2 次の文章を読み、以下の問いに答えよ。ただし、27℃での水の飽和蒸気圧は、$3.6×10^3$Paであり、気体は理想気体の状態方程式に従うものとする。また、気体の水への溶解、ピストンの質量は無視できるものとする。

①なめらかに動くピストンがついた容器に、27℃で酸素を入れ、外圧$1.0×10^5$Paと等しい圧力となるような状態をつくった。このときの酸素の体積は2.0Lだった。この状態に以下のⅠ、Ⅱの操作を行った。

操作Ⅰ：
②下線部①の状態の容器に、液体の水1.8gを入れ、十分な時間放置した。③その後、温度を27℃に保ったまま、ピストンをゆっくりと引いて、気体の体積を増加させたところ、ある体積に達したとき、液体の水がすべて気化した。

操作Ⅱ：
ピストンを固定して、体積を一定に保ったまま、下線部①の状態に気体のプロパン0.010molを加えた。この混合気体に点火したところ、プロパンが完全燃焼した。④その後、気体の温度を27℃に戻した。

問1 下線部①の状態において、容器に入っている酸素の質量を有効数字2桁で答えよ。

問2 下線部②の状態における酸素の分圧を有効数字2桁で答えよ。

問3 下線部③の状態における混合気体の全圧を有効数字2桁で求めよ。

問4 下線部④の状態の混合気体が示す全圧を有効数字2桁で求めよ。

問5 プロパンの燃焼エンタルピーを求めよ。ただし、プロパン、二酸化炭素、および液体の水の生成エンタルピーは、それぞれ、-105、-394、および-286kJ/molである。

(2014 茨城大 3)

(解答は P.385)

第10章 反応速度と化学平衡

「反応速度を大きくする」「目的物質の収率を上げる」ことは、コスト削減に大きくつながるため、工業的にも非常に重要です。そのための手段を考えるには、反応についてきちんと知る必要があります。

ここで反応としっかり向き合い、反応速度や化学平衡について考えてみましょう。

第10章の**目標**

- ➡ 反応経路を押さえよう。
- ➡ 反応速度式を求める実験を理解しよう。
- ➡ 平衡定数を使った計算をマスターしよう。
- ➡ ルシャトリエの原理をマスターしよう。

▶§1 反応速度

① 反応経路

次の反応が、どのような経路で進行しているか、考えてみましょう。

$$A_2 + B_2 \longrightarrow 2AB \quad \Delta H = Q \text{ kJ} \quad (Q < 0)$$

右のエンタルピー図になりますが、もちろん、A_2分子とB_2分子から直接AB分子ができるわけではありません。

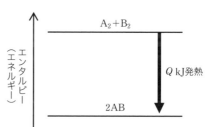

まず考えられるのは、

(1) A_2とB_2の原子間結合が切れてA原子、B原子に変化

(2) AB原子間に新しい結合ができてAB分子が生成

という反応経路です。

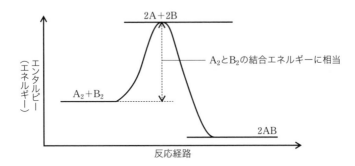

そうなると、反応が進行するために、結合エネルギー以上のエネルギーが必要になります。

しかし、実際には、それよりも小さなエネルギーで反応が進行します。

このことから「A_2分子とB_2分子は反応の過程で原子に変化していない」ことがわかります。

それでは、実際の反応経路を確認してみましょう。

(1) A_2分子とB_2分子が衝突

(2) 活性錯合体（原子よりは安定）が生成

(3) AB分子が生成

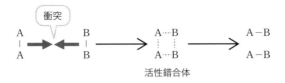

活性錯合体になっている状態を**遷移状態（活性化状態）**いいます。

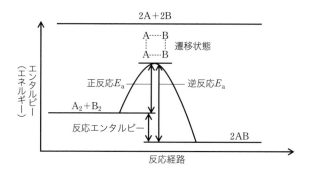

上図より、反応が進行するために「最低でも、遷移状態になるためのエネルギーが必要」とわかります。これを**活性化エネルギーE_a (activation energy)**といいます。

活性化エネルギーE_a以上のエネルギーをもつ物質が反応し、生成物になれるのです。

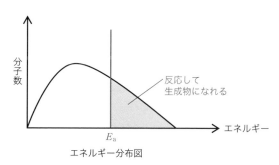

エネルギー分布図

分子のエネルギー分布図ってなに?

温度が一定に保たれた一つの容器に、分子がたくさん入っていると考えてね。
どの分子も同じ温度の環境にあるけど、もっている運動エネルギーはそれぞれ違うんだ。

同じ温度なのに、どうして運動エネルギーが違うの?

分子同士が衝突しているからだよ。正面衝突した直後は共に運動エネルギーは小さくなってるだろうし、後ろから衝突されると、その瞬間、運動エネルギーは大きくなるよね。だから、みんな持ってる運動エネルギーは違うんだよ。

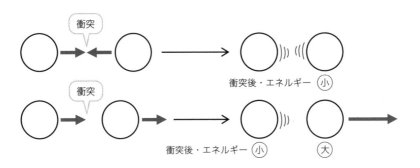

衝突

衝突後・エネルギー 小

衝突

衝突後・エネルギー 小　　　　大

//////////////

📖 ポイント

反応経路

(1) 反応物の衝突

(2) 遷移状態(活性化状態)

(3) 生成物

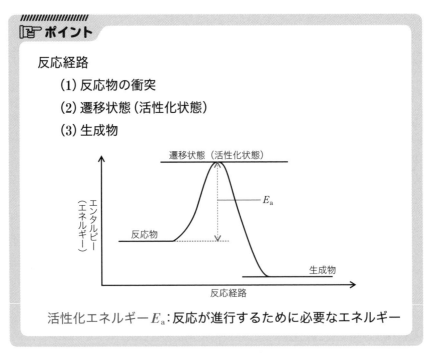

活性化エネルギー E_a：反応が進行するために必要なエネルギー

②反応速度を支配する因子

①で確認した反応経路から

『反応速度を大きくするにはどうすればいいのか』

を考えてみましょう。

・**活性化エネルギー E_a を小さくする** ⇒ 触媒を加える

活性化エネルギー E_a 以上のエネルギーを持った分子が反応できます。

よって、

活性化エネルギー E_a ↓

⇒ 反応できる分子数↑

⇒ 反応速度↑

となります。

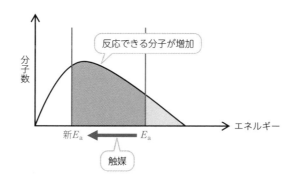

「反応前後で自身は変化せず、活性化エネルギー E_a を小さくする物質」を**触媒**といいます。

反応物と均一に混じり合って働くものを**均一系触媒**、反応物と混じり合わずに働くものを**不均一系触媒**といいます。

正触媒って聞いたことあるんだけど…。

触媒の中には、活性化エネルギー E_a を大きくするもの
もあるんだ。反応を進行しにくくする触媒だね。
これを負触媒っていうんだ。
それに対して、活性化エネルギー E_a を小さくするもの
は、正触媒っていうんだよ。
通常、触媒っていったら正触媒のことを指してるんだ。

・分子の運動エネルギーを上げる ⇒ 温度を上げる

活性化エネルギー E_a 以上のエネルギーを持った分子が反応できます。

よって、

温度↑

⇒ 運動エネルギーの大きい分子の割合↑

⇒ 反応速度↑

となります。

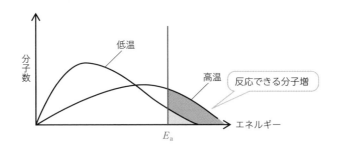

・衝突回数を増やす ⇒ 反応物の濃度を大きくする

衝突しないと反応は始まりません。

よって、

反応物の濃度↑

⇒ 衝突回数↑

⇒ 反応速度↑

となります。（➡③反応速度式）

///////////////////////

☞ ポイント

反応速度を支配する因子（反応速度を大きくするには）

触媒を加える

活性化エネルギーE_aの小さい反応経路で反応が進行

温度を上げる

活性化エネルギーE_a以上のエネルギーをもった分子の割合が増加

反応物の濃度を大きくする

衝突回数が増加

③反応速度式

反応物のモル濃度が大きくなれば、比例して反応速度vも大きくなります。これより、

$$xA + yB \longrightarrow zC$$

について

$$v = k[A]^x[B]^y$$

が成立します。

これを**反応速度式**といいます。$[A]$ $[B]$はそれぞれA、Bの濃度(mol/L)です。

速度定数k 温度と活性化エネルギーE_aで決まる比例定数

温度↑ & 活性化エネルギーE_a↓ ⇒ 反応速度v↑ ⇒ 速度定数k↑

アレーニウスの式

速度定数kと温度$T(K)$の関係について、

$$k = Ae^{-\frac{E_a}{RT}}$$

が成立します。

これをアレーニウスの式といいます。

（A：比例定数）

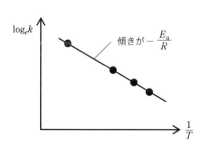

$\log_e k$

傾きが$-\dfrac{E_a}{R}$

$\dfrac{1}{T}$

両辺の自然対数をとると、

$$\log_e k = \log_e A - \frac{E_a}{R} \cdot \frac{1}{T}$$

となります。

横軸に$\frac{1}{T}$、縦軸に$\log_e k$をとってグラフにすると、その傾きから活性化エネルギーE_aを導くことができます。

④反応速度式を求める実験

$$xA + yB \longrightarrow zC$$

についての反応速度式

$$v = k[A]^x[B]^y$$

のx, yは通常、化学反応式の係数と一致します。

しかし、必ず一致するものではありません。正確には実験から求めます。

どうしてxとyが化学反応式の係数と一致しない場合があるの？

それはね。その化学変化が多段階反応の可能性があるからなんだ。
例えば、$2N_2O_5 \longrightarrow 4NO_2 + O_2$という化学変化だと、反応速度式は$v = k[N_2O_5]^2$と書けるはずだね。
しかし、実際には次のように多段階で進んでいるんだ。
①$N_2O_5 \longrightarrow N_2O_3 + O_2$　　②$N_2O_3 \longrightarrow NO + NO_2$
③$N_2O_5 + NO \longrightarrow 3NO_2$
この中で、①の反応は進むのがとても遅くて、②③は速いんだ。
じゃあ、全体の反応速度は①②③のどの段階で決まると思う？

②と③ね？

ちがうよ。例えば①には1000秒かかって、②③は1秒で終わるんだ。全体で約1000秒っていえるね。

そっか！ 全体の速さは、一番遅い①で決まるのね？

その通り。だから、この反応の反応速度式は実験すると、①式の反応速度式 $v=k[\mathrm{N_2O_5}]^1$ になるんだよ。この一番遅いところを律速段階っていうんだ。

それは実験してみないとわからないのね。

そうなんだ。ただし、入試問題で何も与えられていないときには、係数と一致すると考えてね。

反応速度式を求める実験

(1) 単位時間あたりの反応物の減少量、もしくは生成物の増加量を測定（右図）

(2) 平均の濃度を求める

$$[\mathrm{A}]=\frac{[\mathrm{A}]_1+[\mathrm{A}]_2}{2}$$

(3) 平均の速度を求める

$$v=-\frac{[\mathrm{A}]_2-[\mathrm{A}]_1}{t_2-t_1}$$

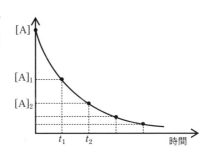

(4) v と [A] の関係を導く

　　（入試問題の多くは一次反応になります）

時間 t (min)	濃度 [A] (mol/L)	平均の速さ v (mol/L・min)	平均の濃度 $[\overline{A}]$ (mol/L)	$v/[\overline{A}]$ (1/min)
0	5.02	$\dfrac{5.02-4.20}{4-0}=0.205$	$\dfrac{5.02+4.20}{2}=4.61$	$\dfrac{0.205}{4.61}=4.45\times10^{-2}$
4	4.20	同様に 0.170	同様に 3.86	同様に 4.40×10^{-2}
8	3.52	同様に 0.140	同様に 3.17	同様に 4.42×10^{-2}
13	2.82			

　　　　　　　　　　　　　　　　　　　　　　　　　　ほぼ一定

　　　　　　　　　　　　　　　　　　　　　　$v/[\overline{A}]=k$ より

　　　　　　　　　　　　　　　　　　　　　　$v=k[\overline{A}]^1$ とわかる

一次反応の半減期

　　$v=k[N_2O_5]$

のように、反応速度 v が反応物の濃度の一乗に比例する反応を一次反応といいます。

　一次反応の半減期（濃度が半分になるまでの時間）は初期濃度によらず一定です。

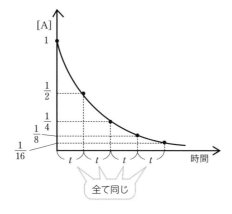

（証明）

　$v=k[A]$ で表すことができる反応において、反応物 A の初期濃度を $[A]_0$、半減期 t における濃度を $[A]_t$ とする。

一次反応では　$[A]_t=[A]_0\times e^{-kt}$ が成立（高校の範囲外のため必ず与えられます）。

また、半減期では　$[A]_t=\dfrac{1}{2}[A]_0$ が成立。

よって、$[A]_0\times e^{-kt}=\dfrac{1}{2}[A]_0$

となり、両辺対数をとると

$$-kt=\log_e\frac{1}{2}=-\log_e 2$$

$$t=\frac{\log_e 2}{k}\quad（定数）$$

1
2
3
4
5
6
7
8
9
10
11

///////////////////////////
ポイント

反応速度式を求める実験

(1) 単位時間あたりの反応物の減少量、もしくは生成物の増加量を測定（下図）

(2) 平均の濃度と平均の速度を求める

$$[\overline{A}]=\frac{[A]_1+[A]_2}{2}\qquad \overline{v}=-\frac{[A]_2-[A]_1}{t_2-t_1}$$

(4) v と $[A]$ の関係を導く

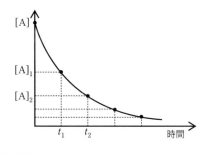

▶§2 化学平衡

①可逆反応と化学平衡

$$xA + yB \rightleftharpoons zC$$

正反応（右向き ——▶ ）も**逆反応**（左向き ◀—— ）も進行する反応を**可逆反応**といいます。

可逆反応を放置すると、<u>正反応の速さv_1と逆反応の速さv_2が一致し</u>（$v_1 = v_2 \neq 0$）、見かけ上反応が停止した状態になります。

これが**平衡状態**です。

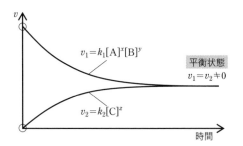

正反応の速さ	⇒	v_1
逆反応の速さ	⇒	v_2
見かけの速さ	⇒	$v_1 - v_2$

反応が止まってるわけじゃないの？

そうだよ。反応は止まっていないんだ。正反応も逆反応も起こってる。
止まって見えるのが平衡状態だよ。
だから、平衡状態では、反応物や生成物の mol が一定なんだ。

📖 ポイント

$$x\text{A} + y\text{B} \underset{}{\overset{}{\rightleftharpoons}} z\text{C}$$

可逆反応：正反応も逆反応も進行する反応

平衡状態：$v_1 = v_2 \neq 0$ となり見かけ上反応が停止した状態

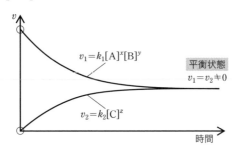

②平衡定数と化学平衡の法則

$$x\text{A} + y\text{B} \underset{v_2}{\overset{v_1}{\rightleftharpoons}} z\text{C}$$

$$v_1 = k_1[\text{A}]^x[\text{B}]^y$$

$$v_2 = k_2[\text{C}]^z$$

この反応が平衡状態にあるとき、$v_1 = v_2$ より

$$k_1[\text{A}]^x[\text{B}]^y = k_2[\text{C}]^z$$

となるため、

$$K_c = \frac{k_1}{k_2} = \frac{[\text{C}]^z}{[\text{A}]^x[\text{B}]^y}$$

が成立する。この K_c を**(濃度)平衡定数**といい、温度が一定のときには常に一定値となる。

このように、反応が平衡状態にあるとき、

$$\frac{生成物}{反応物} = 一定値 (K_c)$$

が成立します。これを**化学平衡の法則(質量作用の法則)**といいます。

$K_c = \dfrac{k_1}{k_2} = \dfrac{[C]^z}{[A]^x[B]^y}$ の関係で、$K_c = \dfrac{k_1}{k_2}$ が頭に入っ ていない人が多いから、注意が必要だよ。

反応物や生成物が気体の場合、

$$PV = nRT$$

$$\frac{n}{V} = \frac{P}{RT}$$

が成立するため、モル濃度 $\left(\dfrac{n}{V}\right)$ を $\dfrac{P}{RT}$ で置き換えることができます。

$$K_c = \frac{[C]^z}{[A]^x[B]^y} = \frac{\left(\dfrac{P_C}{RT}\right)^z}{\left(\dfrac{P_A}{RT}\right)^x \left(\dfrac{P_B}{RT}\right)^y} = \frac{P_C{}^z}{P_A{}^x P_B{}^y}(RT)^{x+y-z}$$

このとき $\dfrac{P_C{}^z}{P_A{}^x P_B{}^y}$ は温度で決まる定数となり、これを**圧平衡定数 K_p** といいます。

$$K_c = K_p (RT)^{\text{左辺の係数 − 右辺の係数}}$$

という関係もしっかり頭に入れておきましょう。

///////////////////////

👉 ポイント

$x\mathrm{A} + y\mathrm{B} \rightleftharpoons z\mathrm{C}$ が平衡状態にあるとき、

（濃度）平衡定数　$K_c = \dfrac{k_1}{k_2} = \dfrac{[C]^z}{[A]^x[B]^y}$

化学平衡の法則が成立

$\mathrm{A} \cdot \mathrm{B} \cdot \mathrm{C}$ が気体の場合

圧平衡定数　$K_p = \dfrac{P_C{}^z}{P_A{}^x P_B{}^y}$　が成立

$K_c = K_p (RT)^{x+y-z}$

③平衡定数を使った計算のポイント

ポイント1 表を作る

化学反応式の下に「反応前」「変化量」「平衡点に達した後」の表を作りましょう。

例 2.0Lの密閉容器中にN_2 2.6molとH_2 5.8molを入れ、温度を一定に保った。平衡に達したとき、NH_3が1.2mol生成していた。

	N_2	$+$	$3H_2$	$\rightleftharpoons$	$2NH_3$	[mol]
反応前	2.6		5.8		0	
変化量	-0.6		-1.8		$+1.2$	
平衡後	2.0		4.0		1.2	

> 下線が付いた数値が問題文中に与えられたデータ

平衡に達した後のデータを平衡定数K_cの式に代入します。

注：表をmolで作成した場合
平衡定数K_cに代入するとき、モル濃度mol/Lに変えることを忘れないようにしましょう。

例 上の表の場合、体積2.0Lを忘れないように！

$$K_c = \frac{[NH_3]^2}{[N_2][H_2]^3} = \frac{\left(\dfrac{1.2}{2.0}\right)^2}{\left(\dfrac{2.0}{2.0}\right)\left(\dfrac{4.0}{2.0}\right)^3}$$

> 体積を忘れると大変なことになるわね。

> そうだよ。入試問題では最初の小問でK_cを求めて、それを次の問で使うことが多いんだ。だから最初のK_cの計算をミスすると、大問すべて不正解の可能性があるんだよ。

ポイント2 開始点は自分で決める（計算量を減らす）

次のような反応（気体A・Bの可逆反応）で考えてみましょう。

　A $\rightleftharpoons$ 2B

「4mol/LのＡから反応が始まり、様々な通過点を経て、反応が完全に進行した」と仮定すると、次のような表が書けます。

	A $\rightleftarrows$	2B [mol/L]
開始点	4	0
通過点1	3	2
通過点2	2	4
通過点3	1	6
完全反応終了	0	8

可逆反応なので、実際には100%進行することはなく、平衡点で落ち着きます。通過点2がこの反応の平衡点だったとしましょう。

	A $\rightleftarrows$	2B [mol/L]
開始点	4	0
通過点1	3	2
平衡点（通過点2）	2	4
通過点3	1	6
完全反応終了	0	8

『開始点 ⇒ 通過点1 ⇒ 平衡点（通過点2）』なので、開始点から始めても、通過点1から始めても、同じ平衡点に達するのです。

例えば、

問題文が「A 3mol/L、B 2mol/L（上の通過点1）から開始」のとき

⇒ 「A 4mol/L、B 0mol/L（上の開始点）から開始」と考えて解く

これが計算量を減らすポイントになります。

もし、問題文通りに考えた場合、次のような表になります。

	A $\rightleftarrows$	2B [mol/L]
開始点	3	2
変化量	$-x$	$+2x$
平衡点	$3-x$	$2+2x$

平衡点のデータを平衡定数の式に代入するため、

$$K_c = \frac{[B]^2}{[A]} = \frac{(2+2x)^2}{(3-x)}$$

この計算をすることになります。

それに対して、自分で開始点を定めた場合、

	A	$\rightleftharpoons$	2B	[mol/L]
開始点	4		0	
変化量	$-y$		$+2y$	
平衡点	$\underline{4-y}$		$\underline{2y}$	

平衡点のデータを平衡定数の式に代入すると、

$$K_c = \frac{[B]^2}{[A]} = \frac{(2y)^2}{(4-y)}$$

この計算をすることになります。

分子を見ると、計算量の違いはすぐにわかりますね。

このように、少しでも計算量を減らして解答できるよう、開始点を自分で定める練習をしてみましょう。

//////////////////////////
📖 ポイント

平衡の計算

1. 表を作る

2. 開始点を自分で定める

---

④ルシャトリエの原理（平衡移動の原理）

化学反応が平衡状態にあるとき、平衡を支配する因子（温度・濃度・圧力）を変化させると、その影響を緩和する方向へ平衡が移動します。

これを**ルシャトリエの原理（平衡移動の原理）**といいます。

(1)温度

上げる	⇒	（温度が下がる方向へ）	⇒	**吸熱方向へ**
下げる	⇒	（温度が上がる方向へ）	⇒	**発熱方向へ**

例 $N_2 + 3H_2 = 2NH_3 + 92kJ$

温度を上げる（他の条件は不変）　⇒　吸熱方向へ　⇒　左へ移動

(2) 濃度

増加　⇒　濃度が減少する方向

減少　⇒　濃度が増加する方向

例 $N_2 + 3H_2 \rightleftharpoons 2NH_3$

N_2を加える（他の条件は不変）　⇒　N_2減少方向へ　⇒　右へ移動

(3) 圧力（気体）

上げる　⇒　（圧力が下がる方向）　**気体の総物質量molが減少する方向**

下げる　⇒　（圧力が上がる方向）　**気体の総物質量molが増加する方向**

注：固体や液体の物質量molは考慮しない。

例 $N_2 + 3H_2 \rightleftharpoons 2NH_3$

圧力を加える（他の条件は不変）　⇒　気体のmol減少方向へ

⇒　右へ移動

> どうして固体や液体のmolは考慮したらいけないの？

> 気体の圧力は「気体分子が運動して壁を叩く力」だね。
> 固体や液体の分子は運動して壁を叩いてないからね。

例 $C（固体）+ CO_2（気体）\rightleftharpoons 2CO（気体）$　この反応が平衡状態にあると
き、圧力を加える。

気体分子のmolが減少する方向

⇒　右は気体2mol分、左は気体1mol分（CO_2のみ考慮する）

⇒　平衡は左に移動する。

(4) 圧力（固体・液体）

上げる　⇒　**体積が減少する方向**

下げる　⇒　**体積が増加する方向**

例 H_2O（固体）$\rightleftarrows$ H_2O（液体）

　　　［H_2O は固体より液体のほうが体積が小さい］

　　　圧力を加える（他の条件は不変）　⇒　体積減少方向へ　⇒　右へ移動

圧力を上げることの影響緩和方向が、体積減少方向なの？

そうだよ。こんなふうに考えてみたらどうかな。
今着ている服が縮んできて、身体が締め付けられてる（圧力がかかってる）。
どうしたら楽になる？

服を脱ぐわね。

…脱がずに楽になる方法を考えようか？

脱がずに？　だったら自分が痩せるしかないわね。

そうそう。痩せたら服が縮んでも影響ないね。そういうことだよ。固体や液体だと体積が小さくなる方向だね。

触媒は平衡移動には無関係です。

触媒を加えると、正反応も逆反応も反応速度が大きくなり、平衡に達するまでの時間は短くなりますが、平衡は移動しません。

///////////////////
ポイント

ルシャトリエの原理（平衡移動の原理）
　化学反応が平衡状態にあるとき、平衡を支配する因子（温度・濃度・圧力）を変化
　　⇒　その影響を緩和する方向へ平衡が移動

▶§3 | 酸塩基平衡

①弱酸・弱塩基の電離平衡

弱酸HX・弱塩基YOHは電離度αが小さく、電離が平衡状態になります（➡第5章§1②(1)）。

弱酸　　$HX \rightleftarrows H^+ + X^-$　　　$K_a = \dfrac{[H^+][X^-]}{[HX]}$

弱塩基　$YOH \rightleftarrows Y^+ + OH^-$　　$K_b = \dfrac{[Y^+][OH^-]}{[YOH]}$

この電離平衡の定数が電離定数$K_a \cdot K_b$です（➡第5章§1②(2)）。

水 H_2O の取り扱い

弱酸HXの電離の場合、正確には

　$HX + H_2O \rightleftarrows H_3O^+ + X^-$

となりますが、水H_2Oの濃度は56mol/Lと非常に大きく、電離平衡で増えたり減ったりするくらいでは何の影響もありません。

よって、H_2Oの濃度は一定と考えます。

正確には、上の電離平衡に関して、

$$K = \frac{[H_3O^+][X^-]}{[HX][H_2O]}$$

が成立しますが、$[H_2O]$は定数と考えるため、平衡定数Kとまとめて電離定数
K_aとしています。

$$K[H_2O] = K_a = \frac{[H^+][X^-]}{[HX]}$$

②弱酸・弱塩基使用の中和

弱酸HXaqに強塩基の水酸化ナトリウム水溶液
NaOHaqを滴下していく中和滴定を考えましょう。

このときの滴定曲線は次のようになります(➡第
5章§5②(2))。

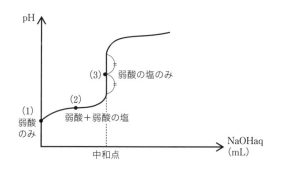

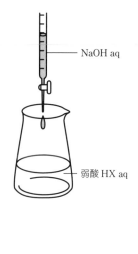

この滴定曲線の中に、3つの平衡が隠れていて、その点のpHを求めること
が目標になります。

(1) 滴定前　⇒　弱酸のみ　　　⇒　弱酸の電離平衡

(2) 中和点前　⇒　弱酸＋弱酸の塩　⇒　緩衝液

(3) 中和点　　⇒　弱酸の塩のみ　⇒　塩の加水分解平衡

それぞれについて、どのようにしてpHを求めるのか、確認していきましょう。

(1) 弱酸の電離平衡

弱酸HXの初期濃度をCmol/L、電離度αとして、電離定数K_aを考えてみま
しょう。

$$\text{HX} \ \rightleftarrows \ \text{H}^+ \ + \ \text{X}^- \quad (\text{mol/L})$$

反応前	C	0	0
変化量	$-C\alpha$	$+C\alpha$	$+C\alpha$
平衡後	$C(1-\alpha)$	$C\alpha$	$C\alpha$

平衡後のデータを電離定数K_aに代入します。

$$K_\text{a} = \frac{[\text{H}^+][\text{X}^-]}{[\text{HX}]}$$
$$= \frac{C\alpha \cdot C\alpha}{C(1-\alpha)}$$
$$= \frac{C\alpha^2}{1-\alpha} \Big]_{※}$$
$$\fallingdotseq C\alpha^2 \leftarrow$$

> ※の近似は
> $\alpha \ll 1$、具体的には
> $\alpha < 0.05$ のときのみ成立

以上より、

・$\alpha \ll 1 \, (\alpha < 0.05)$ のとき、

$$K_\text{a} \fallingdotseq C\alpha^2 \text{より} \qquad \boxed{\alpha = \sqrt{\frac{K_\text{a}}{C}}}$$

これを$[\text{H}^+] = C\alpha$に代入して $\qquad \boxed{[\text{H}^+] = \sqrt{CK_\text{a}}}$

・それ以外 $(\alpha \geqq 0.05)$ のとき、

$1-\alpha \fallingdotseq 1$の近似が使えないため、

$$K_\text{a} = \frac{C\alpha^2}{1-\alpha} \text{より}\alpha\text{を求め、}[\text{H}^+] = C\alpha\text{に代入します。}$$

> αを与えられない問題をよく見るわ。そのとき近似できるかどうかをどう判断するの？

> そうだね。αを与えてくれない問題がほとんどだね。
>
> そういうときは、$\alpha = \sqrt{\dfrac{K_\text{a}}{C}}$を使って近似的な$\alpha$を求めるんだ。
>
> 0.05より大きいか小さいかを確認するだけだから、公式を使っていいよ。
> 近似できない弱酸の場合には、ここで出てくる数値が0.05を遥かに超えるおかしい値になるからね。

例 1.0×10^{-5}mol/Lの弱酸の電離度(電離定数$K_a = 1.0 \times 10^{-5}$mol/L)

近似の$\alpha = \sqrt{\dfrac{K_a}{C}} = \sqrt{\dfrac{1.0 \times 10^{-5}}{1.0 \times 10^{-5}}} = 1 > 0.05$　近似NG!!　(弱酸で$\alpha = 1$はあり得ない!)

よって　$K_a = \dfrac{C\alpha^2}{1-\alpha}$より　$1.0 \times 10^{-5} = \dfrac{1.0 \times 10^{-5} \times \alpha^2}{1-\alpha}$

$\alpha^2 + \alpha - 1 = 0$

$\alpha = \dfrac{-1 + \sqrt{1^2 + 4}}{2} = \underline{0.62}$

▼ 弱塩基の場合

・$\alpha \ll 1$ $(\alpha < 0.05)$ のとき

$\alpha = \sqrt{\dfrac{K_b}{C}}$　　$[\mathrm{OH}^-] = \sqrt{CK_b}$

・それ以外 $(\alpha \geqq 0.05)$ のとき

$K_b = \dfrac{C\alpha^2}{1-\alpha}$ より α を求め $[\mathrm{OH}^-] = C\alpha$ に代入

K_aをK_b、H^+をOH^-に変えるだけだから暗記しなくてもいいわね。

うん。僕も暗記してないよ。弱酸の場合はしっかり暗記しようね。

//////////////////////////

🔖 ポイント

弱酸の電離平衡

・$\alpha \ll 1$ $(\alpha < 0.05)$ のとき

$\alpha = \sqrt{\dfrac{K_a}{C}}$　　$[\mathrm{H}^+] = \sqrt{CK_a}$

・それ以外 $(\alpha \geqq 0.05)$ のとき

$K_a = \dfrac{C\alpha^2}{1-\alpha}$より α を求め $[\mathrm{H}^+] = C\alpha$ に代入

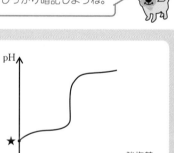

(2) 緩衝液　弱酸とその塩の混合溶液

　弱酸HXの初期濃度をC_a mol/L、弱酸のナトリウム塩NaXの初期濃度をC_s mol/Lとして考えてみましょう。

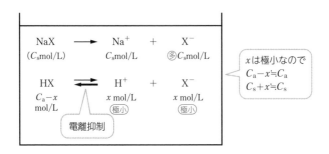

　NaXが水中で完全に電離　⇒　溶液中にX⁻イオンが多数存在
　　　　　　　　　　　　　⇒　HXの電離平衡が左へ
　　　　　　　　　　　　　⇒　HXの電離が抑制される
　　　　　　　　　　　　　⇒　$[\text{HX}] = C_a - x \fallingdotseq C_a$、
　　　　　　　　　　　　　　　$[\text{X}^-] = C_s + x \fallingdotseq C_s$の近似が成立

以上より、弱酸の電離定数K_aは次のようになります。

$$K_a = \frac{[\text{H}^+][\text{X}^-]}{[\text{HX}]} \fallingdotseq \frac{[\text{H}^+]C_s}{C_a}$$

よって水素イオンH⁺のモル濃度は

$$[\text{H}^+] = K_a \cdot \frac{C_a}{C_s}$$

▼ 緩衝液の計算のポイント

　公式　$[\text{H}^+] = K_a \cdot \dfrac{C_a}{C_s}$ の $\dfrac{C_a}{C_s}$ は、存在する弱酸と弱酸の塩の比 $(C_a : C_s)$ の値を表しています。

　よって、弱酸と弱酸の塩の正確な濃度を計算して代入する必要はありません。

例 0.10mol/Lの酢酸CH₃COOHaq10mLに0.10mol/Lの水酸化ナトリウム水溶液NaOHaq4.0mLを加えたとき、水素イオンH⁺のモル濃度はいくらか。ただし、酢酸の電離定数K_aは2.0×10^{-5}mol/Lとする。

解：CH₃COOHaqとNaOHaqの濃度と価数が等しいため、共に10mLを混合したときが中和点となる。

今回はNaOHaqを4.0mLしか加えていないため、

CH₃COOHaq10mLのうち

6mL分 ⇒ CH₃COOHaqのまま残る

4mL分 ⇒ 反応して塩（CH₃COONa）に変化

となり、混合溶液中で

$C_a : C_s = 6 : 4 = 3 : 2$

であるため、

$$[H^+] = K_a \cdot \frac{C_a}{C_s}$$

$$= 2.0 \times 10^{-5} \times \frac{3}{2}$$

$$= 3.0 \times 10^{-5} \quad (\text{mol/L})$$

正確な濃度計算して代入する必要がないなんて…。
緩衝液は意外に簡単かも。

そうだよ。公式を頭に入れておけば、簡単に答えが出るんだ。

▼ 緩衝作用

緩衝液に、少量の酸や塩基の水溶液を加えてもpHはほぼ一定に保たれます。このような働きを**緩衝作用**といいます。

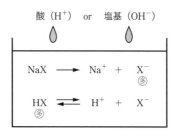

・酸 H^+ を加えた場合

$$X^- + H^+ \longrightarrow HX$$

が進行し、溶液中の H^+ が増加することはない。

・塩基 OH^- を加えた場合

$$HX + OH^- \longrightarrow H_2O + X^-$$

が進行し、溶液中の OH^- が増加することはない。

以上より、緩衝液に少量の酸や塩基を加えても、pHはほぼ一定に保たれます。

どうして．ほ．ぼ一定なの？　H^+ や OH^- が増加しないなら、pHは完全に一定じゃないかしら。

pHがわずかに変化するのは、滴下した酸や塩基の分だけ、体積が変化するからだよ。本当にわずかだけどね。

▼ 弱塩基とその塩の緩衝液の場合

弱塩基の濃度 C_b、弱塩基の塩の濃度 C_s、電離定数 K_b とします。

$$[OH^-] = K_b \cdot \frac{C_b}{C_s}$$

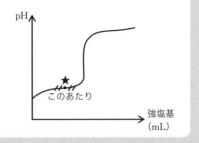

ポイント

緩衝液（弱酸 ＋ 弱酸の塩）

$$[\mathrm{H^+}]=K_\mathrm{a}\cdot\frac{C_\mathrm{a}}{C_\mathrm{s}}$$

$C_\mathrm{a}\cdot C_\mathrm{s}$ に正確な濃度を代入する必要なし。

$C_\mathrm{a}:C_\mathrm{s}$ を代入する。

(3) 塩の加水分解平衡

　弱酸HXに水酸化ナトリウム水溶液NaOHaqを滴下したときの中和点、すなわちNaXaqのpHを考えます（塩の加水分解反応➡第5章§4③(1)）。

　塩NaXは水中で完全に電離しています。

$$\mathrm{NaX}\longrightarrow\mathrm{Na^+}+\mathrm{X^-}$$

そして、弱酸由来のイオンX⁻が加水分解反応を起こします。

$$\mathrm{X^-}+\mathrm{H_2O}\rightleftharpoons\mathrm{HX}+\mathrm{OH^-}$$

このとき、平衡定数Kは

$$K=\frac{[\mathrm{HX}][\mathrm{OH^-}]}{[\mathrm{X^-}][\mathrm{H_2O}]}$$

となります。

　ここで、$[\mathrm{H_2O}]=$一定とみなすことができるため（➡①水の取り扱い）、平衡定数Kとまとめて、加水分解定数K_hとします。

$$K[\mathrm{H_2O}]=K_\mathrm{h}=\frac{[\mathrm{HX}][\mathrm{OH^-}]}{[\mathrm{X^-}]}$$

塩NaXの初期濃度をC mol/L、加水分解度をhとすると、

	$\mathrm{X^-}$	$+$	$\mathrm{H_2O}$	$\rightleftharpoons$	HX	$+$	$\mathrm{OH^-}$	[mol/L]
反応前	C		—		0		0	
変化量	$-Ch$		—		$+Ch$		$+Ch$	
平衡後	$C(1-h)$		—		Ch		Ch	

となります。

平衡後のデータを加水分解定数 K_h に代入して、

$$K_h = \frac{[\mathrm{HX}][\mathrm{OH^-}]}{[\mathrm{X^-}]}$$

$$= \frac{(Ch)^2}{C(1-h)}$$

$$= \frac{Ch^2}{1-h}$$

$$\fallingdotseq Ch^2$$

※通常 $h \ll 1$ のため無条件で近似可

よって、

$$K_h \fallingdotseq Ch^2 \text{ より} \qquad h = \sqrt{\frac{K_h}{C}}$$

これを $[\mathrm{OH^-}] = Ch$ に代入して $\qquad [\mathrm{OH^-}] = \sqrt{CK_h} \quad \cdots ※$

また、K_h の分母分子に $[\mathrm{H^+}]$ を掛けると、

$$K_h = \frac{[\mathrm{HX}]\overbrace{[\mathrm{OH^-}]}^{K_w}}{[\mathrm{X^-}]} \cdot \underbrace{\frac{[\mathrm{H^+}]}{[\mathrm{H^+}]}}_{\frac{1}{K_a}} = \frac{K_w}{K_a}$$

これを※式に代入して、

$$[\mathrm{OH^-}] = \sqrt{\frac{CK_w}{K_a}}$$

となる。

▼ 塩の加水分解平衡の計算のポイント

塩の濃度 C mol/L に注意が必要です。

例 0.10mol/Lの酢酸 CH_3COOHaq 10mLに0.10mol/Lの水酸化ナトリウム水溶液 NaOHaq 10mLを加えたとき、水酸化物イオン OH^- のモル濃度はいくらか。

ただし、酢酸の電離定数 K_a は 2.0×10^{-5} mol/L、水のイオン積 K_w は 1.0×10^{-14} mol^2/L^2 とする。

解：ちょうど中和点であるため、酢酸ナトリウム水溶液 CH_3COONa aq $20mL$ になっています。

$CH_3COOHaq$ の体積の2倍になっているため、濃度は $\frac{1}{2}$ 倍となっています。

$$[OH^-] = \sqrt{\frac{CK_w}{K_a}}$$

$$= \sqrt{\frac{0.10 \times \frac{1}{2} \times (1.0 \times 10^{-14})}{2 \times 10^{-5}}}$$

$$= 5.0 \times 10^{-6} \, mol/L$$

▼ 弱塩基由来の塩の水溶液の場合

塩の濃度 C、電離定数 K_b、水のイオン積 K_w とします。

$$[H^+] = \sqrt{\frac{CK_w}{K_b}}$$

////////////////////////
ポイント

塩の加水分解平衡（弱酸由来の塩）

$$[OH^-] = \sqrt{\frac{CK_w}{K_a}}$$

濃度 C に代入する数値に注意が必要

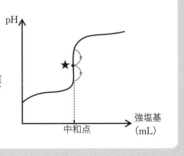

1 次の文章を読み、問1〜問3について、それぞれ有効数字2桁で答えよ。なお、気体は、すべて理想気体とする。

27℃、1.0×10^5 Pa に保った条件下で、1.00mol/L の過酸化水素水10.0mL へ少量の酸化マンガン（Ⅳ）の粉末を加え、過酸化水素の分解反応を開始した。その分解反応により発生した酸素を、水上置換でメスシリンダー内に捕集した。30秒後および60秒後にメスシリンダー内の気体の体積を測定すると、それぞれ5.00mL および10.0mL であった。ただし、発生した酸素は水に溶けないものとする。

問1 反応開始から30秒後までに発生した酸素の物質量は何molか。ただし、メスシリンダー内には水蒸気も含まれており、27℃、1.0×10^5 Pa における水蒸気圧は、3.70×10^3 Pa とする。

問2 反応開始から30秒後における過酸化水素の濃度は何mol/Lか。

問3 反応開始30秒後から60秒後までの間における過酸化水素の平均分解速度は何mol/(L·s)か。

（2015 上智大（理工）4）

2 次の文章を読み、問1〜問4に答えよ。

問1 0.225mol の水素 H_2 と 0.225mol のヨウ素 I_2 を、体積5.00Lの容器に入れて密閉し一定温度に保つと次のような平衡状態

$$H_2（気）+ I_2（気）\rightleftharpoons 2HI（気）$$

に達し、ヨウ化水素 HI が 0.360mol 生成した。この状態における平衡定数 K と H_2 および I_2 の濃度〔mol/L〕を求めよ。

問2 問1の平衡状態に新たに0.025mol の H_2 と 0.025mol の I_2 を加えると、同一温度で平衡が移動した。新しく達した平衡状態での H_2、I_2 および HI の濃度〔mol/L〕を求めよ。

問3 H_2 と I_2 から1molの HI を生成する時の反応エンタルピーと活性化エネルギーを計算せよ。ただし、この反応は発熱反応である。また

$$HI（気）\longrightarrow \frac{1}{2} H_2（気）+ \frac{1}{2} I_2（気）$$

の活性化エネルギーは89kJ/molとし、H−I結合の結合エネルギーは299kJ/mol、H−H結合の結合エネルギーは436kJ/mol、I−I結合の結合エネルギーは153kJ/molとする。

問4 0.100molのH₂と0.100molのI₂を体積1.00Lの容器内に入れてから1時間後のH₂濃度は0.050mol/Lで3時間後の濃度が0.024mol/Lであった。反応開始後1〜3時間にHIが増加する平均速度〔mol/(L・h)〕を計算せよ。

(2015 三重大 2)

3 窒素と水素からアンモニアが生成する反応は可逆反応であり、次のような反応エンタルピーを付した反応式で表される。

$$N_2(気) + 3H_2(気) \longrightarrow 2NH_3(気) \quad \Delta H = -92kJ$$

右図は、窒素と水素を体積比1:3で混合した状態から、圧力、温度を一定に保って反応させたとき、反応装置内のアンモニアの割合が増える様子を示したものである。500℃のときの時間変化が実線で示されるとき、300℃および700℃のときの時間変化を表す曲線は図中の**a〜d**のどれか。最適な組み合せを右の①〜⑧のうちから1つ選べ。

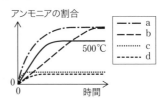

(2012 東京都市大 1の問4)

	300℃のとき	700℃のとき
①	a	c
②	a	d
③	b	c
④	b	d
⑤	c	a
⑥	c	b
⑦	d	a
⑧	d	b

4 次の問いに答えよ。なお、温度は25℃で一定とする。また、水のイオン積は、

$$K_w = [H^+][OH^-] = 1.0 \times 10^{-14}(mol/L)^2$$

である。

(1) 酢酸とその塩の電離に関する設問(a)〜(d)に答えよ。必要であれば、$\log_{10}2 = 0.30$、$\log_{10}2.7 = 0.43$ を用いること。

(a) 酢酸CH_3COOHは1価の弱酸であり、水に溶かすと、次のように電離する。

$$CH_3COOH \rightleftarrows H^+ + CH_3COO^-$$

この反応の電離定数 K_a は、式①

$$K_a = \frac{[\text{H}^+][\text{CH}_3\text{COO}^-]}{[\text{CH}_3\text{COOH}]} \qquad ①$$

で表され、$K_a = 2.7 \times 10^{-5}\text{mol/L}$ である。このとき、濃度が 0.27mol/ L の酢酸水溶液の pH を、酢酸の水溶液中での電離度が1よりも十分小さいものと近似して求めよ。

(b) 酢酸ナトリウム CH_3COONa を水に溶かすと、ほぼ完全に電離して酢酸イオン CH_3COO^- を生じる。この酢酸イオンの一部は次のように水と反応する。

$$\text{CH}_3\text{COO}^- + \text{H}_2\text{O} \rightleftarrows \text{CH}_3\text{COOH} + \text{OH}^-$$

すなわち、酢酸イオンは弱塩基として働く。この加水分解反応の加水分解定数 K_h は式②

$$K_h = \frac{[\text{CH}_3\text{COOH}][\text{OH}^-]}{[\text{CH}_3\text{COO}^-]} \qquad ②$$

で表される。K_h の値を有効数字2けたで求めよ。

(c) 濃度が 0.27mol/L の酢酸水溶液 20mL に、同じ濃度の水酸化ナトリウム水溶液を 20mL 加えたときの水溶液の pH を求めよ。なお、加水分解する酢酸イオンの割合は、1よりも十分に小さいものと近似して求めよ。

(d) 次の文章の空欄 ア 、 イ に当てはまる適切な文字式、および空欄 ウ 、 エ に当てはまる適切な数値を書け。

濃度が 0.27mol/L の酢酸水溶液 30mL に、同じ濃度の水酸化ナトリウム水溶液を 10mL 加えたときの水溶液の pH を求めたい。まず式①を変形すると、$[\text{H}^+] = K_a \times$ ア となるから、pH$= -\log_{10}K_a +$ イ となる。水酸化ナトリウム水溶液を加えた後の水溶液中には、酢酸ナトリウムと未反応の酢酸が共存している。この酢酸ナトリウムは、ほぼ完全に電離して酢酸イオンを生じているが、溶液中に酢酸が共存しているため、設問 (b) の場合とは異なり、酢酸イオンの加水分解反応はほとんど起こらない。一方、この酢酸イオンの存在によって未反応の酢酸は電離が抑制されるため、ほぼ酢酸のまま水溶液中に存在していると考えてよい。よって、この水溶液中では近似的に、$[\text{CH}_3\text{COO}^-] = [\text{CH}_3\text{COOH}] \times$ ウ と

なり、pH＝ エ となる。

（2014 埼玉大 1 の (1)）

（解答は P.389）

第11章 溶液

化学反応は、粒子が運動して衝突することで始まります。
しかし、物質の多くは固体で存在し、粒子が自由に運動できないため、反応しにくいのです。
そこで、多くの場合、固体は液体に溶解させ、溶液にして反応させます。
溶液ととことん向き合ってみましょう。

第11章の目標

➡ 固体の溶解度の計算をマスターしよう。
➡ 溶解度積の計算をマスターしよう。
➡ 気体の溶解度の計算をマスターしよう。
➡ 希薄溶液の性質の計算をマスターしよう。

§1 溶解

①溶解

水 H_2O に塩化ナトリウム $NaCl$ を入れると、塩化ナトリウム水溶液 $NaClaq$ ができます。

このように、液体に他の物質が混合して均一な混合物になることを**溶解**といいます。

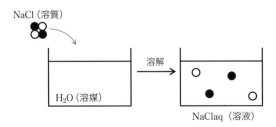

$NaCl$ （溶質）

H_2O （溶媒）

$NaClaq$ （溶液）

溶媒：他の物質を溶解する液体 ⇒ H_2O

溶質：溶媒に溶かす物質 ⇒ $NaCl$

溶液：溶解によってできた均一な混合物 ⇒ $NaClaq$

このとき、ナトリウムイオン Na^+ や塩化物イオン Cl^- は水分子を強く引きつけており、この現象を**水和**、水和しているイオンを**水和イオン**といいます。

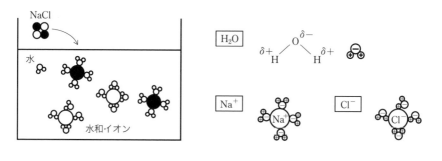

物質の溶解は、「**似たもの同士**」でよく起こります。

極性をもつ物質（塩化ナトリウム $NaCl$ など）

　⇒　**極性溶媒**（水 H_2O など）**によく溶ける**

無極性の物質（ヨウ素 I_2 など）

　⇒　**無極性溶媒**（四塩化炭素 CCl_4 など）**によく溶ける**

///////////////////////

ポイント

溶解：液体に他の物質が混合して均一な混合物になること

　　　似たもの同士が溶解しやすい

溶媒：他の物質を溶解する液体

溶質：溶媒に溶かす物質

溶液：溶解によってできた均一な混合物

②共通イオン効果

ある塩化物 XCl の飽和水溶液中では、次のような平衡が成立しています。

　XCl（固）$\rightleftharpoons X^+ + Cl^-$

これを**溶解平衡**といいます。

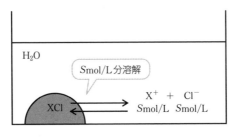

0.1mol/Lの塩酸中では、この溶解平衡はどうなるでしょうか。

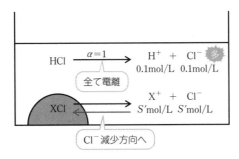

　　塩酸は強酸　⇒　完全に電離。溶液中にたくさんのCl^-が生じる

　　　　　　　　⇒　Cl^-を減少させる方向（すなわち左）に平衡が移動

　　　　　　　　⇒　水中での溶解量Smol/L ＞ 塩酸中での溶解量S'mol/L

　上図のように、平衡に関与するイオンを加えると、平衡移動により溶解度や電離度が小さくなります。

　この現象を**共通イオン効果**といいます。

▼ 共通イオン効果の表れ方

　物質によって共通イオン効果の表れ方が違います。

難溶性の塩（沈殿）

　　共通イオン効果　**大**　⇒　環境によって溶解量が大きく変化

　　　　　　　　　　　　　⇒　平衡移動を考える必要あり

　　　　　　　　　　　　　⇒　平衡定数（溶解度積）を用いて計算

　　　　　　　　　　　　　　　➡§3　溶解度積

易溶性の塩（一般的なイオン結晶）

共通イオン効果　**小**　⇒　環境が変化しても溶解量はほぼ一定

　　　　　　　　　　⇒　平衡移動を考えない

　　　　　　　　　　⇒　平衡定数は使わずに計算

　　　　　　　　　　　➡§2　固体の溶解度

沈殿かどうかって、どうやって判断するの？

無機化学で沈殿を作る陽イオンと陰イオンの組み合わせを暗記するんだよ。
ここでは「溶解度積」というテーマで扱うものが、「沈殿」だと思って進めていこうね。

///////////////////////
☞ ポイント

共通イオン効果

　平衡に関与するイオンを加えると、平衡移動により溶解度や電離度が小さくなる現象

共通イオン効果 大
　　⇒　難溶性の塩（いわゆる沈殿）
　➡　　§3　溶解度積
共通イオン効果 小
　　⇒　易溶性の塩（一般的なイオン結合結晶）
　➡　　§2　固体の溶解度

ここでは、易溶性の物質を扱います（➡§1②）。

①表し方

通常、固体の溶解度は

『**水100gに溶解する限界量g**』で表します。

温度と溶解度の関係を表した曲線を**溶解度曲線**といいます。

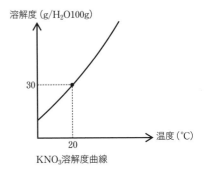

KNO₃溶解度曲線

例 20℃の硝酸カリウムKNO₃の溶解度は30（右のグラフ参照）

▼ 溶解度の書き出し方

グラフや問題文に与えられる溶解度を、本書では次のように書き出します。

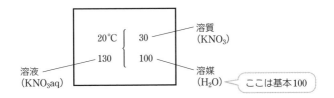

▼ 溶解度が表しているもの

溶解度は『水100gに溶解する限界量g』であるため、「溶質が限界まで溶解した溶液」すなわち「飽和溶液」の組成を表しています。

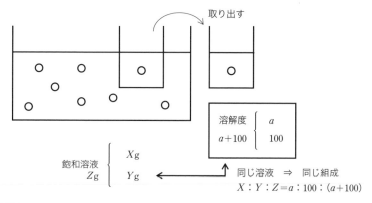

取り出す

$$\text{溶解度} \left\{ \begin{array}{l} a \\ a+100 \end{array} \right. \begin{array}{l} \\ 100 \end{array}$$

$$\text{飽和溶液} \left. \begin{array}{l} X\text{g} \\ Z\text{g} \end{array} \right\{ \begin{array}{l} \\ Y\text{g} \end{array} \right. \leftarrow$$

同じ溶液 ⇒ 同じ組成

$X : Y : Z = a : 100 : (a+100)$

②計算

計算のポイントは2点です。

- **問題文に出てくる温度の溶解度を書き出す**（➡溶解度の書き出し方）
- **「飽和溶液」と「溶解度」で比例の式を作る**

（溶解度は飽和溶液の組成➡溶解度が表しているもの）

たったこれだけ？

私「$\dfrac{\text{溶質}}{\text{溶液}} = $ 一定」とか、「$\dfrac{\text{溶質}}{\text{溶媒}} = $ 一定」っていう公式をみたことあるわ。

そうだね。あまりそれにこだわらない方がいいかな。例題をみて確認していこうね。

例1 硝酸カリウムKNO_3の溶解度は20℃で30、50℃で85である。

(1) 20℃において、KNO_3の飽和水溶液50gに何gのKNO_3が溶解しているか。

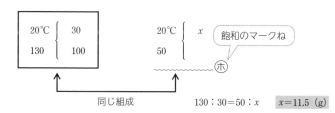

$$\text{20℃} \left\{ \begin{array}{l} 30 \\ 100 \end{array} \right. \begin{array}{l} 30 \\ \end{array}$$ （130の行）

$$\text{20℃} \left\{ \begin{array}{l} x \\ 50 \end{array} \right.$$ ホ

飽和のマークね

同じ組成　　　　$130 : 30 = 50 : x$　　$x = 11.5 \ (\text{g})$

(2) 50℃のKNO₃の飽和水溶液100gを20℃に冷却したとき、何gの
KNO₃が析出するか。

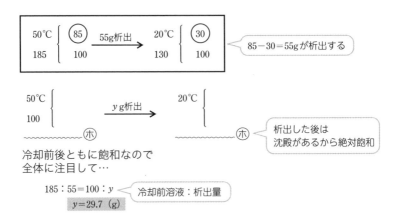

冷却前後ともに飽和なので
全体に注目して…

$185 : 55 = 100 : y$　冷却前溶液：析出量

$y = 29.7 \ (g)$

(3) 50℃のKNO₃の飽和溶液100gから水20gを蒸発させたとき、何gの
KNO₃が析出するか。

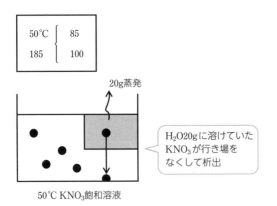

よって50℃の飽和溶液H_2O20gに溶解しているKNO_3の量（z g）を求める。

50℃ { z
        20
     ─────ⓗ

$z : 20 = 85 : 100$

$z = 17g$

「溶質／溶液」とか「溶質／溶媒」にこだわる必要はないのね。

そうだよ。どこを比にしてもいいんだ。(2)で析出した量を比にしたのがいい例だね。

例2 硫酸銅（Ⅱ）$CuSO_4$ の溶解度は20℃で20、60℃で40である。

60℃の硫酸銅（Ⅱ）の飽和水溶液100gを20℃に冷却したとき、何gの硫酸銅（Ⅱ）五水和物 $CuSO_4 \cdot 5H_2O$ が析出するか。

$CuSO_4$ と $CuSO_4 \cdot 5H_2O$ の式量はそれぞれ160、250である。

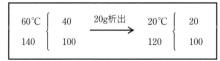

析出量（20g）は絶対に使っちゃダメ（⇒理由は下）

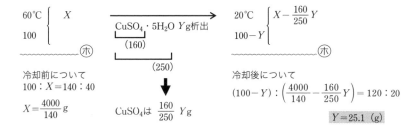

冷却前について
$100 : X = 140 : 40$

$X = \dfrac{4000}{140}$ g

$CuSO_4$は $\dfrac{160}{250} Y$ g

冷却後について
$(100 - Y) : \left(\dfrac{4000}{140} - \dfrac{160}{250} Y \right) = 120 : 20$

$Y = 25.1$ （g）

どうして例1の(2)のように析出量を比にできないの？

溶解度の中での析出量は、無水物の析出量だね。でも、実際に出てくるのは水和物なんだ。違う物質だから、比例関係にはならないんだよ。

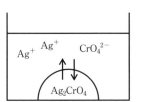

ポイント

固体の溶解度の計算
・必要な温度の溶解度を書き出す
・「飽和溶液」∝「溶解度」　の式を作る
注意：水和物が析出するときには「析出量」を比にすることはできない

§3 溶解度積

ここでは難溶性の物質を扱います（➡§1②）。

クロム酸銀 Ag_2CrO_4 は赤褐色の難溶性の物質です。

Ag_2CrO_4 の溶解平衡について考えてみましょう。

$$Ag_2CrO_4(固) \rightleftharpoons 2Ag^+ + CrO_4^{2-}$$

この可逆反応の平衡定数は

$$K = \frac{[Ag^+]^2[CrO_4^{2-}]}{[Ag_2CrO_4(固)]}$$

ですが、$[Ag_2CrO_4(固)] =$ 一定 であるため、

$$K[Ag_2CrO_4(固)] = K_{sp} = [Ag^+]^2[CrO_4^{2-}]$$

と表すことができます。

この定数 K_{sp} を**溶解度積**といいます。

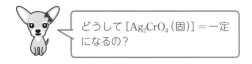

どうして $[Ag_2CrO_4(固)] =$ 一定
になるの？

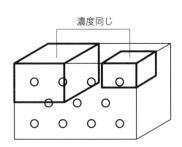

濃度同じ

計算問題で扱う固体は全て「結晶」だよ。
「結晶」とは粒子が規則正しく並んでいる固体だったね。
だから、取り出す量に関わらず、濃度は常に一定値だよ。

▼ 溶解度積が表しているもの

次のように考えてみましょう。

溶解度積 K_{sp} の式が成立

⇒ 溶解平衡が成立している

⇒ 溶液が飽和している（飽和溶液）

⇒ イオンが限界の状態で溶解している

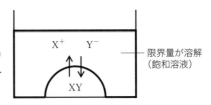

限界量が溶解（飽和溶液）

よって、溶解度積 K_{sp} は溶解できる陽イオンと陰イオンの限界値と考えることができます。

限界値ってことは、飽和蒸気圧と同じ感覚でいいのかしら？

そう・そう。限界値という意味では同じだよ。

▼ 沈殿の有無判定

難溶性の塩は共通イオン効果が大きく（➡ §1②）、環境によって沈殿が溶解したり生成したりします。

そこで、沈殿が生じているかどうかの判断が問われます。

判断法は、

「実際に加えた陽イオンと陰イオンの積を溶解度積 K_{sp} と比較する」

です。

$$Ag_2CrO_4(固) \rightleftarrows 2Ag^+ + CrO_4^{2-}$$

の反応で確認してみましょう。

実際に加えた $[Ag^+]^2[CrO_4^{2-}]$ $<$ K_{sp}	➡	沈殿なし	
実際に加えた $[Ag^+]^2[CrO_4^{2-}]$ $=$ K_{sp}	➡	沈殿が生じる瞬間	
		（ギリギリ飽和溶液）	
実際に加えた $[Ag^+]^2[CrO_4^{2-}]$ $>$ K_{sp}	➡	沈殿＋飽和溶液	

 どうして K_{sp} を超えると沈殿が生じていることになるの？

K_{sp} は限界値を表しているんだったね。
実際に加えたイオンの積が K_{sp} を超えるということ
は、溶解できる限界を超えているということだね。
だから沈殿が生じていると判断できるんだよ。

 やっぱり飽和蒸気圧に似てるわね。
圧力が飽和蒸気圧を超えると液体が生じるのと同じだわ

🔖 ポイント

$$Ag_2CrO_4(固) \rightleftarrows 2Ag^+ + CrO_4^{2-}$$

が成立しているとき、

$$K_{sp} = [Ag^+]^2[CrO_4^{2-}]$$
溶解度積

K_{sp} は溶解できる限界値を表しているた

め、これを超えるイオンを加えると沈殿

が生じている。

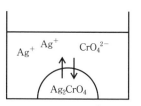

§4 気体の溶解度

①温度と気体の溶解度の関係

気体Xの溶解は次のように表すことができます。

$$X（気） \longrightarrow X（水） \quad \Delta H = Q\,kJ \quad (Q<0)$$

よって、

温度 $T\uparrow$ ⇒ 吸熱方向（左）へ平衡移動

（ルシャトリエの原理より）

⇒ 溶解量が減少

となり、温度が高くなると、気体が水に溶解する量は減少します。

平衡を使わずに考えるなら、

温度 $T\uparrow$ ⇒ 気体の熱運動が激しくなる

⇒ 気体が水中から気相へ出て行く

となるね。

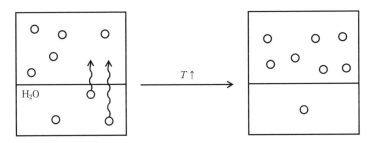

3粒から1粒へ

②気体の溶解度の表し方

『大気圧（$1.013×10^5\,Pa$）のもとで一定量の水に溶解する量』で表します。

体積で表すときには、0℃、$1.013×10^5\,Pa$（標準状態）に換算したもので表すのが一般的です。

例 酸素が20℃、1.0×10^5Pa のもとで、水1Lに対して溶ける量を0℃、1.0×10^5Pa（標準状態）に換算すると0.031mlである。

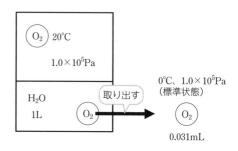

どうして体積のときだけ標準状態に換算するの？

質量gや物質量molは環境が変わっても同じ数値になるよね。
例えばmol。molは個数を表す単位。
今、20℃の環境に鉛筆が2本あって、それを25℃の環境に持って行っても2本だよね。
環境に関係なく、同じ数値なんだ。
ピストンつき容器に入った気体について考えてみるよ。

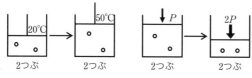

でも、気体の体積は環境が変わると大きく変化するよ。
気体をぐっと押さえつけると、体積は小さくなるもんね。

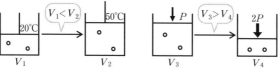

だから、体積で表すときには、環境を標準状態に統一するのが一般的なんだよ。

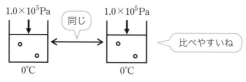

ポイント

気体の溶解度

・温度が高いほど溶解度は小さい。

・大気圧 $(1.013 \times 10^5 \mathrm{Pa})$ のもとで一定量の水に溶解する量で表す。

体積で表すときには、標準状態に換算したもので表すのが一般的。

③ヘンリーの法則

右図のような溶解平衡で考えてみましょう。

$$\mathrm{X}(気) \rightleftarrows \mathrm{X}(水)$$

平衡定数 K は

$$K = \frac{[\mathrm{X}(水)]}{[\mathrm{X}(気)]} = \frac{[\mathrm{X}(水)]}{\dfrac{P_x}{RT}}$$

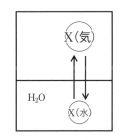

$P_x V = nRT$ より
$\underbrace{\dfrac{n}{V}}_{モル濃度} = \dfrac{P_x}{RT}$

となるため、

$$[\mathrm{X}(水)] = \underbrace{\frac{K}{RT}}_{定数(温度で変化)} \cdot P_x$$

これより、

水に溶解する気体の量 ∝ 圧力 (混合気体の場合には分圧)

であることがわかります。

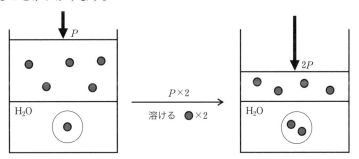

これが**ヘンリーの法則**です。

④ 気体の溶解量を求める計算

気体の溶解量について、次のようなことがいえます。

(1) 気体の溶解量 ∝ 気体の圧力 (混合気体のときには分圧)

➡ ③ヘンリーの法則

(2) 気体の溶解量 ∝ 水の体積

➡ 水の量が増えれば、そのぶん気体が入り込むことができます。

以上より、

$$\boxed{\text{気体の溶解量} = \text{気体の溶解度} \times \text{圧力倍} \times \text{水の体積倍}}$$

となります。

例1 酸素 O_2 は20℃、1.0×10^5 Pa のもとで水 1L に 1.4×10^{-3} mol 溶解する。
20℃、3.0×10^5 Pa のもとで水 2L に溶解する O_2 は何 mol 溶解するか。

解:

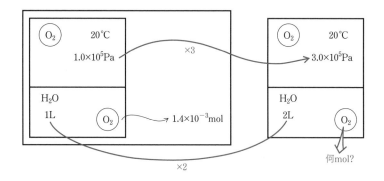

$$溶解量 \, mol = 1.4 \times 10^{-3} \times 3 \times 2$$
$$= \underline{8.4 \times 10^{-3} \, mol}$$

体積で扱うとき

体積で扱うとき、溶解度は基本的に「標準状態に換算したもの」で与えてきます (→②)。

そのとき、求める溶解量が

「**標準状態に換算した体積**」のとき

⇒ **公式通り**

溶解量 = 溶解度 × 圧力倍 × 水の体積倍

「**その圧力下での体積**」のとき

⇒ **圧力倍しない**

溶解量 = 溶解度 × 水の体積倍

となります (理由は例2の解説後)。

例2 窒素 N_2 は0℃、$1.0×10^5$Paのもとで水1mLに0.022mL溶解する。

0℃、$3.0×10^5$Paのもとで水1Lに溶解する N_2 は0℃、$1.0×10^5$Pa (標準状態) に換算すると何mLか。

また、この条件のもとでは何mLか。

解：

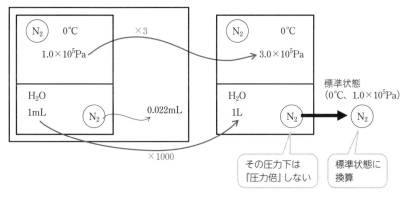

標準状態に換算した溶解量 mL = 0.022 × 3 × 1000

= <u>66 mL</u>

その圧力のもとでの溶解量 mL = 0.022 × 1000

= <u>22 mL</u>

溶解度を体積で与えるときには「標準状態に
換算すると」って書いてあるんじゃないの？

今回溶解度に「標準状態に換算すると」って書いてない
のは、設定自体が0℃、1.0×10^5Pa（標準状態）だからだよ。
換算する必要がないんだ。

　それでは、なぜ「標準状態に換算した体積」と「その圧力下での体積」で解法
が異なるのか、確認していきましょう。

溶解する気体の物質量

　　圧力を2倍（$P \rightarrow 2P$）　⇒　溶解する気体の物質量molも2倍（$n \rightarrow 2n$）

　　　　　　　　　　　　　　　⇒　溶解する物質量　∝　圧力

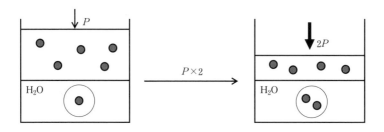

溶解する気体の体積（その圧力下で見る）

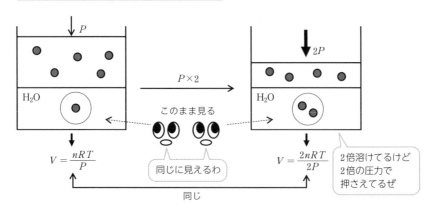

圧力を2倍 $(P \rightarrow 2P)$　⇒　溶解した気体をそのまま見ると、体積は同じ。

　　　　　　　　　　　　⇒　その圧力下での体積　∝　圧力

溶解する気体の体積（標準状態に取り出して見る）

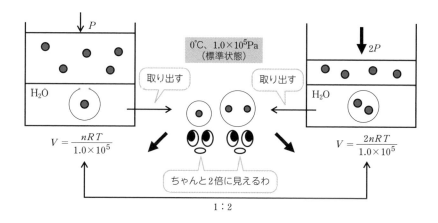

圧力を2倍 $(P \rightarrow 2P)$　⇒　溶解した気体を標準状態に取り出して見ると、

　　　　　　　　　　　　　　体積も2倍。

　　　　　　　　　　　　⇒　標準状態に換算した体積　∝　圧力

☞ ポイント

　ヘンリーの法則：水に溶解する気体の量

　　　　　　　　　∝ 圧力（混合気体の場合には分圧）

　気体の溶解量を求める計算

　　　気体の溶解量 ＝ 気体の溶解度 × 圧力倍 × 水の体積倍

　体積で扱うときのみ条件をしっかり確認！

　　「その圧力下での体積」を求めるとき　⇒　圧力倍しない

①溶液の束一性

みなさんが入試問題で見ていく溶液は、基本的に全て希薄溶液です。

希薄　⇒　濃度が小さい

　　　⇒　溶質粒子間の距離が大きい

　　　⇒　粒子間に働く力は無視できる

　　　⇒　粒子の種類には関係なく、粒子数(濃度)のみに左右される

　　　　〔溶液の束一性〕

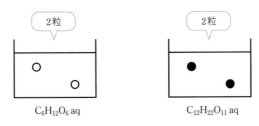

粒子数同じ　⇒　蒸気圧降下度(➡②) など同じ

以上より、希薄溶液の性質を考えるときには粒子数が大切です。

よって、電解質や二量体には注意しましょう。

例

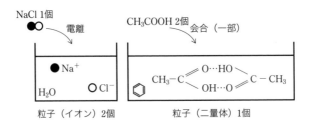

会合って何?

酢酸CH₃COOHは極性を持っているから、極性溶媒の水H₂Oに溶けるんだ（➡§1①）

「似たもの同士は溶けやすい」ってやつね。

そうそう。だから、CH₃COOHはベンゼンなどの無極性溶媒には溶けにくいはずなんだ。
でも、水素結合をうまく使って合体して無極性になって、溶けるんだよ。
こうやって合体することを会合っていうんだ。そして、2分子が会合してできたものを二量体っていうんだよ。

②蒸気圧降下

　溶媒に不揮発性の溶質を溶かして希薄溶液にすると、溶媒だけのときに比べ、蒸気圧が降下します。

　これを**蒸気圧降下**といいます。

$P > P' \Rightarrow$ 蒸気圧降下

溶媒に不揮発性の溶質を溶かす　⇒　液面付近の溶媒分子の数が減少

　　　　　　　　　　　　　　　⇒　蒸発できる溶媒分子が減少

　　　　　　　　　　　　　　　⇒　蒸気圧が低くなる

蒸発とは「液面付近の溶媒分子の中で、熱運動エネルギーの大きなものが分子間引力を振り切って気相に飛び出していくこと」だよ。

このとき、降下した度合いを蒸気圧降下度 ΔP といいます。

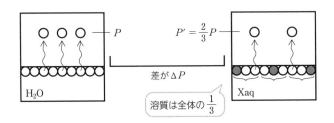

上の図で考えると、溶媒の蒸気圧が P、溶液の蒸気圧が P' なので、

蒸気圧降下度 $\Delta P = P - P'$

$$= P - \frac{2}{3}P$$

$$= \frac{1}{3}P$$

となります。

では、$\Delta P = \frac{1}{3}P$ の『$\frac{1}{3}$』は何を表しているのでしょうか。

図で $\frac{1}{3}$ なのは、溶質のモル分率ですね。

よって、蒸気圧降下度は

$$\Delta P \;=\; \underset{\substack{\text{溶質の}\\\text{モル分率}}}{x} \;\cdot\; \underset{\substack{\text{溶媒の}\\\text{蒸気圧}}}{P}$$

と表すことができ、これをラウールの法則といいます。

③沸点上昇

溶媒に不揮発性の溶質を溶かして希薄溶液にすると、溶媒だけのときに比べ、沸点が上昇します。

これを**沸点上昇**といいます。

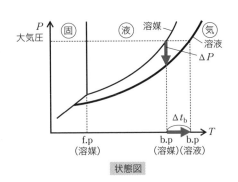

先の状態図で確認してみましょう。

溶媒に不揮発性の溶質を溶かすと蒸気圧降下が起こる (➡②)

- ⇒ 蒸気圧曲線が下がる
- ⇒ 沸点 (b.p) が右にずれる
- ⇒ 沸点 (b.p) は上昇する

このとき上昇した度合いを沸点上昇度 Δt_b といいます。

蒸気圧降下度 ΔP ∝ 溶質のモル分率 すなわち 溶液の濃度※
(※質量モル濃度 m を使用 理由➡第2章§3②(3))

- ⇒ ΔP が大ほど Δt_b も大

  蒸気圧曲線が下がるほど沸点は右にずれる

- ⇒ Δt_b ∝ 質量モル濃度 m

以上より、沸点上昇度 Δt_b は次のように表すことができます。

$$\Delta t_b = K_b \cdot m \quad (\text{※モル沸点上昇という})$$
       定数※ 質量モル濃度

④ 凝固点降下

溶媒に不揮発性の溶質を溶かして希薄溶液にすると、溶媒だけのときに比べ、凝固点が降下します。

これを**凝固点降下**といいます。

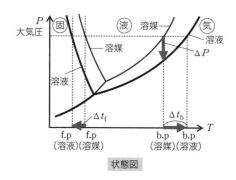

状態図

上の状態図で確認してみましょう。

溶媒に不揮発性の溶質を溶かすと蒸気圧降下が起こる（➡②）

⇒　蒸気圧曲線が下がる

⇒　融解曲線も下がる

⇒　凝固点 (f.p) は左にずれる

⇒　凝固点 (f.p) は降下する

このとき降下した度合いを凝固点降下度 Δt_f といいます。

沸点上昇度 Δt_b 同様、

蒸気圧降下度 ΔP が大　⇒　Δt_f も大

となるので、

凝固点降下度 Δt_f を求める式は、沸点上昇度 Δt_b の式と同じです。

$$\Delta t_f = K_f \cdot m \quad (\text{＊モル凝固点降下という})$$

定数＊　質量モル濃度

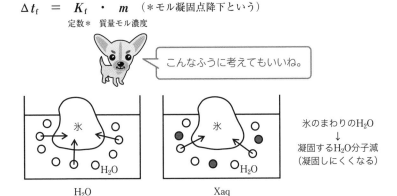

こんなふうに考えてもいいね。

H$_2$O　　　　　　　　　　　Xaq

氷のまわりのH$_2$O
↓
凝固するH$_2$O分子減
（凝固しにくくなる）

⑤沸点上昇・凝固点降下の計算

電解質や二量体に注意しましょう（➡①）。

例1

分子量不明の不揮発性物質（非電解質）13.68gを水100gに溶かした水溶液の凝固点は -0.74℃であった。この不揮発性物質の分子量を求めよ。ただし水のモル凝固点降下は $1.85\,(\text{K}\cdot\text{kg/mol})$ である。

解：水の凝固点は0℃なので、凝固点降下度 Δt_f は

$\Delta t_f = 0 - (-0.74)$

　　　 $= \underline{0.74℃}$

不揮発性物質の分子量を M とすると、$\Delta t_\mathrm{f} = K_\mathrm{f} \cdot m$ より、

$$0.74 = 1.85 \times \frac{\dfrac{13.68}{M}}{\dfrac{100}{1000}} \qquad M = 342$$

このように、凝固点降下度を測定することにより、物質の分子量がわかります（分子量測定）。

モル沸点上昇の単位は (K・kg/mol) で、温度の単位はケルビン K なのに、沸点上昇度を ℃ で代入していいの?

「上昇度」のときには、K と ℃ は区別しなくていいよ。例えば、273K (0℃) が 300K (27℃) に上昇すると、上昇度は 300−273＝27K (27−0＝27℃) だから、上昇度は K でも ℃ でも同じになるね。

例2

0.100mol/kg の塩化ナトリウム NaCl 水溶液の沸点を求めよ。

ただし水のモル沸点上昇は 0.515 (K・kg/mol)、NaCl は水中で完全に電離するものとする。

解：$\Delta t_\mathrm{b} = K_\mathrm{b} \cdot m$ より

$$\Delta t_\mathrm{b} = 0.515 \times 0.100 \times \underline{2}$$
$$= \underline{0.103℃}$$

> NaCl は電解質だから水中で Na^+ と Cl^- に電離して粒子数は 2 倍だよ。気をつけて!!

よって塩化ナトリウム水溶液の沸点は

$$100 + 0.103 = \underline{100.103℃}$$

///////////////////////

📖 ポイント

希薄溶液の性質：電解質・二量体に要注意

蒸気圧降下：$\Delta P = x \cdot P$ （ラウールの法則）

沸点上昇 ：$\Delta t_\mathrm{b} = K_\mathrm{b} \cdot m$

凝固点降下：$\Delta t_\mathrm{f} = K_\mathrm{f} \cdot m$

⑥冷却曲線

溶媒や溶液を冷却していったときの温度変化を表したグラフが冷却曲線です。

冷却曲線は下の図のようになると予想できます。

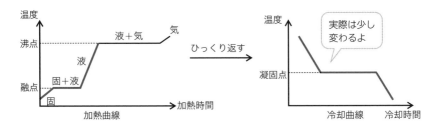

しかし、実際には少しだけ形が変わります。

水（溶媒）の冷却曲線で確認してみましょう。

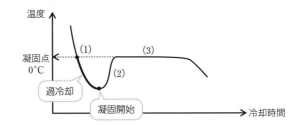

水を冷却していくと、凝固点（0℃）以下の温度になってもすぐには凝固が始まりません。この状態を**過冷却**といいます。

なんで凝固点で凝固が始まらないの？

液体から固体ができるときには、まず結晶核っていうのができるんだ。結晶のもとって感じかな。
結晶核を作るには、バラけている分子を集めて、美しい配列に並べなきゃいけないんだ。大変だよね。
だから冷却のスピードに対して、結晶核を作るスピードが追いつかないんだ。

(1) 凝固点の読み取り方

過冷却は実験によって変わるため、凝固点は「凝固開始点」ではなく「凝固開始予定点t」を読み取ります。

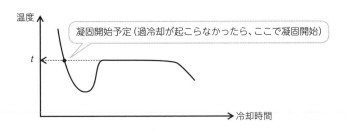

(2) 凝固開始直後に温度が上昇する理由

グラフより凝固開始直後に温度が上昇していることがわかります。

凝固開始直後は急激な凝固が起こり、次のような関係が成立するからです。

冷却によって奪われる熱　＜　凝固によって放出される熱

(3) 温度上昇後、温度が一定に保たれる理由

凝固が落ち着くと、次のような関係が成立し、温度が一定に保たれます。

冷却によって奪われる熱　＝　凝固によって放出される熱

次に水溶液の冷却曲線を確認してみましょう。

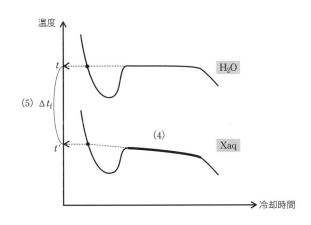

(4) 水溶液は、凝固進行中も凝固点が下がり続ける理由

　水の冷却曲線と違って水溶液の冷却曲線は、凝固進行中のグラフが右下がりになっていますね。

　すなわち、凝固進行中も凝固点が下がり続けているのです。

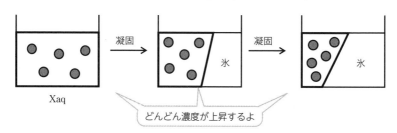

Xaq

どんどん濃度が上昇するよ

　凝固進行　⇒　溶媒の水のみが凝固

　　　　　　⇒　溶液の濃度が上昇

　　　　　　⇒　それに伴い、凝固点が降下し続ける

　　　　　　　（$\Delta t_f = K_f \cdot m$ より $\Delta t_f \propto m$）

(5) 凝固点降下度 Δt_f の読み取り方

　水溶液の凝固点は水の凝固点と同じ「凝固開始予定点t'」です。

　よって、凝固点降下度 Δt_f は

　　　　$\Delta t_f = t - t'$

となります。

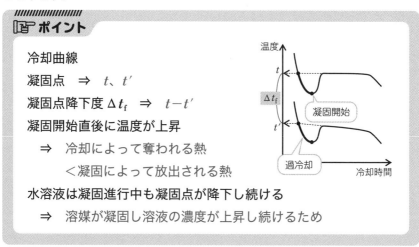

ポイント

冷却曲線

凝固点　⇒　t、t'

凝固点降下度 Δt_f　⇒　$t - t'$

凝固開始直後に温度が上昇

　⇒　冷却によって奪われる熱

　　　＜凝固によって放出される熱

水溶液は凝固進行中も凝固点が降下し続ける

　⇒　溶媒が凝固し溶液の濃度が上昇し続けるため

温度

t

Δt_f

t'

凝固開始

過冷却

冷却時間

⑦浸透圧

まずは図を見ながら、浸透圧とは何かを確認してみましょう。

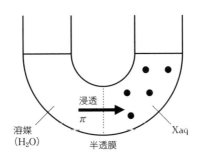

中央を半透膜で仕切ったU字管の左右に、溶媒と溶液を同じ高さまで入れて放置すると、溶媒が溶液へ侵入します。これを**浸透**といい、浸透しようとする圧力を**浸透圧 π**といいます。

どうして水が浸透するの？

こんな図で考えてみようか。半透膜付近の拡大図だよ。
左 (溶媒) から右 (溶液) に溶媒が4粒移動。
でも、右から左に移動できる溶媒は3粒だね。だから
差額分の1粒が左から右に浸透することになるんだよ。

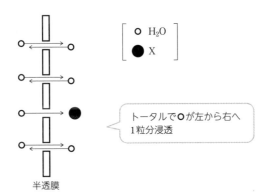

トータルで○が左から右へ
1粒分浸透

しばらく放置すると、溶媒の浸透により液面差を生じます。

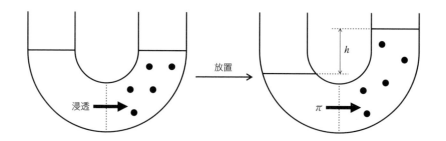

最終的に「液面差がhになったところで浸透が止まった」として、このときの浸透圧πを考えていきましょう。

・$\pi \propto$ モル濃度 C (mol/L)

溶液側にたくさんの溶質があると、そのぶん溶媒が浸透してくることになりますね。

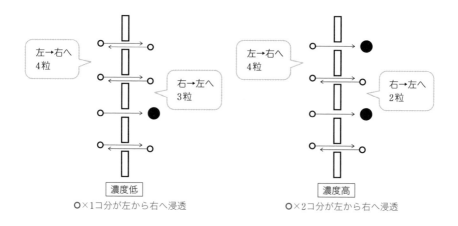

・$\pi \propto$ 温度 T (K)

温度が高いと、溶媒の熱運動が激しくなり、浸透する力が大きくなりますね。

以上より、比例定数を R とすると、

$$\pi \;=\; \underset{\text{モル濃度}}{C} \;\cdot\; \underset{\text{気体定数}}{R} \;\cdot\; \underset{\text{絶対温度}}{T}$$

と表すことができます。

そして、液面差 h になったところで浸透が止まったのは、

　　『浸透圧 π と溶液 h 分の重さによる圧力がつり合ったから』

です。

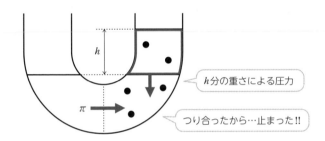

以上より、

$$\boxed{\pi = C \cdot R \cdot T = \text{溶液}h\text{分の重さによる圧力}}$$

これが浸透圧 π を表す公式になります。

公式を使うときの注意事項

(1) U字管のとき、溶液の体積に気をつける

　断面積を S、最初の溶液の体積を V とすると、液面差 h になったときの溶液の体積は

　　『$V + \dfrac{1}{2}Sh$』

となります。

　浸透した溶媒は高さ $\dfrac{1}{2}h$ 分であることに気をつけましょう。

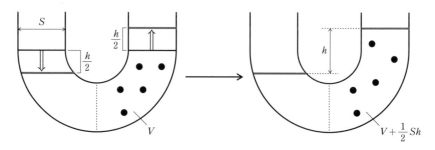

(2) 溶液のモル濃度 C は粒子の濃度であることに気をつける

蒸気圧降下・沸点上昇・凝固点降下と同様、電解質には注意しましょう。

溶液 h 分の重さによる圧力ってどうやって表すの？

一般的な入試問題では「1cmあたり98Pa」と
いった感じで与えてくるよ。
液面差が5cmなら、圧力は98×5Paになるね。

そうじゃない与え方の場合があるの？

そうだね。高さと圧力の関係がわかっているのが水銀（76cmが $1.01×10^5$Pa
に相当）だから、水銀の高さに換算させる問題があるよ。そのときは、

$\qquad \pi = C \cdot R \cdot T =$ 溶液 h cm 分の重さによる圧力

$\qquad\qquad\qquad\quad =$ Hg x cm 分の重さによる圧力

と考えて、まずは

$\qquad$ 溶液 h cm 分の重さ ＝ Hg x cm 分の重さ

の式を作るよ。
底面積を Scm^2、水溶液の密度を 1.0g/cm^3、水銀の密度を 13.6g/cm^3 とす
ると、

$\qquad S × h × 1.0 = S × x × 13.6$

$\qquad\qquad x = \dfrac{h}{13.6}$ cm　となるね。

水銀 $\dfrac{h}{13.6}$ cm 分の圧力 π は

$\qquad 76 : \dfrac{h}{13.6} = 1.01×10^5 : \pi$

$\qquad\qquad \pi = \dfrac{1.01×10^5 h}{13.6×76}$

このようにして浸透圧 π を求めることができるよ。

例題

半透膜を中央に固定したU字管（断面積1.0cm²）がある。

右側に非電解質X 0.10gを溶かした水溶液10mL、左側にそれと同じ高さまで純水を入れ、27℃でしばらく放置したところ、液面差が4.0cmとなった。

非電解質Xの分子量はいくらか。ただし、水溶液柱1cmの及ぼす圧力を98Paとし、気体定数は8.3×10^3Pa・L/(mol・K)とする。

解：浸透後のXaqの体積は$10 + 4.0 \times \dfrac{1}{2} = 12$mL

$\pi = C \cdot R \cdot T = $ Xaq 4 cm分の重さによる圧力 より

$$\dfrac{\dfrac{0.10}{M}}{\dfrac{12}{1000}} \times (8.3 \times 10^3) \times 300 = 98 \times 4$$

$$M = 5.29 \times 10^4 \qquad \underline{5.3 \times 10^4}$$

※このように、浸透圧を測定することで分子量を調べることができます（特に高分子化合物の分子量測定）。

ポイント

浸透圧

$\pi = C \cdot R \cdot T$

$\quad = $ 溶液h分の重さによる圧力

「溶液の体積」と「電解質」に要注意

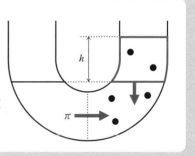

---

§6 コロイド

①コロイド粒子がもつ特徴

(1) 大きい

直径10^{-9}m〜10^{-7}mの粒子をコロイド粒子といいます。

通常の分子やイオンよりは大きく、ろ紙は通過できても、半透膜は通過できません。

チンダル現象

コロイド溶液に光束を当てると、光の通路が明るく輝いて見える現象

⇒　粒子が大きく、光を散乱させるため

ブラウン運動

コロイド粒子の不規則な運動（限外顕微鏡で観察できる）

⇒　熱運動している水分子の衝突が原因

（コロイド粒子は大きいため、熱運動していない）

透析

コロイド粒子と普通の分子やイオンが混合している溶液をセロハンに包んで水に浸し、コロイド粒子だけを分離する操作。

⇒　コロイド粒子は大きく、セロハン（半透膜）を通過できないため

例　塩化鉄（Ⅲ）を沸騰水の中に加えると、水酸化鉄（Ⅲ）のコロイドが生成する。

塩化鉄（Ⅲ）＋沸騰水 ⟶ 水酸化鉄（Ⅲ）＋塩化水素

この溶液から水酸化鉄（Ⅲ）のコロイドを分離するために透析を行う。

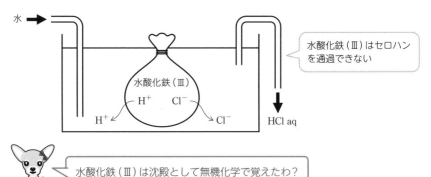

水　水酸化鉄（Ⅲ）　H^+　Cl^-　H^+　Cl^-　HCl aq

水酸化鉄（Ⅲ）はセロハンを通過できない

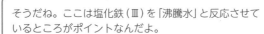

水酸化鉄（Ⅲ）は沈殿として無機化学で覚えたわ？

そうだね。ここは塩化鉄（Ⅲ）を「沸騰水」と反応させているところがポイントなんだよ。
沸騰水だと、加水分解が急激に進行して沈殿までいかないんだ。中途半端な大きさのコロイドになるんだよ。

(2) 正・負に帯電している

コロイド粒子は正または負に帯電しています。それぞれを正コロイド、負コロイドといいます。

> **例** 正コロイド：水酸化鉄（Ⅲ）
>
> 負コロイド：粘土
>
> また、コロイド粒子どうしは、それらの電荷によって反発し、水溶液中で分散している。

電気泳動

コロイド溶液に直流の電圧をかけると、コロイド粒子は自身がもつ電荷とは反対の電極に引きつけられて集まっていく現象。

> **例** 水酸化鉄（Ⅲ）は正コロイドなので陰極へ移動

②コロイドの分類

(1) 分子コロイドと会合コロイド

分子コロイド

分子量が大きく、1分子でコロイド粒子になるもの

> **例** たんぱく質、デンプン

会合コロイド（ミセルコロイド）

多数の分子が集まった集合体（ミセル）でコロイド粒子になるもの

> **例** せっけん

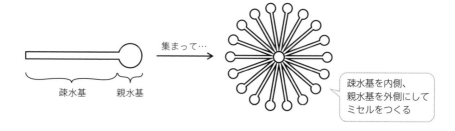

集まって…

疎水基　親水基

> 疎水基を内側、
> 親水基を外側にして
> ミセルをつくる

(2) 親水コロイドと疎水コロイド

親水コロイド

分子内に多くの親水基をもち、多くの水分子と水和しているコロイド粒子。

例 たんぱく質、デンプン

塩析 親水コロイドに多量の電解質を加えていくと沈殿する現象

⇒ 電解質を加えることで水和している水分子が引き離され、さらにコロイド粒子の電荷が中和されるため

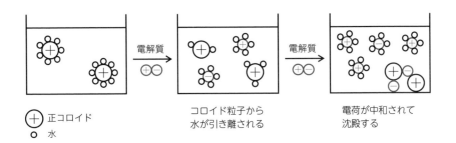

疎水コロイド

親水性が弱く、ほとんど水和されていないコロイド粒子。

例 水酸化鉄(Ⅲ)、粘土

凝析 疎水コロイドに少量の電解質を加えていくと沈殿する現象

⇒ 電解質を加えることでコロイド粒子の電荷が中和されるため

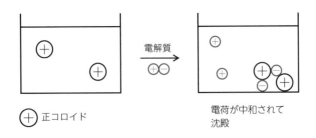

▼ 塩析や凝析のときに加える電解質

コロイド粒子の電荷を中和する能力は、コロイド粒子と反対の電荷をもつ<u>イ</u><u>オンの価数で決まります</u>。

例 水酸化鉄（Ⅲ）の正コロイドを凝析させる能力

$$NaCl \ 2mol \ \ < \ \ Na_2SO_4 \ 1mol$$

⇒ 正コロイドの電荷を中和するので、注目するのは陰イオン。

Cl^- 2molとSO_4^{2-} 1molではトータルの電荷は同じだけど
価数が大きい方が中和させる能力が高い。

保護コロイド

「疎水コロイドに少量の電解質を加えても凝析が起こらない」ようにするために加える親水コロイド。

⇒ 親水コロイドが疎水コロイドを取り囲むため、少量の電解質では凝析が起こらなくなる。

例 にかわ（墨汁に加える親水コロイド）

///////////////////////
☞ ポイント

コロイド
・粒子が大きい
・正または負に帯電している
それぞれについてどんな現象が見られるのか、しっかり確認しておこう。

1 次の文章を読み、問1〜問4に答えよ。

　塩化銀 AgCl は、わずかに水に溶解する難溶性の塩である。固体の AgCl を水に加えてよくかき混ぜると、ごく一部が溶解して飽和水溶液になる。この飽和水溶液中では、式 (1) に示した溶解平衡が成り立っている。

$$AgCl \text{(固)} \rightleftarrows Ag^+ + Cl^- \quad\quad (1)$$

　このとき、水溶液中の銀イオンのモル濃度 $[Ag^+]$ と塩化物イオンのモル濃度 $[Cl^-]$ の積は、温度が変わらなければ、常に一定に保たれる。この値を塩化銀の溶解度積といい、式 (2) のように K_{sp} で表される。

$$K_{sp} = [Ag^+][Cl^-] \quad\quad (2)$$

硫化銅 (II) CuS や硫化亜鉛 ZnS も、表1に示すように難溶性の塩である。飽和水溶液中では、それぞれ式 (3) と (4) に示した溶解平衡が成り立っている。

$$CuS \text{(固)} \rightleftarrows Cu^{2+} + S^{2-} \quad\quad (3)$$

$$ZnS \text{(固)} \rightleftarrows Zn^{2+} + S^{2-} \quad\quad (4)$$

表1　難溶性塩の溶解度積 (25℃)

難溶性塩	溶解定積 (mol^2/L^2)
臭化銀 AgBr	5.2×10^{-13}
ヨウ化銀 AgI	2.1×10^{-14}
硫化銅 (II) CuS	6.5×10^{-30}
硫化亜鉛 ZnS	2.2×10^{-18}

　硫化水素 H_2S は水に溶けて式 (5) のような電離平衡にあるので、その水溶液の pH を調整することにより、S^{2-} の濃度を変えることができる。この S^{2-} の濃度変化を利用して、溶解度積の違いから金属イオンを硫化物の沈殿として分離することができる。

$$H_2S \rightleftarrows 2H^+ + S^{2-} \quad\quad (5)$$

問1　25℃で塩化銀の水に対する溶解度を測定したところ、2.002×10^{-3} g/L という結果が得られた。塩化銀の溶解度積はいくらか。有効数字2桁で答えよ。

問2　25℃で濃度 1.00×10^{-1} mol/L の希塩酸 1.00 L に対して、塩化銀は最大何 mol 溶けるか。有効数字2桁で答えよ。ただし、水溶液の体積の変化はないものとする。

問3　表1の数値を参照して、25℃での塩化銀に関する正しい記述を a)〜e) からすべて選べ。該当する選択肢がない場合は、z とせよ。

　　a) 塩化銀は、水よりも塩化ナトリウム水溶液によく溶ける。

b) 塩化銀は、水よりもアンモニア水によく溶ける。

c) 塩化銀の飽和水溶液に塩化水素ガスを吹きこむと、沈殿が析出する。

d) 塩化銀は、臭化銀よりアンモニア水への溶解度が小さい。

e) 塩化銀は、ヨウ化銀より水への溶解度が小さい。

問4 銅(II)イオンと亜鉛(II)イオンの濃度がともに1.00×10^{-1} mol/LであるpH1.00の水溶液1.00Lを調製した。25℃で、この水溶液中に硫化水素を、その濃度が1.00×10^{-1} mol/Lになるまで通じた。このとき生じる沈殿物は何gか。有効数字2桁で答えよ。なお、式(5)の電離定数K_aを1.00×10^{-19} mol^2/L^{2}とし、硫化水素を通じた前後で水溶液の体積およびpHの変化はないものとする。

(2015 上智大(理工) 3)

2 次の文章を読み、問いに答えよ。なお、気体はすべて理想気体としてふるまうものとする。

　周期表の15族に属する典型元素である窒素は、大気中や土壌、生体内を様々な物質として循環し、広く地球上に存在している。特に窒素酸化物は種類も多く、重要な物質である。窒素分子は無色・無臭の気体で、a) 水に溶けにくく、常温では化学的に不活性で酸素分子と反応することはない。しかし、自動車のエンジン内のような高温・高圧下では酸素分子と反応して窒素酸化物が生成する。排気ガスの一部として大気中に放出された一酸化窒素は酸化され、水に溶けやすい赤褐色の有毒な二酸化窒素を生成して、雲の中の水滴に取り込まれたり、降下中の雨水に溶け込むことなどにより、地上や海に降り注ぐ。雨水に溶けた二酸化窒素は酸性雨の原因となる硝酸などになる。このため、近年では、窒素酸化物などの排出を抑えるために、触媒を用いて窒素分子などに効率よく変換している。

問1 下線部a) に関して、窒素は、60℃においてその分圧が1.0×10^5 Paのとき、水1.0Lに4.7×10^{-4} mol溶けることが知られている。窒素の溶解度に関して以下の問いに答えよ。なお、空気を窒素分子と酸素分子(物質量比8:2)および水蒸気の混合気体であるとし、水の飽和蒸気圧は60℃のとき2.0×10^4 Paとする。

(1) 60℃において、全圧1.0×10^5 Paの空気が水に十分に長い時間接して気液平衡状態に達していたとする。この空気中の窒素分子の分圧[Pa]を有効数字2桁で求めよ。

(2) (1)の条件で、水1.0Lに溶けている窒素分子の質量[g]を有効数字2桁で求めよ。

(2015 東北大 (前期) 1の問4)

3 下記の問1〜問2に答えよ。計算問題では、有効数字2けたで答えよ。

問1 水 (H_2O) をゆっくり冷却しながら温度を測定したところ、右記のような冷却曲線になった。

(1) 水の凝固点を図のT_1〜T_3から選べ。また、水は冷却曲線上のどこから凝固し始め、どこで全て凝固し終わるか、図のA〜Fから選べ。

(2) H_2Oは図のD〜Eの間でどのような状態をとっているか、次の(ア)〜(ウ)から選べ。

　　(ア) 水　　(イ) 氷　　(ウ) 水と氷が混在

(3) 図のD〜Eの間では冷却していても温度が一定であるが、その理由を述べよ。

問2 水100gに塩化カルシウム ($CaCl_2$) を0.111g溶解し、1気圧でゆっくり冷却しながら温度を測定した。水のモル凝固点降下を1.85K·kg/molとし、塩化カルシウムは、水中で完全に電離しているとする。

(1) 塩化カルシウム水溶液はどのような冷却曲線を示すか、次の(ア)〜(エ)から選べ。

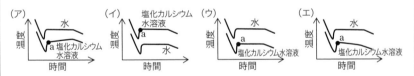

(2) この塩化カルシウム水溶液の凝固点降下度を求めよ。

(3) 図中の点a以降の時間でこの塩化カルシウム水溶液が$-0.185℃$のとき、測定開始点から全体で何gの氷が生じているか求めよ。ただし、水が凝固するとき、塩化カルシウムは氷に含まれず、全てが残りの水溶液中に均一に存在し、残りの水溶液の濃度が濃くなる。

(2014 福井大 2)

(解答は P.393)

第1章

1 2015 芝浦工大

解答 (d)・(f)・(g)

解説

(a) 原子核は陽子があるため正に帯電しているが、原子核の周りには陽子と同数の電子があるため、原子は電気的に中性である。

(b) 原子の直径は約 10^{-8}cm、原子核の直径は約 $10^{-12} \sim 10^{-13}$cm である。

(c) 質量比は 陽子：中性子：電子 $= 1 : 1 : \dfrac{1}{1840}$ であるため、原子の質量 ≒（陽子＋中性子）の質量となる。

(d) Mg の原子番号は12であるため、^{26}Mg に含まれる中性子数は $26 - 12 = 14$ 個となる。

(e) 最外殻電子数が同じ元素同士の性質が似ている。すなわち、典型元素は同じ属の元素同士の性質が似ている。

(f) 原子番号が同じで質量数が異なる、すなわち陽子数が同じで中性子数が異なる原子同士を同位体という。

(g) 原子は電気的に中性であるため、電子を放出すると正に帯電する。これを陽イオンという。

第2章

1 2013 名古屋大

解答 93.0%

解説

カリウム K（原子量39.10）の同位体の情報は、^{39}K の存在率を x% とすると、

	相対質量	存在率
^{39}K	38.96	x%
^{41}K	40.96	$100-x$%

よって、原子量を表す次の式が成立する。

$$39.10 = 38.96 \times \frac{x}{100} + 40.96 \times \frac{100-x}{100}$$

$$= 38.96 \times \frac{x}{100} + (38.96+2) \times \frac{100-x}{100}$$

$$= 38.96 + 2 \times \frac{100-x}{100}$$

$$x = 93.00\%$$

2 2015 鹿児島大

解答 (e)

解説

エタン C_2H_6 の燃焼を化学反応式で表し、反応前・変化量・反応後の物質量を表にしてみよう。

（分子量はC_2H_6 30・O_2 32・CO_2 44・H_2O 18）

	$2C_2H_6$	$+$	$7O_2$	$\longrightarrow$	$4CO_2$	$+$	$6H_2O$
反応前	10.0g		40.0g		0mol		0mol
	$\rightarrow \dfrac{10}{30}=\dfrac{1}{3}$ mol		$\rightarrow \dfrac{40}{32}=\dfrac{5}{4}$ mol				
変化量	$-\dfrac{1}{3}$ mol		$-\dfrac{7}{6}$ mol		$+\dfrac{2}{3}$ mol		$+1$mol
反応後	0		$\dfrac{1}{12}$ mol		$\dfrac{2}{3}$ mol		1mol

(a) 表より酸素O_2は過剰であり、すべて消費されたのはエタンC_2H_6である。通常、燃焼させるときには酸素O_2を過剰にして反応させる。

(b) エタンC_2H_6はすべて反応し、残っていない。

(c) 表より、二酸化炭素CO_2は$\dfrac{2}{3}$mol生成している。

　　よって質量は$\dfrac{2}{3}\times44=29.3$g

(d) 完全燃焼とあるので一酸化炭素COは生成しない。COが生成することを不完全燃焼という。

(e) （$O_2+CO_2+H_2O$）の質量は

　　$\dfrac{1}{12}\times32+\dfrac{2}{3}\times44+1\times18=50.0$g

第3章

1 2015近畿大

解答

1：② 　2：① 　3：④ 　4：⑧ 　5：④ 　6：⑩ 　7：④ 　8：② 　9：④

10：③ 　11：⑥ 　12：② 　13：④ 　14：① 　15：② 　16：① 　17：② 　18：①

19：④ 　20：① 　21：⑤ 　22：③

解説

CCl_4 正四面体	H_2S 折れ線	CO_2 直線	NH_3 三角錐

　　　　　　　H－S　　　　　　O＝C＝O　　　　H－N－H
　　　　　　　　　\　H　　　　　　　　　　　　　　　H

第4章

1 2015芝浦工大

解答

(1) α鉄：8個　　γ鉄：12 　　(2) α鉄：2個　　γ鉄：4個

(3) 1.23倍 　　　　　　　　　　　　(4) 1.09倍

解 説

	(1) 配位数	(2) 原子数	原子半径rと格子定数$a \cdot a'$の関係
α鉄（体心立方格子）	8	2	$r = \dfrac{\sqrt{3}}{4}a$
γ鉄（面心立方格子）	12	4	$r = \dfrac{\sqrt{2}}{4}a'$

(3) 結晶構造が変化しても原子の半径は不変である。

よって、表の「原子半径rと格子定数$a \cdot a'$の関係」を使って、

$$\frac{\sqrt{3}}{4}a = \frac{\sqrt{2}}{4}a'$$

$$a' = \frac{\sqrt{3}}{\sqrt{2}}a$$

$$= 1.226a \quad \underline{1.23倍}$$

(4) 単位格子の密度は次のように表すことができる。

$$密度(g/cm^3) = \frac{原子1個の質量(g) \times 単位格子中の原子数}{単位格子の体積(cm^3)}$$

結晶構造が変化しても、鉄原子1個の質量$\left(= \dfrac{原子量}{アボガドロ定数} \right)$は不変であるため、

結晶構造の変化により密度が何倍になるかを考えるなら、「単位格子中に含まれる原子数」と「単位格子の体積」が何倍になるかを考えればよい。

α鉄がγ鉄に変化すると、

「単位格子中にふくまれる原子数」

α鉄　2　→　γ鉄　4　　2倍

「単位格子の体積」

(3)より格子定数が$\dfrac{\sqrt{3}}{\sqrt{2}}$倍になるため、体積は$\left(\dfrac{\sqrt{3}}{\sqrt{2}} \right)^3$倍

以上より、密度は

$$\frac{2}{\left(\dfrac{\sqrt{3}}{\sqrt{2}} \right)^3} = 1.086 \quad \underline{1.09倍}$$

2 2013立命館大

解 答

(ⅰ) ア：4　イ：1　　(ⅱ) A：0.18　B：0.17

(ⅲ) C：4.0　D：0.24　　(ⅳ) ウ：⑥

解 説

(ⅰ)

ア：塩化物イオンCl^-・ルビジウムイオンRb^+　➡　共に面心立方格子であるため、$\underline{4個}$である。

イ：塩化物イオンCl^-　➡　$\dfrac{1}{8} \times 8 = \underline{1個}$

セシウムイオンCs^+　➡　$\underline{1個}$

（ii）

A：塩化ルビジウム RbCl の格子定数 a は Rb^+ の半径 r_{Rb^+} と Cl^- の半径 r_{Cl^-} を用いて表すと

$$a = 2(r_{Rb^+} + r_{Cl^-})$$

であるため、

$$0.66 = 2(0.15 + r_{Cl^-}) \qquad r_{Cl^-} = \underline{0.18\,nm}$$

B：塩化セシウム CsCl の格子定数 a は Cs^+ の半径 r_{Cs^+} と Cl^- の半径 r_{Cl^-} を用いて表すと

$$\sqrt{3}\,a = 2(r_{Cs^+} + r_{Cl^-})$$

であるため、

$$1.7 \times 0.41 = 2(r_{Cs^+} + 0.18) \qquad r_{Cs^+} = \underline{0.168\ nm}$$

（iii）

C：CsCl（式量 168）の密度 $d\,(g/cm^3)$ は次のような式で表すことができる。

$$d = \frac{\dfrac{168}{6.0 \times 10^{23}} \times 1}{(0.41 \times 10^{-7})^3} = \frac{168}{(0.070 \times 10^{-21})(6.0 \times 10^{23})} = \underline{4.0\,g/cm^3}$$

D：CsCl（式量 168）$1.0\,cm^3$ は、密度が $4.0\,g/cm^3$ であるため

$$1.0 \times 4.0 = 4.0\,g \quad \blacksquare\!\!\!\rightarrow \quad \frac{4.0}{168}\,mol$$

モル濃度（mol/L）は

$$\frac{\dfrac{4.0}{168}}{\dfrac{100}{1000}} = \underline{0.238\,mol/L}$$

（iv）

放射性同位体のセシウム原子の質量数を x とし、それからできている塩化セシウムを ^{x}CsCl（式量 M）とすると、密度は次のように表すことができる。

$$d = \frac{\dfrac{M}{6.0 \times 10^{23}} \times 1}{(0.41 \times 10^{-7})^3} = \frac{M}{(0.070 \times 10^{-21})(6.0 \times 10^{23})} = 4.0 + 0.1 = 4.1\,g/cm^3$$

$$M = 172.2$$

セシウムの相対質量は CsCl の式量から Cl の質量数をひいたものになる。

$$172.2 - 35 = \underline{137.2}$$

---

3 2014 立命館大

解答

（i）0.23nm　　（ii）8　　（iii）2.3g/cm³

解説

（i）　格子定数を a とすると、原子間距離 $= \dfrac{\sqrt{3}}{4}a$ となるため、

$$原子間距離 = \frac{1.7}{4} \times 0.543$$

$$= \underline{0.230\,nm}$$

（ii）　面心立方格子（粒子数4）+4 = $\underline{8}$

（ⅲ）　密度$(g/cm^3) = \dfrac{\dfrac{28.0}{6.0\times10^{23}}\times8}{0.160\times(10^{-7})^3}$

$\qquad\qquad\qquad = \underline{2.33\,g/cm^3}$

第5章

1 2014静岡大

解答

問1　$\dfrac{[H^+][OH^-]}{[H_2O]}$　　問2　（ア）$[H^+][OH^-]$　（イ）mol^2/L^2

問3　(2)式は吸熱反応なので温度を上げると電離の方向に平衡が移動し、H^+とOH^-が増加するため、水のイオン積は大きくなる。

問4　$1.2\times10^{-7}\,mol/L$　　問5　5.6×10^8個

問6　(1) 4.7　(2) 25倍　　問7　$4.0\times10^{-10}\,mol/L$，pH 9.4

解説

問4　純水中では$[H^+]=[OH^-]$であるため、$K_w=[H^+][OH^-]=[H^+]^2$が成立し、

$\qquad [H^+]=\sqrt{K_w}=\sqrt{1.44\times10^{-14}}=\underline{1.2\times10^{-7}}\,mol/L$

問5　電離度$\alpha=\dfrac{1}{x}$のxを求める問題である。

　　表より25℃の水のイオン積は$1.0\times10^{-14}\,(mol^2/L^2)$であるため、

$\qquad [H^+]=\sqrt{K_w}=\sqrt{1.0\times10^{-14}}=\underline{1.0\times10^{-7}}\,mol/L$

　　また、水（分子量18）の密度$1.00g/cm^3$より、水1L（1000mL）の質量は1000g，物質量は$\dfrac{1000}{18}$mol

　　であるため、水のモル濃度は$\dfrac{1000}{18}$mol/Lとなる。

　　以上より、

$\qquad$電離度$\alpha=\dfrac{1.0\times10^{-7}}{\dfrac{1000}{18}}=\dfrac{1}{5.55\times10^8}$

　　となるため、水$\underline{5.6\times10^8}$個につき1個が電離している。

問6　希釈前のpH$=4.0$より、$[H^+]=1.0\times10^{-4}\,mol/L$である。

　　(1) 5倍に希釈すると濃度は$\dfrac{1}{5}$倍になるため、稀釈後の$[H^+]=1.0\times10^{-4}\times\dfrac{1}{5}=2.0\times10^{-5}mol/L$

　　である。

　　よって、pH$=-\log(2.0\times10^{-5})=5-\log2=5-0.3=\underline{4.7}$と決まる。

　　(2) n倍に稀釈すると濃度は$\dfrac{1}{n}$倍になるため、稀釈後の$[H^+]=1.0\times10^{-4}\times\dfrac{1}{n}=\dfrac{1}{n}\times10^{-4}$

　　mol/Lである。

　　また、希釈後のpH$=5.4=6-0.6=6-2\log2$より$[H^+]=4.0\times10^{-6}mol/L$とわかる。

　　以上より、

$\qquad \dfrac{1}{n}\times10^{-4}=4.0\times10^{-6}\qquad n=\underline{25}$

問7 使用した塩酸と水酸化ナトリウム水溶液は価数と体積が等しいため、濃度の大きい水酸化ナトリウムが過剰であることがわかる。

$$残った[OH^-] = \frac{(反応前のOH^- - 反応したOH^-)mol}{混合後の体積\,L}$$

$$= \frac{(水酸化ナトリウム中のOH^- - 塩酸中のH^+)mol}{混合後の体積\,L}$$

$$= \frac{1.00\times10^{-4}\times\dfrac{20}{1000} - 5.0\times10^{-5}\times\dfrac{20}{1000}}{\dfrac{40}{1000}}$$

$$= \frac{1}{4}\times10^{-4}\,mol/L$$

よって

$$[H^+] = \frac{K_w}{[OH^-]} = \frac{1.0\times10^{-14}}{\dfrac{1}{4}\times10^{-4}} = \underline{4.0\times10^{-10}}\,mol/L$$

$$pH = -\log(2^2\times10^{-10}) = 10-2\times0.3 = \underline{9.4}$$

2 2015立教大

解答

1. フェノールフタレイン　　2. ①・③　　3. 1.00×10^{-1} mol/L　　4. 8.00×10^{-1} mol/L

解説

1. シュウ酸（弱酸）と水酸化ナトリウム（強塩基）の滴定であるため、中和点はシュウ酸ナトリウム水溶液となり、塩基性を示す。

   よって、塩基性に変色域を持つ<u>フェノールフタレイン</u>が適切である。

3. 実験イで使用したシュウ酸二水和物$(COOH)_2\cdot2H_2O$（分子量126）は1.2600gなので、

   $$\frac{1.2600}{126} = 0.01\,mol$$

   であり、これが100mL中に含まれている。

   そのうち実験ロで中和滴定に使用したのは10mLなので含まれるシュウ酸は

   $$0.01\times\frac{10}{100} = 0.001\,mol$$

   である。

   水酸化ナトリウム水溶液の濃度をx mol/Lとすると、中和点での量的関係より、

   $$0.001\times2 = x\times\frac{20.00}{1000}\times1$$

   $$x = \underline{0.100\,mol/L}$$

4. 希釈前の食酢に含まれる酢酸の濃度をy mol/Lとする。

   実験ハで10倍に希釈しているため、実験ニの滴定で使用した酢酸の濃度は$\dfrac{y}{10}$ mol/Lである。

   中和点での量的関係より、

   $$\frac{y}{10}\times\frac{10.00}{1000}\times1 = 0.100\times\frac{8.00}{1000}\times1$$

   $$y = \underline{0.800\,mol/L}$$

3 2012 岡山大

解 答

問1 1.12 L   **問2** a

解 説

問1 発生したアンモニア NH_3 を標準状態で V L とすると、

$$\frac{V}{22.4} \times 1 + 0.500 \times \frac{100}{1000} \times 1 = 0.500 \times \frac{100}{1000} \times 2$$

が成立するため、

$$V = \underline{1.12\ L}$$

ちなみに、塩化アンモニウム NH_4Cl と水酸化カルシウム $Ca(OH)_2$ からアンモニア NH_3 が発生する化学反応式は次のように表すことができる。

$$2NH_4Cl + Ca(OH)_2 \longrightarrow 2NH_3 + 2H_2O + CaCl_2$$

問2 中和点では硫酸アンモニウム $(NH_4)_2SO_4$〔水に溶けて酸性の塩〕と硫酸ナトリウム Na_2SO_4〔水に溶けて中性の塩〕の混合溶液になっており、溶液は弱酸性を示す。

よって指示薬は酸性変色域の<u>メチルオレンジ</u>が適切である。

4 2015 東京農工大

解 答

〔1〕 (ア) Na^+ (イ) $CO_3{}^{2-}$ (ウ) $HCO_3{}^-$ (エ) OH^- (オ) H_2CO_3
   (カ) $NaHCO_3$ (キ) $NaCl$ (ク) CO_2 (ケ) $NaOH$

〔2〕 (a) 中和点前：B 中和点後：C   (b) 中和点前：A 中和点後：B

〔3〕 水酸化ナトリウム：3.36 g   炭酸ナトリウム：1.59 g   水：1.20 g

解 説

〔3〕 X 6.15g 中に水酸化ナトリウム $NaOH$（式量40）x g、炭酸ナトリウム Na_2CO_3（式量106）y g が含まれていたとする。

滴定に使ったのは500mLのうち20mLなので、

$$NaOH：\frac{x}{40} \times \frac{20}{500}\ mol \qquad NaHCO_3：\frac{y}{106} \times \frac{20}{500}\ mol$$

である。

NaOHと反応した塩酸は   19.8−3.00＝16.8 mL

$NaHCO_3$と反応した塩酸は   3.00mL

であるため、式⑥の量的関係を使うと

$$\frac{x}{40} \times \frac{20}{500} = 0.200 \times \frac{16.8}{1000} \qquad x = \underline{3.36g}$$

同様に式⑤の量的関係を使うと、

$$\frac{y}{106} \times \frac{20}{500} = 0.200 \times \frac{3.00}{1000} \qquad y = \underline{1.59g}$$

以上より、水の質量は

$$6.15 - 3.36 - 1.59 = \underline{1.20g}$$

第6章

1 2013神戸薬科大

解答

問1　（ア）$MnO_4^- + 8H^+ + 5e^- \longrightarrow Mn^{2+} + 4H_2O$

　　　（イ）$C_2O_4^{2-} \longrightarrow 2CO_2 + 2e^-$　　　（ウ）ホールピペット　　　（エ）ビュレット　　　（オ）赤

問2　12.40mL　　　問3　6.0×10^{-5} mol　　　問4　2.4mg/L　　　問5　(a)、(c)

解説

問2　ビュレットの目盛りは1目盛りの10分の1まで、目分量で読み取る。

問3　操作2で加えた過マンガン酸カリウム$KMnO_4$と操作3で加えたシュウ酸ナトリウム $Na_2C_2O_4$ が過不足なく反応するため[※]、事実上、試料水A 50mLに含まれる有機物と反応したのは、操作4で加えた$KMnO_4$（2.0×10^{-3}mol/L、1.50mL）である。

　　　よって、試料水1Lに含まれる有機物と反応する$KMnO_4$の物質量は

$$2.0 \times 10^{-3} \times \frac{1.50}{1000} \times \frac{1000}{50} = \underline{6.0 \times 10^{-5} \text{ mol}}$$

　　　　　mol/L　　mol　　mol
　　　　　　　　（50mLあたり）（1Lあたり）

　　　※（1）式より$KMnO_4$は5価の酸化剤、（2）式より$Na_2C_2O_4$は2価の還元剤である。

　　　操作2で加えた$KMnO_4$と操作3で加えた$Na_2C_2O_4$の量的関係は

$$2.0 \times 10^{-3} \times \frac{10}{1000} \times 5 = 5.0 \times 10^{-3} \times \frac{10}{1000} \times 2$$

　　　であり、過不足なく反応することがわかる。

問4　（1）式より$KMnO_4$は5価、（4）式より酸素O_2は4価の酸化剤であるため、$KMnO_4$の物質量を$\frac{5}{4}$倍するとO_2の物質量に換算できる。

　　　よって、CODは

$$6.0 \times 10^{-5} \times \frac{5}{4} \times 32 \times 10^3 = \underline{2.4 \text{ mg/L}}$$

　　　　　mol　　mol　g　　mg
　　　　（$KMnO_4$）（O_2）（O_2）（O_2）

問5　$KMnO_4$に酸化されるすなわち還元剤が含まれていてはいけない。選択肢の中で還元剤として知っているものは、Fe^{2+}すなわち硫酸鉄（Ⅱ）と、酸化剤でもあり還元剤でもある過酸化水素であろう。ともに代表的な物質であるため、即答したい。

2 2015奈良県立医科大

解答

問1　5mLのホールピペットをオキシドールで共洗いし、標線までオキシドールを吸い上げる。

問2　$H_2O_2 + 2KI + H_2SO_4 \longrightarrow K_2SO_4 + 2H_2O + I_2$

　　　酸化剤：過酸化水素　　　還元剤：ヨウ化カリウム

問3　問2より、過不足なく反応するヨウ化カリウムの物質量は過酸化水素（分子量34）の2倍である。100mLのオキシドールに含まれている過酸化水素は最大で3.5gであるため、5mLのオキシドールと過不足なく反応する1.0mol/Lヨウ化カリウム水溶液を最大xmLとすると

$$\frac{3.5}{34} \times \frac{5}{100} \times 2 = 1.0 \times \frac{x}{1000} \qquad x = 10.29 \text{mL}$$

であり、実際に加えた量は20mLであるため、十分である。

問4　水溶液の青紫色が消える点を終点とする

問5　過酸化水素とチオ硫酸ナトリウムの物質量比は1:2であるため、オキシドール100mL中の過酸化水素をygとすると

$$\frac{y}{34} \times \frac{5}{100} \times 2 = 1.0 \times \frac{9.0}{1000} \qquad y = 3.06 \text{ g}$$

問6　$2KMnO_4 + 5H_2O_2 + 3H_2SO_4 \longrightarrow 2MnSO_4 + K_2SO_4 + 8H_2O + 5O_2$

　　　酸化剤：過マンガン酸カリウム　　還元剤：過酸化水素

問7　オキシドールを10倍に希釈しているため、100mLに含まれる過酸化水素は0.306gである。問6より過マンガン酸カリウムと過酸化水素の物質量比は2:5であるため、過マンガン酸カリウムをzmLとすると

$$0.020 \times \frac{z}{1000} \times \frac{5}{2} = \frac{0.306}{34} \times \frac{10}{100} \qquad z = 18 \text{mL}$$

解説

問2　半反応式は次のようになる。

　　　酸化剤：$H_2O_2 + 2H^+ + 2e^- \longrightarrow 2H_2O$

　　　還元剤：$2I^- \longrightarrow I_2 + 2e^-$

問5　A−3で起こる化学変化は、次のようになる。

　　　酸化剤：$I_2 + 2e^- \longrightarrow 2I^-$

　　　還元剤：$2S_2O_3{}^{2-} \longrightarrow S_4O_6{}^{2-} + 2e^-$

　　　　　　　$I_2 + 2Na_2S_2O_3 \longrightarrow Na_2S_4O_6 + 2NaI$

問2の式よりH_2O_2 1molからI_2 1molが生じ、上式よりI_2 1molと$Na_2S_2O_3$ 2molが反応することがわかる。以上より、$H_2O_2 : I_2 : Na_2S_2O_3 = 1 : 1 : 2$すなわち$H_2O_2 : Na_2S_2O_3 = 1 : 2$である。

問6　半反応式は次のようになる。

　　　酸化剤：$MnO_4{}^- + 8H^+ + 5e^- \longrightarrow Mn^{2+} + 4H_2O$

　　　還元剤：$H_2O_2 \longrightarrow O_2 + 2H^+ + 2e^-$

第7章

1 2015大阪府立大

解答

(1) A：(あ)　B：(え)　　(2) (う)　　(3) 16 g

(4) $O_2 + 4H^+ + 4e^- \longrightarrow 2H_2O$　　(5) 75%

解説

(1) ダニエル電池の各極の式は次のようである。

　　　負極：$Zn \longrightarrow Zn^{2+} + 2e^-$

　　　正極：$Cu^{2+} + 2e^- \longrightarrow Cu$

(2) 「起電力も大きい　➡　電極に使用した金属のイオン化傾向の差が大きい」

　　であるため、選択肢の中でイオン化傾向の差が一番大きい組み合わせが正解である。

(3) $Pb + PbO_2 + 2H_2SO_4 \longrightarrow 2PbSO_4 + 2H_2O$ より

$\boxed{正極}$ PbO_2 (式量239) 1mol が $PbSO_4$ (式量303) 1mol に変化 〔64g増加〕

$\boxed{希硫酸}$ H_2SO_4 (分子量98) 2mol 減少かつ H_2O (分子量18) 2mol 増加 〔160g減少〕

以上より、正極の増加質量：電解液 (希硫酸) の減少質量 = 64：160　となる。

よって、$6.4 \times \dfrac{160}{64} = \underline{16g}$　減少である。

(5) 水素の燃焼によって放出される熱量は

$-(-280) \times 3 = 840kJ$

よって得られた電気エネルギーの割合は、

$\dfrac{630}{840} \times 100 = \underline{75\%}$

$\boxed{2}$ 2013東海大 (医)

$\boxed{解答}$

問1 b　　**問2** c　　**問3** $2H_2O \longrightarrow O_2 + 4H^+ + 4e^-$　　**問4** d

$\boxed{解説}$

電解槽 I・II の各極で起こる化学変化は次のようになる。

$\boxed{電解槽 I}$　硝酸銀 $AgNO_3$ 水溶液

[電極A]　陰極 (Pt)：$Ag^+ + e^- \longrightarrow Ag$

[電極B]　陽極 (Pt)：$2H_2O \longrightarrow O_2 + 4H^+ + 4e^-$

$\boxed{電解槽 II}$　塩化銅 (II) $CuCl_2$ 水溶液

[電極C]　陰極 (Pt)：$Cu^{2+} + 2e^- \longrightarrow Cu$

[電極D]　陽極 (Pt)：$2Cl^- \longrightarrow Cl_2 + 2e^-$

問1　電極Aに銀 Ag (原子量108) が3.24g析出しており、「Agの物質量 = 流れた電子の物質量」の量的関係から、流れた電子の物質量は

$\dfrac{3.24}{108} = 0.0300\,mol$

である。電気分解を t 秒間行ったとすると、

$\dfrac{5.00 \times t}{9.65 \times 10^4} = 0.0300$　　$t = \underline{579秒}$

問2　「析出する Cu の物質量 = 流れた電子の物質量 $\times \dfrac{1}{2}$」の量的関係が成立するため、

析出する Cu (原子量63.5) の質量は

$0.0300 \times \dfrac{1}{2} \times 63.5 = \underline{0.9525g}$

問4　気体が発生するのは

$\boxed{電極B}$　酸素　　O_2 の物質量 = 流れた電子の物質量 $\times \dfrac{1}{4}$

$\boxed{電極D}$　塩素　　Cl_2 の物質量 = 流れた電子の物質量 $\times \dfrac{1}{2}$

であるため、

発生する気体の合計物質量 = 流れた電子の物質量 $\times \dfrac{3}{4}$

となる。よって、標準状態における気体の合計体積は

$$0.0300 \times \frac{3}{4} \times 22.4 = \underline{0.504\,\text{L}}$$

第8章

1 2014弘前大

解答

問1　ア：気体　　イ：加圧

問2　プロパン：C_3H_8（気体）$+5O_2$（気体）$\rightarrow 3CO_2$（気体）$+4H_2O$（液体）　　$\Delta H = -2219\text{kJ}$

　　　ブタン：C_4H_{10}（気体）$+\dfrac{13}{2}O_2$（気体）$\rightarrow 4CO_2$（気体）$+5H_2O$（液体）　　$\Delta H = -2880\text{kJ}$

問3　(a) $1.34\times10^2\text{kJ}$　　(b) 38℃

問4　-107kJ/mol

解説

問3　LPGは体積比（モル比）がプロパン C_3H_8：ブタン $C_4H_{10}=3:7$ である。

　　　(a) 標準状態で1.12LのLPGは

$$\frac{1.12}{22.4} = 0.05\,\text{mol}$$

　　　である。

　　　公式より、発生する熱量は

$$-(-2219)\times0.05\times\frac{3}{10}-(-2880)\times0.05\times\frac{7}{10} = \underline{134.0\,\text{kJ}}$$

　　　(b) 氷 H_2O（分子量18）270gは

$$\frac{270}{18} = 15\,\text{mol}$$

　　　である。

　　　よって、0℃の氷をt℃まで上昇させるとすると、

$$6.01\times15+270\times4.18\times t\times10^{-3}=134.0$$

$$t=38.8℃$$

　　　となるため、最大 $\underline{38℃}$ まで上昇させることができる。

問4　エンタルピー図より

$$Q+(-2219)=3\times(-394)+4\times(-286)$$

$$Q=\underline{-107\text{kJ/mol}}$$

第9章

1 2014長崎大

解答

問1　1.0mol　　問2　平均分子量：34　密度：3.4g/L　　問3　84

問4 $3.3 \times 10^4 Pa$　　　**問5**　酸素：0.35mol　二酸化炭素：0.50mol　水：0.30mol

問6　0.17mol

解説

操作1　酸素O_2を$x$molとすると

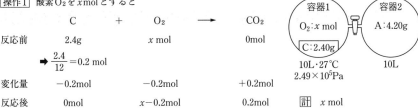

$$\begin{array}{cccccc}
 & C & + & O_2 & \longrightarrow & CO_2 \\
反応前 & 2.4g & & x\ mol & & 0mol \\
\end{array}$$

$$\Rightarrow \frac{2.4}{12} = 0.2\ mol$$

$$\begin{array}{cccccc}
変化量 & -0.2mol & & -0.2mol & & +0.2mol \\
反応後 & 0mol & & x-0.2mol & & 0.2mol \quad 計 \quad x\ mol \\
\end{array}$$

問1　気体の状態方程式より、

$$x = \frac{2.49 \times 10^5 \times 10.0}{8.3 \times 10^3 \times (27+273)} = \underline{1.00\ mol}$$

問2　反応後は酸素O_2（分子量32）0.8molと二酸化炭素CO_2（分子量44）0.2molの混合気体である。

平均分子量：$32 \times \dfrac{0.8}{1.0} + 44 \times \dfrac{0.2}{1.0} = \underline{34.4}$

密度：合計1.0molなので、質量は34.4g。

$$\frac{34.4}{10} = \underline{3.44\ g/L}$$

操作2　炭化水素Aの化学式をC_nH_m、分子量Mとする

問3　炭化水素Aについて気体の状態方程式より、

$$M = \frac{4.20 \times 8.3 \times 10^3 \times (127+273)}{1.66 \times 10^4 \times 10.0} = \underline{84.0}$$

$n=7$のとき$m=0$　➡　炭化水素ではない

$n=6$のとき$m=12$　➡　C_6H_{12}

$n=5$のとき$m=24$　➡　C_5H_{24}　　　H数は最大で（C数×2+2）であるため不適

以上より、<u>炭化水素AはC_6H_{12}</u>である。

操作3　127℃でコックを開けたため、気体はそれぞれ以下のような式が成立する。

O_2とCO_2　➡　$PV = \textcircled{n}\textcircled{R}T$　➡　$\dfrac{PV}{T} = \textcircled{nR}$（ボイル・シャルルの法則）

C_6H_{12}　➡　$PV = \textcircled{n}\textcircled{R}\textcircled{T}$（ボイルの法則）

問4　コックを開けた後のCO_2の分圧をP_{CO_2}とすると、

$$\frac{2.49 \times 10^5 \times \dfrac{0.20}{1.00} \times 10}{(27+273)} = \frac{P_{CO_2} \times 20}{(127+273)}$$

$$P_{CO_2} = \underline{3.32 \times 10^4\ Pa}$$

操作4　C_6H_{12}の燃焼は次のようになる。

	C_6H_{12}	$+$	$9O_2$	$\longrightarrow$	$6CO_2$	$+$	$6H_2O$
反応前	$\dfrac{4.2}{84}=0.050\text{mol}$		0.80mol		0.20mol		0mol
変化量	-0.050mol		-0.450mol		$+0.300\text{mol}$		$+0.300\text{mol}$
反応後	0mol		0.350mol		0.500mol		$\underline{0.300\text{mol}}$ 一部凝縮（57℃）

問5　上の表参照

問6　操作4の後、気体で存在するH_2Oを$y$molとし、操作3のCO_2と比較する。

$$P \text{ⓥ} = n\text{ⓡ}T \quad \Rightarrow \quad \frac{P}{nT} = \frac{\text{ⓡ}}{\text{ⓥ}}$$

$$\frac{3.32\times10^4}{0.20\times(127+273)} = \frac{1.73\times10^4}{y\times(57+273)} \qquad y=0.126\text{mol}$$

よって、液体で存在しているH_2Oは

$$0.300-0.126=\underline{0.174\text{mol}}$$

2　2014茨城大

解答

問1　2.6 g　　問2　$9.6\times10^4\text{Pa}$　　問3　$6.5\times10^3\text{Pa}$　　問4　$7.9\times10^4\text{Pa}$

問5　-2221 (kJ/mol)

解説

操作Ⅰ

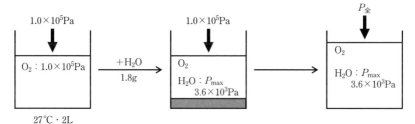

27℃・2L

問1　気体の状態方程式より、酸素O_2（分子量32）の質量をxgとすると、

$$x = \frac{1.0\times10^5\times2.0\times32}{8.31\times10^3\times(27+273)} = \underline{2.56\,\text{g}}$$

問2　下線部③で「水H_2Oが全て気化した」とあるため、下線部②の状態では液体が存在していたことがわかる。

よってH_2Oは気液平衡であり、分圧は飽和蒸気圧の$3.6\times10^3\text{Pa}$である。これより、O_2の分圧は

$$1.0\times10^5 - 3.6\times10^3 = \underline{9.64\times10^4\ \text{Pa}}$$

問3　H_2O（分子量18）1.8g、すなわち$\dfrac{1.8}{18}=0.10$mol全てが気化した瞬間なので、H_2Oの分圧は飽和蒸気圧の$3.6\times10^3\text{Pa}$である。

また、O_2（分子量 32）2.56g すなわち $\dfrac{2.56}{32}=0.080$mol も全て気体であるため、全圧を $P_全$ とすると、

モル比 = 分圧比より、

$$3.6\times10^3\times\dfrac{(0.10+0.080)}{0.10}=\underline{6.48\times10^3\,\text{Pa}}$$

操作Ⅱ

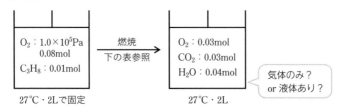

プロパン C_3H_8 の燃焼は以下のようになる。

	C_3H_8	+	$5O_2$	$\longrightarrow$	$3CO_2$	+	$4H_2O$
反応前	0.010mol		0.080mol		0mol		0mol
変化量	-0.010mol		-0.050mol		$+0.030$mol		$+0.040$mol
反応後	0mol		0.030mol		0.030mol		0.040mol

問4　H_2O が全て気体とすると、下線部①の O_2 と比較して、

$$P\,\textcircled{V}=n\,\textcircled{R}\,\textcircled{T}\quad\text{より}\quad\dfrac{P}{n}=\boxed{\dfrac{RT}{V}}$$

であるため、H_2O の分圧を P_{H_2O} とすると、

$$\dfrac{1.0\times10^5}{0.080}=\dfrac{P_{H_2O}}{0.040}\qquad P_{H_2O}=5.0\times10^4\text{Pa}>\text{飽和蒸気圧 }3.6\times10^3\text{Pa}$$

となるため、H_2O の一部は液体であり、気液平衡の状態であることがわかる。
よって、混合気体の全圧は、

$$1.0\times10^5\times\dfrac{(0.030+0.030)}{0.080}+3.6\times10^3=\underline{7.86\times10^4\,\text{Pa}}$$

問5　C_3H_8 の燃焼エンタルピーを QkJ/mol とすると、
次のようにエンタルピー図がかける。
以上より、

$$Q=3\times(-394)+4\times(-286)-(-105)=\underline{-2221\,\text{kJ/mol}}$$

1 2015上智大（理工）

解答 問1　1.9×10^{-4} mol　　問2　9.6×10^{-1} mol/L　　問3　1.3×10^{-3} mol/(L・s)

解説

問1　水の蒸気圧が 3.7×10^3 Paであることから、O_2 の分圧は

$$1.0 \times 10^5 - 3.7 \times 10^3 = 9.63 \times 10^4 \text{Pa}$$

であるため、

$$\frac{9.63 \times 10^4 \times 5.00 \times 10^{-3}}{8.3 \times 10^3 \times 300} = \underline{1.93 \times 10^{-4} \text{mol}}$$

問2　$2H_2O_2 \longrightarrow 2H_2O + O_2$ より、

反応する過酸化水素 H_2O_2 のmol＝発生した酸素 O_2 のmol×2

であることがわかる。

よって反応した H_2O_2 は

$$1.93 \times 10^{-4} \times 2 = 3.86 \times 10^{-4} \text{mol}$$

以上より、30秒後の H_2O_2 の濃度を x mol/Lとすると

$$(1.00 - x) \times \frac{10.0}{1000} = 3.86 \times 10^{-4} \qquad x = \underline{0.961 \text{mol/L}}$$

問3　問1同様に60秒後の O_2 の物質量を求めると、3.86×10^{-4} mol

また、問2同様に60秒後の H_2O_2 の濃度を求めると、0.922mol/L

以上より、30〜60秒の平均分解速度は、

$$-\frac{0.922 - 0.961}{60 - 30} = \underline{1.30 \times 10^{-3} \text{mol/(L・s)}}$$

2 2015三重大

解答

問1　平衡定数 K：64.0　　H_2 の濃度：9.00×10^{-3} mol/L　　I_2 の濃度：9.00×10^{-3} mol/L

問2　H_2 の濃度：1.00×10^{-2} mol/L　　I_2 の濃度：1.00×10^{-2} mol/L　　HIの濃度：8.00×10^{-2} mol/L

問3　反応エンタルピー：-4.5 kJ/mol　　活性化エネルギー：84.5kJ/mol

問4　2.60×10^{-2} mol/(L・h)

解説

問1

	H_2	+	I_2	$\longrightarrow$	2HI	〔単位：mol〕
反応前	0.225		0.225		0	
変化量	-0.180		-0.180		$+0.360$	
平衡後	0.045		0.045		0.360	

上の表より、平衡後の水素とヨウ素の濃度は

$$\frac{0.045}{5.00} = \underline{9.00 \times 10^{-3} \text{mol/L}}$$

であり、平衡定数は

$$K = \frac{\left(\frac{0.360}{5.00}\right)^2}{\frac{0.045}{5.00} \times \frac{0.045}{5.00}} = \underline{64.0}$$

となる。

問2　問1の平衡後に追加しても、最初から加えて実験を始めても、平衡点は同じである。
　　　よって、水素の変化量を x mol とすると次のような表が書ける。

	H_2	$+$	I_2	$\longrightarrow$	$2HI$	〔単位：mol〕
反応前	0.225+0.025		0.225+0.025		0	
変化量	$-x$		$-x$		$+2x$	
平衡後	0.250$-x$		0.250$-x$		$2x$	

問1で求めた平衡定数を使って、

$$K = \frac{\left(\frac{2x}{5.00}\right)^2}{\frac{0.250-x}{5.00} \times \frac{0.250-x}{5.00}} = 64.0 \qquad x = 0.200 \text{mol}$$

よって、

水素とヨウ素の濃度：$\dfrac{0.250-0.200}{5.00} = \underline{1.00 \times 10^{-2} \text{mol/L}}$

ヨウ化水素の濃度：$\dfrac{2 \times 0.200}{5.00} = \underline{8.00 \times 10^{-2} \text{mol/L}}$

問3　求める反応エンタルピーを y kJ/mol、活性化エネルギーを z kJ/mol とすると、下図より、

$$y + 299 = \frac{1}{2} \times 436 + \frac{1}{2} \times 153$$

$$y = \underline{-4.5 \text{kJ/mol}}$$
$$z = (-4.5) + 89 = \underline{84.5 \text{kJ/mol}}$$

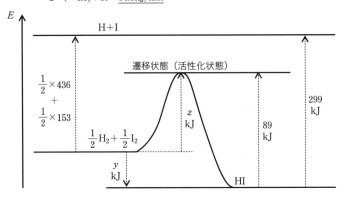

問4　$H_2 + I_2 \longrightarrow 2HI$ より、

　　　　生成するHIの物質量＝反応するH_2の物質量×2

　　　であるため、1時間後のHIの濃度は

$$\frac{(0.100-0.050)\times 2}{1.00} = 0.100\,\text{mol/L}$$

　　　同様に、3時間後のHIの濃度は

$$\frac{(0.100-0.024)\times 2}{1.00} = 0.152\,\text{mol/L}$$

　　　である。以上より、開始後1時間から3時間の間の平均の速さは

$$\frac{0.152-0.100}{3-1} = \underline{0.026\,\text{mol/}(\text{L}\cdot\text{h})}$$

3 2012東京都市大

解答　③

解説

与えられたエンタルピー式より、アンモニアNH_3の生成は発熱反応である。

$$N_2(気) + 3H_2(気) \longrightarrow 2NH_3(気) \quad \Delta H = -92\,\text{kJ}$$

よって温度を下げる（300℃にする）と

　　反応速度　➡　小さくなる　➡　グラフの傾きが小さくなる

　　　　　　　　　　　　　　　（グラフbもしくはd）

　　平衡は発熱方向（右向き）へ　➡　NH_3の生成量が増加

　　　　　　　　　　　　　　　（グラフaもしくはb）

両方を満たしているグラフは<u>b</u>である。

4 2014埼玉大

解答　(a) 2.57　　(b) 3.7×10^{-10} mol/L　　(c) 8.85

　　　(d) ア：$\dfrac{[\text{CH}_3\text{COOH}]}{[\text{CH}_3\text{COO}^-]}$　　イ：$\log_{10}\dfrac{[\text{CH}_3\text{COO}^-]}{[\text{CH}_3\text{COOH}]}$　　ウ：0.50　　エ：4.27

解説

(a) 問題文中に「電離度が1よりも十分小さいものと近似して求めよ」とあるので、水素イオンH^+の
　　モル濃度は酢酸の濃度をCとすると

$$[\text{H}^+] = \sqrt{CK_a} = \sqrt{0.27\times 2.7\times 10^{-5}} = 2.7\times 10^{-3}\,\text{mol/L}$$

　　となり、pHは

$$\text{pH} = -\log_{10}(2.7\times 10^{-3}) = 3 - \log_{10}2.7 = 3 - 0.43 = \underline{2.57}$$

(b) 問題文中に与えられた加水分解定数K_hの分母分子に$[\text{H}^+]$をかけると、

$$K_h = \frac{[\text{CH}_3\text{COOH}][\text{OH}^-]}{[\text{CH}_3\text{COO}^-]} \times \frac{[\text{H}^+]}{[\text{H}^+]} = \frac{K_w}{K_a} = \frac{1.0\times 10^{-14}}{2.7\times 10^{-5}} = \underline{3.70\times 10^{-10}\,\text{mol/L}}$$

(c) 酢酸CH_3COOHと水酸化ナトリウムNaOHを等量混合しているため、酢酸ナトリウム
　　CH_3COONa水溶液となっている。

　　混合することによって体積が2倍（40mL）になるため、CH_3COONa aqの濃度は

$$0.27 \times \frac{1}{2} = 0.135\,\text{mol/L}$$

391

である。

CH₃COONa aq の初期濃度 (0.135mol/L) を C mol/L、加水分解度を h とすると、

$$\text{CH}_3\text{COO}^- + \text{H}_2\text{O} \rightleftarrows \text{HX} + \text{OH}^- \quad [\text{mol/L}]$$

	CH₃COO⁻	H₂O	HX	OH⁻
反応前	C	—	0	0
変化量	$-Ch$	—	$+Ch$	$+Ch$
平衡後	$C(1-h)$	—	Ch	Ch

となり、

平衡後のデータを加水分解定数 K_h に代入して、

$$K_h = \frac{[\text{HX}][\text{OH}^-]}{[\text{CH}_3\text{COO}^-]} = \frac{Ch \cdot Ch}{C(1-h)} = \frac{Ch^2}{1-h} \fallingdotseq Ch^2$$

（h は1よりも十分に小さいため、$1-h \fallingdotseq 1$）

よって、

$$K_h \fallingdotseq Ch^2 \text{ より} \qquad h = \sqrt{\frac{K_h}{C}}$$

これを $[\text{OH}^-] = Ch$ に代入して $\qquad [\text{OH}^-] = \sqrt{CK_h}$

これに (b) で求めた式を代入して

$$[\text{OH}^-] = \sqrt{\frac{CK_w}{K_a}} \qquad （この式は暗記しておこう）$$

以上より、

$$[\text{OH}^-] = \sqrt{\frac{CK_w}{K_a}} = \sqrt{\frac{0.135 \times 1.0 \times 1.0^{-14}}{2.7 \times 10^{-5}}} = \frac{10^{-5}}{\sqrt{2}} \text{mol/L}$$

よって

$$[\text{H}^+] = \sqrt{2} \times 10^{-9} \text{mol/L}$$

となり、

$$\text{pH} = 9 - \frac{1}{2}\log_{10}2 = 9 - \frac{1}{2} \times 0.30 = \underline{8.85}$$

(d) ┌─ ウ ─┐

CH₃COOH30mLのうち、10mL分が反応してCH₃COONaに変化し、20mL分はCH₃COOHのまま残る。すなわちCH₃COOH：CH₃COONa＝2：1の緩衝溶液である。

よって

$$\frac{[\text{CH}_3\text{COO}^-]}{[\text{CH}_3\text{COOH}]} = \underline{0.50}$$

┌─ エ ─┐

イの式に数値を代入して

$$\text{pH} = -\log_{10}K_a + \log_{10}\frac{[\text{CH}_3\text{COO}^-]}{[\text{CH}_3\text{COOH}]}$$

$$= -\log_{10}(2.7 \times 10^{-5}) + \log_{10}\frac{1}{2}$$

$$= -0.43 + 5 - 0.30$$

$$= \underline{4.27}$$

1 2015上智大

解答 問1 2.0×10^{-10} (mol/L)^2　　問2 2.0×10^{-9} mol　　問3 b)・c)　　問4 9.6g

解説

問1　塩化銀 AgCl（式量143）の溶解度 2.002×10^{-3} g/L はモル濃度にすると

$$\frac{2.002 \times 10^{-3}}{143} = 1.40 \times 10^{-5} \text{mol/L}$$

であり、溶解した AgCl は AgCl $\longrightarrow$ Ag$^+$＋Cl$^-$ より、等モルの Ag$^+$ と Cl$^-$ に電離するため、溶解度積は

$$K_{sp} = [\text{Ag}^+][\text{Cl}^-] = (1.40 \times 10^{-5})^2 = 1.96 \times 10^{-10} \text{ (mol/L)}^2$$

問2　溶解する AgCl を x mol とすると、次のようになる。

HCl $\longrightarrow$　　H$^+$　　　＋　　　Cl$^-$
　　　　　　　　1.00×10^{-1}mol　　1.00×10^{-1}mol

AgCl $\rightleftarrows$　　Ag$^+$　　　＋　　　Cl$^-$
　　　　　　　　x mol　　　　　　x mol

よって、溶解度積は

$$K_{sp} = [\text{Ag}^+][\text{Cl}^-] = x(1.00 \times 10^{-1} + x) \fallingdotseq x(1.00 \times 10^{-1}) = 1.96 \times 10^{-10} \text{ (mol/L)}^2$$

となるため（$x \ll 1.00 \times 10^{-1}$ より近似）、

$$x = 1.96 \times 10^{-9} \text{mol}$$

問3　a)　塩化ナトリウム NaCl は水中で電離し Na$^+$ と Cl$^-$ になるため、水中の [Cl$^-$] が増加し、AgCl の溶解平衡（AgCl $\rightleftarrows$ Ag$^+$＋Cl$^-$）が左に移動するため溶解度は小さくなる〔共通イオン効果〕。

　　　b)　AgCl の電離によって生じる Ag$^+$ はアンモニア NH$_3$ と次のように錯イオンを形成する。

$$\text{Ag}^+ + 2\text{NH}_3 \longrightarrow [\text{Ag(NH}_3)_2]^+$$

これにより、水中の Ag$^+$ が減少するため、AgCl の溶解平衡（AgCl $\rightleftarrows$ Ag$^+$＋Cl$^-$）が右に移動し、溶解が促進される（無機化学で AgCl はアンモニア水に溶解すると学ぶのはこれが原因である）。

　　　c)　a) と同じで、塩化水素 HCl は強酸で完全に電離するため、水中の Cl$^-$ が増加し、AgCl の溶解平衡（AgCl $\rightleftarrows$ Ag$^+$＋Cl$^-$）が左に移動する。これにより AgCl の沈殿が析出する。

　　　d)・e)　AgCl に比べ、臭化銀 AgBr やヨウ化銀 AgI は溶解度積が小さいため、アンモニア水にも水にも溶解しにくい。

問4　pH1.00、[H$_2$S]＝1.00×10^{-1}mol/L であるとき、電離定数 K_a より [S^{2-}] を求めると、

$$K_a = \frac{[\text{H}^+]^2[\text{S}^{2-}]}{[\text{H}_2\text{S}]}$$

$$[\text{S}^{2-}] = \frac{K_a[\text{H}_2\text{S}]}{[\text{H}^+]^2} = \frac{(1.00 \times 10^{-19})(1.00 \times 10^{-1})}{(1.00 \times 10^{-1})^2} = 1.00 \times 10^{-18} \text{mol/L}$$

となる。そして、

$$[\text{Cu}^{2+} \text{もしくは} \text{Zn}^{2+}][\text{S}^{2-}] = (1.00 \times 10^{-1})(1.00 \times 10^{-18})$$
$$= 1.00 \times 10^{-19} \text{ (mol/L)}^2$$

であり、CuS の溶解度積（6.5×10^{-30}(mol/L)^2）を超えているが、ZnS の溶解度積（2.2×10^{-18}(mol/

L)²) は超えていないため、沈殿しているのは CuS のみであることがわかる。

溶液中に存在する $[Cu^{2+}] = \dfrac{K_{sp}}{[S^{2-}]} = \dfrac{6.5 \times 10^{-30}}{1.00 \times 10^{-18}} = 6.5 \times 10^{-12}\,\text{mol/L}$

であるため、沈殿している CuS (式量 96) は

$(1.00 \times 10^{-1} - 6.5 \times 10^{-12}) \times 96 \fallingdotseq 1.00 \times 10^{-1} \times 96 = \underline{9.6\text{g}}$

2 2015 東北大 (前期)

解答 (1) $6.4 \times 10^4\,\text{Pa}$ (2) $8.4 \times 10^{-3}\,\text{g}$

解説

(1) 水の飽和蒸気圧が $2.0 \times 10^4\,\text{Pa}$ であるため、窒素 N_2 と酸素 O_2 の分圧の合計は

$1.0 \times 10^5 - 2.0 \times 10^4 = 8.0 \times 10^4\,\text{Pa}$

である。また、N_2 と O_2 の物質量比が $8:2$ であることから、N_2 の分圧は

$8.0 \times 10^4 \times \dfrac{8}{10} = \underline{6.4 \times 10^4\,\text{Pa}}$ ($1.0 \times 10^5\,\text{Pa}$ の 0.64 倍)

(2) 溶解している N_2 (分子量 28) の質量は

$4.7 \times 10^{-4} \times 0.64 \times 1.0 \times 28 = \underline{8.42 \times 10^{-3}\,\text{g}}$

3 2014 福井大

解答

問1 (1) 凝固点：T_1 凝固開始：C   凝固終了：E   (2) (ウ)
      (3) 凝固によって放出される熱と、冷却によって奪われる熱がつり合っているため。

問2 (1) (エ)   (2) 0.056K   (3) 70g

解説

問2 (1) 溶液は溶媒に比べ、凝固点が降下するため (ア)・(ウ)・(エ) のようなグラフになる。
　　　また、溶液は凝固が進行中に溶液の濃度が大きくなり、凝固点が降下し続けるため、(エ) の
　　　グラフが適切である。

(2) $CaCl_2$ (式量 111) 水溶液の凝固点降下度は、

凝固点降下度 Δt_f = モル凝固点降下 K_f × 質量モル濃度 m

より

$\Delta t_f = 1.85 \times \dfrac{\dfrac{0.111}{111} \times 3}{\dfrac{100}{1000}} = \underline{0.0555\text{K}}$

(3) 凝固点降下度 Δt_f は

$\Delta t_f = \underline{0} - (-0.185) = 0.185\text{K}$
　　水の凝固点

このとき、水 100g のうち x g が氷に変化しているとすると、Δt_f について次のような式が成立する。

$\Delta t_f = 1.85 \times \dfrac{\dfrac{0.111}{111} \times 3}{\dfrac{100 - x}{1000}} = 0.185\text{K} \qquad x = \underline{70\text{g}}$

索 引

著者プロフィール ────────────

坂田 薫 [さかた かおる]

スタディサプリや大手予備校で長年講師とし
て教鞭をとる。その風貌と、他を圧倒するわ
かりやすさで、生徒からの人気も非常に高い。

● ブックデザイン：小川 純（オガワデザイン）
● 本文デザイン・DTP：BUCH⁺
● 編集協力：小山拓輝

【改訂新版】坂田薫のスタンダード化学
ー理論化学編

2016 年 11 月 27 日　初 版　第 1 刷発行
2024 年 5 月 17 日　第 2 版　第 1 刷発行

著　者　坂田　薫
発 行 者　片岡　巌
発 行 所　株式会社技術評論社
　　　　　東京都新宿区市谷左内町 21-13
　　　　　電話　03-3513-6150　販売促進部
　　　　　　　　03-3267-2270　書籍編集部
印刷／製本　昭和情報プロセス株式会社

定価はカバーに表示してあります。

ISBN978-4-297-14148-6 C7043
Printed in Japan

● 本書に関する最新情報は、技術評
論社ホームページ（https://gihyo.
jp/book/）をご覧ください。

● 本書へのご意見、ご感想は、技術
評論社ホームページ（https://
gihyo.jp/book/）または以下の
宛先へ書面にてお受けしておりま
す。電話でのお問い合わせにはお
答えいたしかねますので、あらか
じめご了承ください。

〒 162-0846
東京都新宿区市谷左内町 21-13
株式会社技術評論社書籍編集部
『坂田薫のスタンダード化学
理論化学編』係
FAX番号　03-3267-2271